程序设计基础（C 语言版）

吴小菁　陈　慧　杨　玮　卓　琳　唐　磊　编著

北京理工大学出版社
BEIJING INSTITUTE OF TECHNOLOGY PRESS

内容简介

本书作为程序设计课程的通用性教材，分为13章，主要包括程序设计引论、C语言概述、程序设计的初步知识、顺序结构程序设计、选择结构程序设计、循环结构程序设计、函数、数组、编译预处理、指针、构造数据类型、文件、位运算等内容。本书在加强C语言基本知识训练的同时，注重对编程能力的培养，融合省级线上一流本科课程和省级线上线下混合一流本科课程资源，结合二维码实现典型案例视频的立体呈现，通过经典案例、解题技巧、视频案例、配套习题来激发学生的学习兴趣，帮助学生更全面、更直观地理解和掌握知识、拓展计算思维，提升实践与应用能力。

本书既可作为普通高等院校和高等职业教育院校的程序设计基础课程教材，又可供社会各类计算机应用人员与参加各类计算机等级考试的人员参考。

图书在版编目（CIP）数据

程序设计基础：C语言版／吴小菁等编著. --北京：北京理工大学出版社，2022.11

ISBN 978-7-5763-1895-1

Ⅰ.①程…　Ⅱ.①吴…　Ⅲ.①C语言-程序设计　Ⅳ.①TP312.8

中国版本图书馆CIP数据核字（2022）第230322号

出版发行／北京理工大学出版社有限责任公司
社　　址／北京市海淀区中关村南大街5号
邮　　编／100081
电　　话／（010）68914775（总编室）
　　　　　（010）82562903（教材售后服务热线）
　　　　　（010）68944723（其他图书服务热线）
网　　址／http：//www.bitpress.com.cn
经　　销／全国各地新华书店
印　　刷／三河市华骏印务包装有限公司
开　　本／787毫米×1092毫米　1/16
印　　张／20.25
字　　数／558千字
版　　次／2022年11月第1版　2022年11月第1次印刷
定　　价／98.00元

责任编辑／曾　仙
文案编辑／曾　仙
责任校对／周瑞红
责任印制／李志强

前 言

随着人工智能、物联网、大数据、虚拟现实等科学技术的蓬勃发展，信息技术的应用持续改变着人们的工作和生活。学生在高校接受信息素质的培养不仅是为了学会应用计算机，而且要拥有计算思维的能力。程序设计课程是面向各高校计算机相关专业开设的、覆盖面较广的一门课程，是传播计算思维的一个重要途径。以程序设计为载体，培养学生的计算思维能力，有助于知识向能力的转化，推动“知识传授、能力培养与价值构造”三位一体的育人模式。C语言既具有高级语言面向过程的特点，又具有汇编语言面向底层的特点，是目前最受欢迎、应用最广的高级语言之一，因此本书选择C语言作为学习程序设计课程使用的语言。

中央网络安全和信息化委员会印发的《“十四五”国家信息化规划》中，明确了“推进信息技术、智能技术与教育教学融合的教育教学变革”的发展要求。随着在线教育技术的蓬勃发展，优质的数字化教育资源不断涌现，产生了线上、线下以及线上线下混合式等新型教学模式，促进了课堂的教学革命。线上课程教学资源丰富，突破了时空限制，学生可以随时随地进行学习；线下课堂交流顺畅，激发原动力，是课堂革命的首战场；线上线下的混合教学，能够取长补短，师生互动丰富多彩，便于学生进行个性化学习。

本书在编写中，结合了不同教学模式的特点，并在理论教学和实验教学改革过程中不断探索实践，以推进高质量精品教材的建设。本书基于经典案例、二维码资源，主要特色有：

（1）教材内容通用，教学模式灵活。本书结合经典案例进行知识脉络的呈现，结构合理，案例丰富，内容翔实，便于灵活应用于线上、线下以及线上线下混合式等教学模式。

（2）二维码方便快捷，视频生动直观。学生通过扫描本书配套的二维码，依托省级线上一流本科课程和省级线上线下混合一流本科课程教学平台，可方便快捷地利用碎片化时间实时观看专题讲解，从而实现移动化学习。

（3）习题层次分明、资料丰富多样。本书各章配套的知识总结、课后习题、编程综合题，以及实用的附录（含最新计算机等级考试环境示意图），资源丰富，题型新式，内容多样，能满足不同层次的实践教学，方便进行知识的纵深扩展。

本书作为程序设计课程的通用教材，共分为13章，主要包括程序设计引论、C语言概述、程序设计的初步知识、顺序结构程序设计、选择结构程序设计、循环结构程序设计、函数、数组、编译预处理、指针、构造数据类型、文件、位运算等内容。本书以案例为主线，内容具有通用性，注重实践、应用面广，既可以作为普通高等院校和高等职业教育院校的程序设计基础课程教材，又可供社会各类计算机应用人员与参加各类计算机等级考试的人员参考。

本书的内容和视频由福建江夏学院的吴小菁、陈慧、杨玮共同编写与录制，福建江夏学院的卓琳负责案例设计，福建师范大学的唐磊参与视频剪辑工作。其中，第2、3、10、11章由吴小菁编写，第1、4、6、8、13章由陈慧编写，第5、7、9、12章由杨玮编写，全书由吴小菁统稿。

本书配套附赠精心设计的典型案例题解，便于学生课后进行知识的巩固及拓展。限于笔者的学识水平，书中难免存在不妥之处，敬请广大读者批评指正。

编　者

2022年11月

目　录

第 1 章　程序设计引论

随着人工智能、物联网、大数据、虚拟现实等科学技术的蓬勃发展，信息技术的应用已经并继续改变着人们的工作和生活，而这些新技术和应用的核心是程序。程序是用某种程序设计语言编写、指示计算机完成特定功能的指令序列的集合。计算思维是指运用计算机科学的基础概念进行问题求解、系统设计以及人类行为理解的涵盖计算机科学之广度的一系列思维活动。程序设计课程的学习是传播计算思维的一个重要途径，以程序设计为载体，培养读者的计算思维能力，有助于知识向能力的转化。

1.1　程序与程序设计

计算机系统由硬件系统和软件系统构成，纯粹由硬件组成的“裸机”是没有办法工作的，只有软件和硬件相互配合，才能让计算机按照人的意愿工作。

软件系统主要由程序组成，软件极大地扩展了计算机的工作能力及工作领域，程序正改变着人们的生活与社会生产方式。与硬件相比，软件具有既看不见又摸不着的特点，它不仅存在于计算机中，还被广泛应用于普通家用电器和电子设备，如智能手机、数码相机和汽车等。例如，智能手机中的全景照相程序可以将连续拍摄的多幅照片自动拼接成全景照片；车载行车电脑利用程序自动分析汽车运行的实时数据，并记录油耗、平均时速等。软件来源于程序开发，软件是由程序开发者利用某种语言实现的程序数据和说明文档的集合，而程序设计就是设计“程序”的过程，程序设计通俗来说就是编写程序，即“编程”。

1.1.1　程序

要想计算机能完成人们指定的工作，就必须把要完成工作的具体步骤编写成计算机能执行的一条条指令。计算机按序列执行这些指令后，就能完成指定的功能，这样的指令序列就是程序。所以，程序就是供计算机执行，能完成特定功能的指令序列。1843 年，英国数学家阿达·洛芙莱斯（Ada Lovelace）为巴贝奇的分析机编写了世界上第一个计算机程序，并提出变量、算法和程序流程等概念，也正因如此，她被公认为世界上第一位计算机程序员。

著名的计算机科学家沃思曾提出一个经典公式：

程序=数据结构+算法

这个公式说明计算机程序主要包含两方面的内容——数据结构和算法。数据结构描述数据对象及数据之间的关系；算法描述数据对象的处理过程。

计算机程序具有以下性质：

（1）目的性。程序有明确的执行目的，程序运行时能完成事先赋予它的功能。

（2）分步性。程序是由计算机可执行的一系列基本步骤组成。

（3）有序性。程序的执行步骤是有序的，不可随意改变程序步骤的执行顺序。

（4）有限性。程序所包含的指令序列是有限的。

（5）操作性。有意义的程序总是对某些对象进行操作，完成程序预定的功能。

1.1.2 程序设计

人们为了完成某种任务而编写一系列指令的过程就是程序设计。专门进行程序设计的人员称为程序员。程序设计的过程通常包含以下几部分：

（1）确定数据结构。根据需求分析和任务书提出的要求、指定的输入数据和输出结果，确定存放数据的数据结构。

（2）确定算法。针对存放数据的数据结构来确定解决问题、完成任务的步骤。有关算法的概念将在1.5节中介绍。

（3）编写代码。根据确定的数据结构和算法，使用选定的计算机语言编写程序代码，输入计算机，简称“编程”。

（4）程序调试。通过上机实践找出程序中的错误并改正程序的过程就是程序调试。在程序调试中，用各种可能的输入数据对程序进行测试，使之对各种合理的数据都能得到正确的结果，消除由于疏忽而引起的语法错误或逻辑错误，对不合理的数据能进行适当的处理。

程序设计的方法主要包括面向过程的程序设计方法和面向对象的程序设计方法。进入20世纪60年代，计算机硬件性能有了很大提高，应用领域不断拓展，软件规模逐步扩大，面向过程的程序设计方法应运而生。面向过程的程序设计方法以程序的可读性、清晰性和可维护性为目标，采用“自顶向下，逐步求精”的方法，用结构化和模块化设计思想，按层次对系统进行模块划分，从而实现复杂问题的模块化解决方案。本书介绍的C语言便是一种典型的面向过程的结构化程序设计语言。20世纪80年代后期，软件的规模不断扩大，按功能的模块化划分设计越来越困难，设计完成的系统也难以维护和不稳定，从而面向对象的程序设计方法开始流行。面向对象的程序设计方法采用客观世界的描述方式，以类和对象作为程序设计的基础，用对象描述事物，用属性扣方法描述对象的特征和行为，用类抽象化对象，将数据和操作紧密连接，通过继承、多态等特性，大大降低了程序开发的复杂性，提高了软件开发的可重用性和开发效率。C语言也通过扩展对面向对象机制的支持，发展出C++语言、C#语言等。

面向过程的程序设计方法与面向对象的程序设计方法各有特点，适用于不同的场合，互为补充。面向过程的程序设计方法在一些小型控制系统和嵌入式开发中具有无可比拟的优越性。面向对象的程序设计方法被广泛应用于大型软件系统和GUI程序的设计，即使在面向对象设计中，方法的编写也常体现结构化程序设计的思想。

1.2 计算机中数的表示

计算机内部用二进制数表示整数与实数。程序设计语言中常用十进制数形式表示整数，用小数、指数形式表示实数，其目的是屏蔽计算机用二进制数表示数值的细节，使得程序员可以直观地利用十进制数来计算整数与实数。掌握计算机中数的表示、了解计算机运算过程和工作原理，是深入学习计算机程序设计语言的重要环节。

1.2.1 数制的概念

所谓“数制”，是指用一组固定的符号和一套统一的规则来表示数值的方法。按进位的规则进行计数，称为进位计数制，通常将进位计数制简称“数制”或“进制”。在计算机领域中采用二进制、八进制、十进制或十六进制来表示数字，在日常生活中通常以十进制进行计数。除了十进制计数以外，还有许多非十进制的计数方法。例如，60 分钟为 1 小时，用的是六十进制计数法；一个星期有 7 天，是七进制计数法。计算机内部采用二进制，其主要原因是二进制使得电路设计简易、运算简单、工作可靠、逻辑性强。无论是哪一种数制，其计数和运算都有共同的规律和特点。数制有三个要素：数码、基数与位权。

1.2.2 数码、基数与位权

数码、基数与位权组成数制的三要素。一般来说，数制的数值由各位数码乘以位权后相加得到。

1. 数码

用不同的数字符号来表示一种数制的数值，这些数字符号称为“数码”。例如，十进制有 10 个数字符号，即数码 0、1、2、3、4、5、6、7、8、9；二进制有 2 个数字符号，即数码 0 和 1；八进制有 8 个数字符号，即数码 0、1、2、3、4、5、6、7；十六进制有 16 个数字符号，即数码 0、1、2、3、4、5、6、7、8、9、A、B、C、D、E、F。

2. 基数

一个数制所包含的数字符号的个数，称为该数制的基数，亦称为基。例如，十进制的基数为 10，二进制的基数为 2，八进制的基数为 8。数制的进位遵循“逢 R 进 1”的规则，其中 R 就是数制中的基数。

3. 位权

某数制中每一位所具有的权重称为位权，亦称为权。位权与基数的关系是：各进位制中，位权的值是基数的若干次幂。例如，十进制数 123.45 中，百位上 1 的位权为 10^2，十位上 2 的位权为 10^1，个位上 3 的位权为 10^0，十分位上 4 的位权为 10^{-1}，百分位上 5 的位权为 10^{-2}。

各种进制数的规则对照，如表 1-1 所示。

表 1-1　各种进制数的规则对照

数制	十进制	二进制	八进制	十六进制
规则	逢十进一	逢二进一	逢八进一	逢十六进一
数码	0~9	0、1	0~7	0~9、A~F
基数 R	$R=10$	$R=2$	$R=8$	$R=16$
位权 i （i 为整数）	以 10 为底的幂，即 10^i	以 2 为底的幂，即 2^i	以 8 为底的幂，即 8^i	以 16 为底的幂，即 16^i
书写示例	25 或 25D 或 $(25)_{10}$	1010 或 $(1010)_2$	27O 或 $(27)_8$	C3AH 或 $(C3A)_{16}$

1.2.3　数制的转换

将数由一种进制转化成另一种进制，称为数制转换。十进制是我们熟悉的数制，但计算机中采用二进制，因此计算机在处理数据时需要把十进制数转化成计算机所能接受的二进制数，在运行结束后再把二进制数转换成人们所习惯的十进制数，这个转化过程由系统自动完成，无需人工干预。以十进制数 0~16 为例，几种常用进制数的表示方法如表 1-2 所示。

表 1-2　几种常用进制数的表示法

十进制数	二进制数	八进制数	十六进制数
0	0000	00	0
1	0001	01	1
2	0010	02	2
3	0011	03	3
4	0100	04	4
5	0101	05	5
6	0110	06	6
7	0111	07	7
8	1000	10	8
9	1001	11	9
10	1010	12	A
11	1011	13	B
12	1100	14	C
13	1101	15	D
14	1110	16	E
15	1111	17	F
16	10000	20	10

十进制与非十进制的相互转换，有以下几种情况。

1. 非十进制数转换成十进制数

将非十进制数转换成十进制数的规则：按权展开并相加，数的符号不变。

【例 1-1】将以下的各种进制数转换成十进制数。

$$\begin{aligned}2567D &= 2\times10^3+5\times10^2+6\times10^1+7\times10^0\\ &= 2000+500+60+7\\ &= 2567D\end{aligned}$$

$$\begin{aligned}1010.101B &= 1\times2^3+0\times2^2+1\times2^1+0\times2^0+1\times2^{-1}+0\times2^{-2}+1\times2^{-3}\\ &= 8+0+2+0+0.5+0.125\\ &= 10.625D\end{aligned}$$

$$\begin{aligned}276.04O &= 2\times8^2+7\times8^1+6\times8^0+0\times8^{-1}+4\times8^{-2}\\ &= 128+56+6+0+0.0625\\ &= 190.0625D\end{aligned}$$

$$\begin{aligned}2BAH &= 2\times16^2+11\times16^1+10\times16^0\\ &= 512+176+10\\ &= 698D\end{aligned}$$

2. 十进制数转换成非十进制数

将十进制数转换成其他进制数时，对整数部分和小数部分要分别采取不同的方法进行转换。

1）整数部分

整数部分的转换规则：除 R 取余法（R 为基数），直至商为 0，结果按逆序排列。

【例 1-2】将十进制数 215 转换成二进制数。

采用除 2 取余法，计算过程如图 1-1 所示。

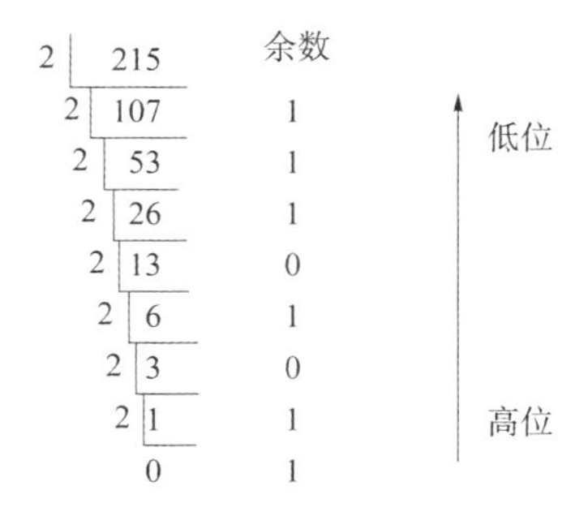

图 1-1 除 2 取余法的计算过程

由以上计算可知，215 除以 2 时，商为 107、余数为 1；107 除以 2 时，商为 53、余数为 1；照此类推，直至 1 除以 2 时，商为 0、余数为 1，计算结束；最后，将得到的结果按逆序排列。

所以，$(215)_{10}=(11010111)_2$

【例 1-3】将十进制数 245 转换成八进制数。

采用除 8 取余法，计算过程如图 1-2 所示。

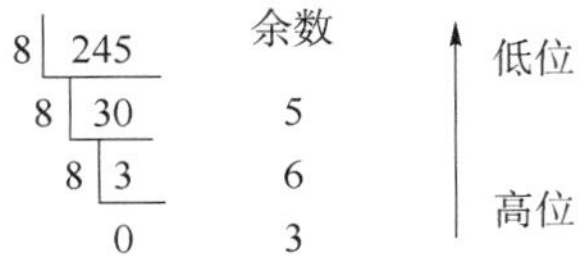

		余数	
8	245		低位 ↑
8	30	5	
8	3	6	
	0	3	高位

图 1-2　除 8 取余法的计算过程

由以上计算可知，245 除以 8 时，商为 30、余数为 5；照此类推，直至 3 除以 8 时，商为 0、余数为 3，计算结束；最后，将得到的结果按逆序排列。

所以，$(245)_{10}=(365)_8$

2）小数部分

小数部分的转换规则：除 R 取整法（R 为基数），直到小数部分为零（或者达到预定的精度要求），结果按顺序排列。

【例 1-4】将十进制数 25. 15625 转换成二进制数。

首先，将该数的整数部分 25 按照“除 2 取余”的规则进行转换，计算过程如图 1-3 所示。

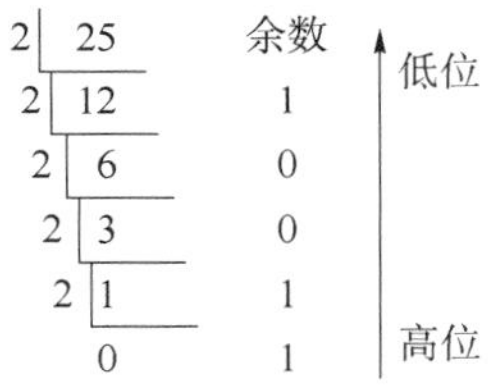

		余数	
2	25		低位 ↑
2	12	1	
2	6	0	
2	3	0	
2	1	1	
	0	1	高位

图 1-3　整数部分的转换过程

所以，$(25)_{10}=(11001)_2$

其次，将该数的小数部分 0. 15625 按照“乘 2 取整”的规则进行转换，计算过程如图 1-4 所示。

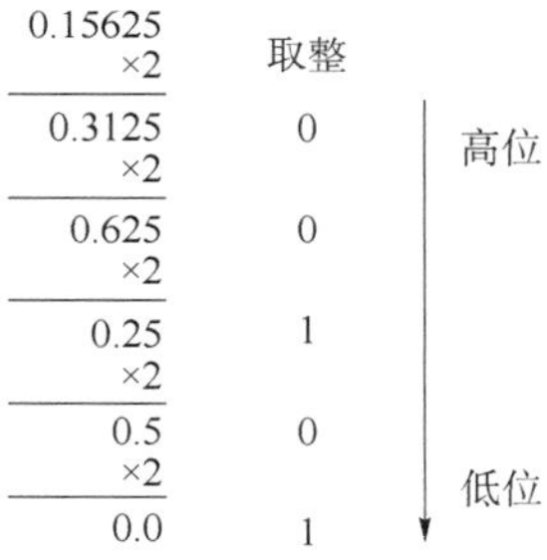

	取整	
0.15625 ×2		
0.3125 ×2	0	高位
0.625 ×2	0	
0.25 ×2	1	
0.5 ×2	0	
0.0	1	低位 ↓

图 1-4　小数部分的转换过程

由以上计算可知，0. 15625×2=0. 3125，取 0. 3125 的整数位 0，照此类推。需要注意的是，当计算到 0. 625×2=1. 25 这一步骤时，取 1. 25 的整数位 1，将剩下的 0. 25 进行后续运算，即把 0. 25 乘以 2；当计算到 0. 5×2=1. 0 时，取 1. 0 的整数位 1，此时小数部分为零，计算结束；最后，将得到的结果按顺序书写。

所以，$(0.15625)_{10}=(0.00101)_2$

由此可得，$(25.15625)_{10}=(11001.00101)_2$。

注意：

如果小数位在乘 2 取整的过程中，其积始终不为 0，就需要按精度要求进行舍入处理。

3. 二进制数与八进制数、十六进制数的相互转换

1）二进制数转换为八进制数、十六进制数

二进制数转换为八进制数的规则：三位分组，逐组转换。以小数点为界，整数向左、小数向右，每三位二进制位划分为一组，不足三位时用 0 补足，逐组写出与二进制数等值的八进制数码，小数点照写，便得到转换后的八进制数。

二进制数转换为十六进制数的规则：四位分组，逐组转换。以小数点为界，整数向左、小数向右，每四位二进制位划分为一组，不足四位时用 0 补足，逐组写出与二进制数等值的十六进制数码，小数点照写，便得到转换后的十六进制数。

【例 1-5】将二进制数 1011010. 10101 分别转换成八进制数与十六进制数。

$(1011010.10101)_2=(001,011,010.101,010)_8=(132.52)_8$

$(1011010.10101)_2=(0101,1010.1010,1000)_{16}=(5A.A8)_{16}$

2）八进制数、十六进制数转换为二进制数

八进制数或十六进制数转换为二进制数，是所对应的二进制数转换的逆运算，即用三位二进制位代替一位八进制数码，用四位二进制位代替一位十六进制数码，小数点照写。

【例 1-6】将八进制数 471. 62 与十六进制数 3D5. 84 分别转换成二进制数。

$(471.62)_8=(100,111,001.110,010)_2=(100111001.110010)_2$

$(3D5.84)_{16}=(0011,1101,0101.1000,0100)_2=(001111010101.10000100)_2$

注意：

八进制数与十六进制数之间的转换，可以通过二进制数作为中间进制来转换。例如，可以将八进制数先转换成二进制数，然后按四位一组逐组转换，得到十六进制数。

1.3　计算机中的信息单位

在计算机内部，各种信息都以二进制的形式进行存储和传输。信息的存储和传输以位、字节等计量标准为单位。通过对这些单位的理解和换算，就能对系统的存储和传输效率有所了解。

1. 位

位（bit，简记为 b），是计算机内部存储信息的最小单位。例如，1100 为 4 位二进制数，10011010 为 8 位二进制数。一个二进制位可以表示两种状态（0 或 1），两个二进制位可以表示 4 种状态（00、01、10、11）。位越多，所能表示的状态就越多。

2. 字节

字节（byte，简记为B），是计算机内部存储信息的基本单位。1字节由8个二进制位组成，即1 B=8 b。计算机中常用的信息存储单位还有千字节（KB）、兆字节（MB）、千兆字节（GB）、太字节（TB）。字节单位之间的换算如下：

1 KB=1024 B

1 MB=1024 KB

1 GB=1024 MB

1 TB=1024 GB

3. 字

字（word），是计算机进行信息存储、加工和传送时的数据长度。字长一般为字节的整数倍，如8位、16位、32位、64位等。字长是衡量计算机性能的一项技术指标，字长越长，在相同时间内计算机所能处理的数据信息就越多，运算速度就越快。例如，64位计算机一次可以进行64位的运算，而32位计算机一次只能进行32位的运算，所以64位计算机的运算速度高于32位计算机。

1.4　数的原码、反码和补码表示

计算机中的数用二进制来表示，数的符号也用二进制来表示，一般用最高位作为符号位，0表示正数，1表示负数。下面介绍有符号整数的三种表示方法：原码、反码和补码。

1. 原码

原码只将最高位作为符号位（以0表示正数，1表示负数），其余各位代表数值本身的绝对值（以二进制表示）。由于计算机的字长不同，为了方便描述，我们约定只用1字节存放1个整数。例如，+9的原码为00001001，-9的原码为10001001；+0的原码为00000000，-0的原码为10000000。显然，+0和-0表示的是同一个数0，而在内存中却有两种不同的表示方法，即0的表示方法不唯一。

2. 反码

正数的反码与原码相同。负数的反码符号位为1，其余各位是对原码按位取反（1变0，0变1）。例如，+9的反码是00001001，-9的反码是11110110；+0的反码是00000000，-0的反码是11111111。可见，0的反码表示也不唯一。

以一个字节表示数时，用反码表示的最大值为127，最小值为-127。例如，127的反码为01111111，-127的反码为10000000。

3. 补码

原码和反码在运算中要单独处理符号位，不便于计算机内的运算。例如，对原码表示的+9和-9进行加法运算时，必须先判断各自的符号位，再对剩余7位进行相应处理（是相加还是相减），较为烦琐。因此，需要一种数值表示法，可以将符号位和其他位统一处理，对减法也可按加法来处理，这就是补码。

正数的补码，符号位为0，其余位表示数的绝对值，即正数的原码、反码和补码的形式都相同。负数的补码，符号位为1，其余各位是对原码按位取反后，再对整个数加1，也就是说，负数的补码是在其反码的末位加1。例如，+38的原码、反码和补码形式都为00100110；-38的原码为10100110，反码为11011001，补码为11011010。又如，+9的补码是00001001，-9的补码是11110111；+0的补码00000000，-0的补码00000000。可见，+0和-0的补码相同，这说明0的补码表示是唯一的，因此采用补码表示就不会出现+0和-0的问题。

注意：

两个用补码表示的数相加时，如果最高位（符号位）有进位，则进位被舍弃。在计算机系统中，整数一律用补码表示。

1.5　算　　法

许多实际问题的求解都依赖于对算法的有效设计与实现。

1. 算法的概念

算法是指为解决某个特定问题而采取的确定且有限的步骤。

2. 算法的特性

一个算法具有以下特性：

（1）有穷性。一个算法应该包含有限的操作步骤。

（2）确定性。算法中的每个步骤都应当是确定的。

（3）有零个或多个输入。一个算法既可以有多个输入，也可以没有输入。

（4）有一个或多个输出。一个算法的结果就是算法的输出。没有输出的算法是没有意义的。

（5）有效性。算法中的每个步骤都应当能有效地执行，并得到确定的结果。

注意：

一个有效的算法可以没有输入，但是应至少有一个输出。

3. 算法的表示方法

算法的描述方法有很多，常见的有流程图和伪代码，其中流程图比较形象直观。流程图的基本图形组成如图1-5所示。

4. 结构化程序设计

结构化程序设计由三种基本结构组成，分别是顺序结构、选择结构和循环结构。

1）顺序结构

顺序结构是最简单的一种结构，按顺序执行相应的操作。在图1-6所示的顺序结构流程中，先执行任务 A，再执行任务 B。

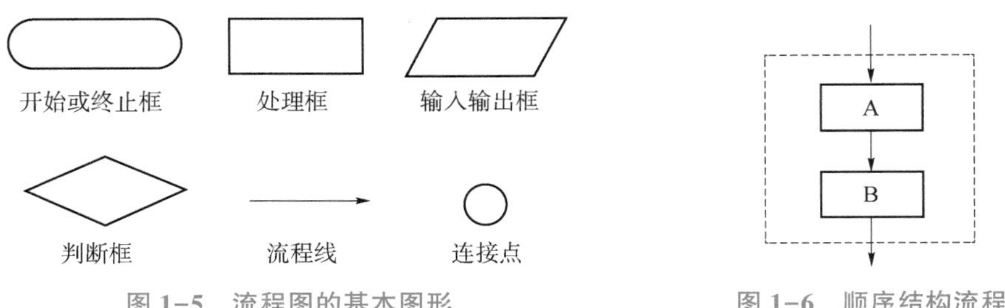

图 1-5　流程图的基本图形　　图 1-6　顺序结构流程

2）选择结构

在选择结构中，根据条件的成立与否来执行不同的操作。在图 1-7 所示的选择结构流程中，当条件 P 成立时就执行任务 A，当条件 P 不成立时就执行任务 B。

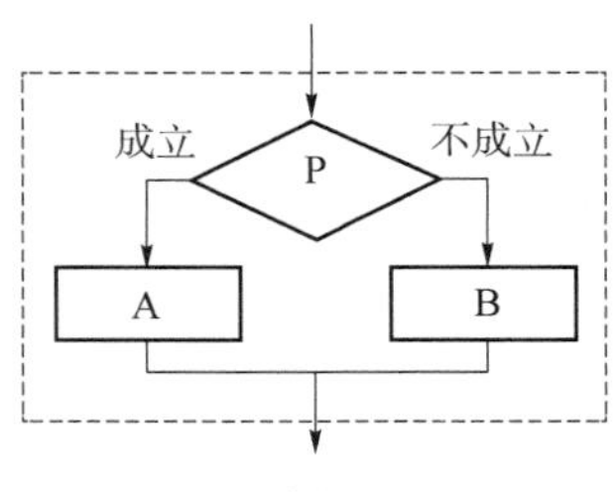

图 1-7　选择结构流程

3）循环结构

在循环结构中，根据循环体中的条件是否成立来确定操作，条件成立时就重复执行某个操作，条件不成立时就操作结束。在图 1-8 所示的循环结构流程中，当条件 P 成立时就重复执行任务 A，当条件 P 不成立时则结束循环。

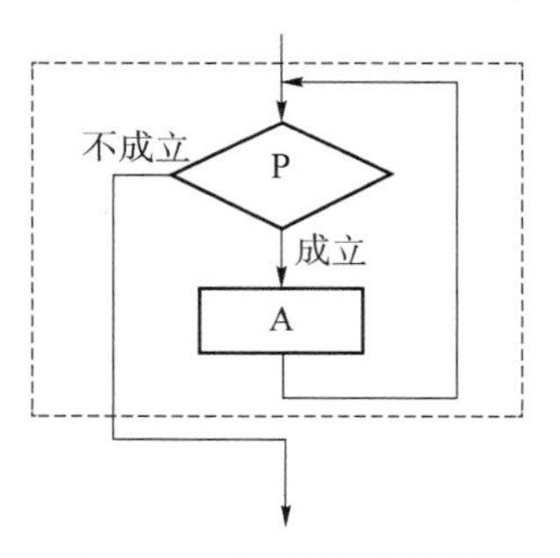

图 1-8　循环结构流程

第 2 章　C 语言概述

学习编程需要选择一种合适的程序设计语言。C 语言既具有高级语言的面向过程的特点，又具有汇编语言的面向底层的特点，其具有高效、灵活、功能丰富、表达力强和较高的可移植性等优势特点，广泛应用于系统与应用软件的开发。C 语言是目前最受欢迎、应用最广的高级语言之一，因此通常将 C 语言作为首选的程序设计入门语言。本章将介绍 C 语言程序的基本结构、程序中的基本要求。

2.1　C 语言的发展及特点

计算机语言是随着电子计算机的发展而逐步成熟的。计算机语言有多种指令，一系列指令构成程序。目前存在 3 种类型的计算机语言，分别是机器语言、汇编语言和高级语言。C 语言是一种通用的、面向过程的高级语言。

2.1.1　计算机语言的发展

计算机语言经历了三代：第一代是机器语言，第二代是汇编语言，第三代是高级语言。

1. 机器语言

对计算机本身来说，它并不能直接识别由高级语言编写的程序，它只能接受和处理由数字 0 和 1 组成的二进制指令，这种指令称为机器指令。机器语言由机器指令组成，其向计算机描述完成运算过程的步骤和运算过程涉及的原始数据，因此机器语言可以被计算机识别并执行。

机器指令用二进制数表示操作码和存放操作数的存储单元地址。以完成算式“3+7”的运算为例，其需要执行一系列指令，存储器单元内容及地址示意图如图 2-1 所示。将操作数 3 和 7 分别存入地址为 0101 和 0110 的存储单元，将地址为 1000 的存储单元作为最终结果的存储单元。机器语言完成该算式的运算过程如图 2-2 所示。该运算过程的每一步骤都可以用一条机器指令实现，其中步骤“（0101）→累加器”表示将地址为 0101 的存储单元的内容存入累加器；步骤“累加器+（0110）→累加器”表示将累加器中的内容作为一个操作数、将地址为 0110 的存储单元的内容作为另一个操作数，进行加法运算后将运算结果存入累加器；步骤“累加器 →（1000）”表示将累加器中的内容存入地址为 1000 的存储单元。

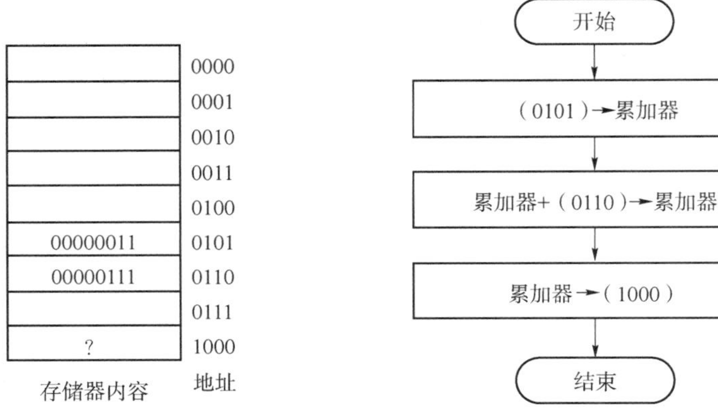

图 2-1　存储器单元内容及地址示意图　　图 2-2　机器语言完成运算的示例

机器语言是一种最原始的计算机语言，直接用二进制数对操作码编码，并同步完成存放操作数的存储单元的分配过程，该存储单元的引用由二进制数表示的地址完成。机器语言中的每一条指令只能完成简单的运算操作，因此用机器语言编写完成复杂运算过程的程序是极其复杂并且不易被理解的。

2. 汇编语言

为了便于编程，以及解决更加复杂的问题。程序员开始改进机器语言，使用英文缩写的助记符来表示操作码，用变量引用操作数。助记符与变量组成汇编指令，汇编指令构成了汇编语言。

助记符是用于程序员理解指令功能的字符串，如加法运算指令的助记符是 ADD，数据传送指令的助记符是 MOV。变量用于引用某个存放操作数的存储单元，存储单元有地址与内容两个属性，意味着与它绑定的变量也具备地址与内容两个属性。以完成算式“3+7”的运算为例，其对应的汇编语言代码如下：

```
X1 DB 3         ;变量 X1 引用存储操作数 3 的存储单元
X2 DB 7         ;变量 X2 引用存储操作数 7 的存储单元
X3 DB ?
MOV A,X1        ;A 为累加器,变量 X1 传递给累加器
ADD A,X2        ;变量 X2 的数据与累加器中的数据进行相加,运算结果存入累加器
MOV X3,A        ;累加器的数据传递给变量 X3,即 X3 是加法运算结果
```

汇编指令无须确定存储单元地址，只需用变量引用存储操作数的存储单元；另外，助记符能够帮助程序员理解指令功能，编写汇编语言比编写机器语言容易得多，其可读性也比机器语言好许多。因此，目前汇编语言仍然应用于工业电子等编程领域。

3. 高级语言

汇编语言虽然能编写高效率的程序，但是程序员需要了解和掌握计算机完成运算过程的计算原理，因此学习和使用汇编语言仍然不易，而且汇编语言对解决复杂的问题显得力不从心，

于是出现了高级语言。高级语言允许程序员使用接近日常英语的指令来编写程序。高级语言中的指令一般称为语句或命令，其命令功能和格式接近自然语言表达式。例如，可以用一条语句完成算式“3+7”的运算，其对应的高级语言代码为“x=3+7;”。其中，用“+”取代ADD助记符；“3+7”的表达方式与自然语言表达方式十分相似；x是变量，其对应某个存储单元；“=”表示将其右边“3+7”的运算结果存储到其左边变量x对应的存储单元中。

高级语言接近人的思维方式，通俗易懂，大大降低了编程的门槛和难度，如C、C++、Java、Python等编程语言都是高级语言。

2.1.2 C语言的发展

C语言历史悠久，是一种被广泛使用的高级程序设计语言，其既可以用来编写系统软件，也可以用来编写应用软件。C语言的设计影响了很多后来的编程语言。目前很多计算机语言（如C++、Objective-C、Java、C#、Python等）的基本语法都以C语言为基础。C语言的发展过程大致经历了三个阶段：诞生、发展和成熟。

C语言是在B语言的基础上发展起来的。1972年，美国贝尔实验室的Dennis M. Ritchie在B语言的基础上设计并实现了C语言。C语言既保持了B语言的精练、接近硬件的特点，又加入了数据类型的概念。

1978年，Brain W. Kernighan和Dennis M. Ritchie合著了影响深远的*The C Programming Language*（《C程序设计语言》），成为以后C语言版本的基础，被称为旧标准C语言。从此，C语言成为世界上流行最广泛的高级程序设计语言之一。

随着微型计算机的普及，适合不同操作系统、不同机型的C语言版本相继问世。由于标准不统一，因此这些版本的C语言之间出现不一致。为了改变这种情况，美国国家标准局（ANSI）于1983年制定了新的C语言标准，称为ANSI C。此后陆续出现的各种C语言版本都是与之兼容的版本。

2.1.3 C语言的特点

C语言不仅具有高级语言的特点，还具有低级语言的特点。采用C语言开发的程序有较高的运行效率，其广泛应用于对性能要求较高的系统，如嵌入式操作系统、实时和通信系统等。

1. C语言的基本特点

C语言的主要特点如下：

（1）具有结构化的控制语句及模块化结构。C语言中的if语句、switch语句、while语句、do…while语句和for语句均为结构化的控制语句。程序由函数组成，函数是一个独立模块，便于实现程序的模块化。

（2）语言简洁，结构紧凑，使用方便、灵活。C语言共有32个关键字、3种基础结构，源程序的书写形式较为自由、语法限制不太严格，编译程序忽略某些错误。

（3）运算丰富、数据处理能力强。C语言的表达式与运算符丰富，括号、赋值、强制类型转换等都作为运算符处理。丰富的运算符使得C语言可以实现其他高级语言难以实现的运算过程。

（4）可直接访问物理地址，实现对硬件和底层系统软件的访问。C 语言具有地址运算、位运算和指针运算等功能，可直接对硬件进行操作，能实现汇编语言的多数功能，是最接近机器底层的高级语言之一。

（5）生成的代码质量高。针对同一个问题，用 C 语言编写的程序，其生成代码的效率仅比用汇编语言编写的代码略低，但是它编程相对容易、程序可读性好，且生成的目标代码质量高、系统开销小、实用性强，因此在对程序性能要求较高的嵌入式系统得到广泛应用。

（6）可移植性好。C 语言编译程序的大部分代码是公共的，基本上无须任何修改，就能在不同型号的计算机和各种操作系统环境中运行。

C 语言还有其他优点，如具有强大的图形功能、支持多种显示器和驱动器等。随着人工智能、物联网、大数据、虚拟现实等科学技术的蓬勃发展，导航仪、智能家居、智能手机、机器人、智能交通和家庭安全监控系统等嵌入式系统与物联网技术得到广泛应用，C 语言运行于对性能有苛刻要求的小型设备时表现出色，其生命力依然旺盛，多次成为世界年度编程语言。

2. C 语言的不足之处

C 语言的数据类型与运算符丰富、运算优先级众多、运算优先顺序与常规习惯不同、数据类型转换隐蔽、语法限制不严（某些编译程序忽略错误以及不检查数组下标越界）等，初学者学习 C 语言存在入门难的问题。但是以上不足之处在学习和实践中很容易被克服。

2.2　C 语言程序的格式与构成

C 语言程序由若干函数构成，每个函数由基本符号按照 C 语言的语法规则构成的语句组成。在了解 C 语言程序之前，我们先通过例题对 C 语言程序的格式与构成有一个初步认识。

2.2.1　C 语言程序的格式

【例 2-1】编写一个 C 语言程序，输出“hello world!”。

代码如下：

```
#include<stdio. h>                      //编译预处理命令行,用“#”号开头
main()                                  //主函数,程序的入口函数
{                                       //左花括号表示函数体开始
    /* 下面语句要输出 hello world! */   //该/*和*/之间为注释信息,运行时忽略
    printf("hello world!\n");           //输出字符串“hello world!”并换行,\n是换行符
}                                       //右花括号表示函数体结束
```

C 语言中的书写格式很自由，既可以在一行写多条语句，也可以将一条语句分成多行写。C 语言程序的书写格式如下：

（1）程序中 main( )是主函数名，C 语言规定必须用 main( )作为主函数名，函数名后的一对圆括号不能省略，圆括号中内容可以是空的。

（2）在每条语句和数据定义的结尾，必须有一个分号（;）。

（3）严格区分大小写字母。例如，main 与 Main 的含义不同，main 是主函数名，Main 不是主函数名，如果书写主函数为 Main( )将会出现语法错误。

（4）C 语言本身没有输入输出语句。输入输出操作由 scanf 和 printf 等库函数来完成。例如，“printf("hello world!\n");”是输出语句，其中"hello world!\n"双引号内的内容原样输出，\n 是换行符，表示输出“hello world!”之后换行。特别要注意的是，在使用输入输出库函数之前，必须书写如下编译预处理命令行：

```
#include<stdio.h>
```

（5）编译预处理命令用“#”号开头，该命令结尾不能加“;”号。stdio.h 是系统提供的头文件，该文件中包含输入输出函数定义的相关信息。“#include<stdio.h>”命令相当于建立了头文件 stdio.h 与当前 C 语言程序的链接，然后在该程序中可以引用 stdio.h 中已经定义的所有输入输出相关的函数。

（6）注释语句是对程序代码作注释说明，可以用“//…”对程序的任何部分作行注释，也可以用“/*…*/”对程序进行块注释。注释语句仅用于提高程序的可读性，其不参与编译与运行。注意：对代码进行块注释（/*…*/）时，不能嵌套。

2.2.2　C 语言程序的构成

C 语言程序的基本结构是函数，若干条语句构成一个函数，若干个函数构成一个程序。

【例 2-2】求两个数中的较大值。

代码如下：

```
#include<stdio.h>                /*编译预处理命令行*/
int max_two(int x,int y)         //自定义函数
{                                //max_two 函数体开始
    int z;
    if(x>y)
        z=x;
    else
        z=y;
    return z;                    //max_two 函数返回值为 z(x,y 两数较大值)
}                                //max_two 函数体结束
main()                           //主函数(入口函数)
{                                //主函数体开始
    int a,b,c;
    scanf("%d%d",&a,&b);         //输入函数(输入语句),输入两个数 a 和 b
    c=max_two(a,b);              //调用 max_two 函数,c 得到函数返回值(a,b 两数的较大值)
    printf("max=%d\n",c);        //输出函数(输出语句),输出较大值(c)
}                                //主函数体结束
```

C 语言中的函数有两类：一类是库函数，可以直接在程序中使用，如 printf 和 scanf 函数

等；另一类是自定义函数（如 main 和 max_two 等），这部分函数必须由用户自己编写代码。

C 语言程序的构成说明如下：

（1）C 语言支持顺序结构、选择结构、循环结构，所以 C 语言程序是一种结构化程序。

（2）C 语言提供的“函数”实现了模块化结构，如图 2-3 所示。程序中可以包含任意多个不同名的函数，其中必须有一个主函数 main( )。因为主函数是入口函数，所以一个程序中的主函数有且只能有一个。

（3）主函数 main( )是入口函数，C 程序总是从主函数开始执行，最后也结束于主函数。主函数在整个程序中的位置不固定，可以放在程序的最前、最后或中间的任何位置。

（4）每个函数均由函数首部与函数体两部分组成，函数的基本组成如图 2-4 所示。其中，函数首部通常由函数类型、函数名及函数参数组成；函数体需要用花括号括起来，左括号表示函数体的开始，右括号表示函数体的结束，函数体由若干语句组成，主要包括说明语句序列与可执行语句序列。

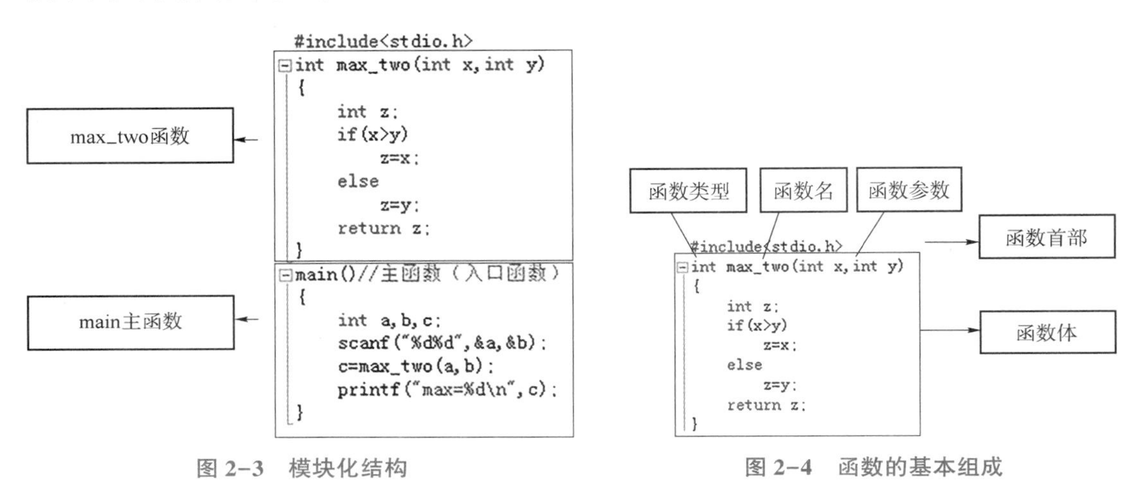

图 2-3　模块化结构　　　　图 2-4　函数的基本组成

2.3　程序的编译过程

高级语言程序必须转换成计算机对应的机器语言程序后才能由计算机硬件存储和执行。编译程序能够将高级语言程序转换成机器语言程序。因此，C 语言程序需要利用编译程序将源程序文件中的 C 语言语句转换成计算机对应的机器指令，才能在计算机上运行。

2.3.1　程序的编译和运行

C 语言是一种编译型的程序设计语言。一个 C 语言程序需要经过编辑、编译、连接和运行四个步骤。这四个步骤也称为 C 语言程序的调试、运行步骤，如图 2-5 所示。

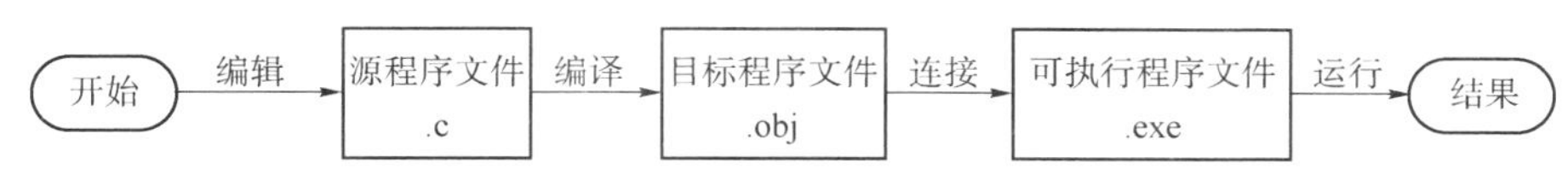

图 2-5　C 语言的调试、运行过程

1. 编辑

编辑是指利用文本编辑工具输入 C 语言源程序并进行修改，生成 C 语言源程序文件，以文本文件的形式存放在磁盘上，C 语言源程序文件的扩展名是 . c。

2. 编译

C 语言程序编辑后，利用 C 语言的编译程序对其进行编译，生成用二进制代码表示的目标程序文件，其扩展名为 . obj。编译过程由编译程序完成，编译程序自动对源程序进行语法检查，如果发现语法错误或书写格式错误，编译系统将报告出错的语句和出错原因，程序员需要重新进入编辑阶段，修改源程序文件中出错的语句，直到编译成功为止。

3. 连接

连接是指利用 C 语言的连接程序把编译阶段生成的目标程序与 C 语言提供的各种库函数连接后生成可执行程序文件（扩展名为 . exe）的过程。

4. 运行

运行是指在计算机中启动可执行程序的过程。启动可执行程序后将获取程序运行结果。通常情况下，程序中包含通过屏幕输出结果的指令，例题 2-1 源程序的运行结果如图 2-6 所示。

```
hello world!
请按任意键继续. . .
```

图 2-6　C 语言程序运行结果

如果没有看到输出结果或者经过分析发现输出的结果有错，表明运行结果不正确。运行结果不正确的原因主要是程序设计错误，因此需要重新进入编辑阶段，找出错误原因，修改程序，重新编译，并重新连接生成可执行文件。

初学者常常将编译无误和程序正确等同。编译无误只能表明程序中的语句语法和书写格式正确，而不能保证这些语句能够解决程序需要处理的问题。因此，需要分析程序运行结果来验证程序编写的正确性。

2.3.2　程序的编译环境

目前使用的大多数 C 语言编译系统都是集成环境。计算机端常用的有 Visual C++ 6.0、Visual C++ 2010、Dev C++等，手机端常用的有 C4droid 与 C 语言编译器等。

下面简单介绍 Visual C++ 6.0、Visual C++ 2010 的编译环境。

1. Visual C++ 6.0 的编译环境

（1）新建文件。打开 Visual C++ 6.0 程序，在文件菜单栏选择“新建”命令，弹出“新建”对话框；在左侧的“文件”选项卡中单击“C++ Source File”图标，选择该文件类型，在右侧的“文件名”文本框中输入文件名称，然后通过“位置”的“浏览”按钮选择存储路径；最后，单击“确定”按钮，完成文件的新建。在 Visual C++ 6.0 编译环境中创建 C 语言源程序的“新建”对话框如图 2-7 所示。

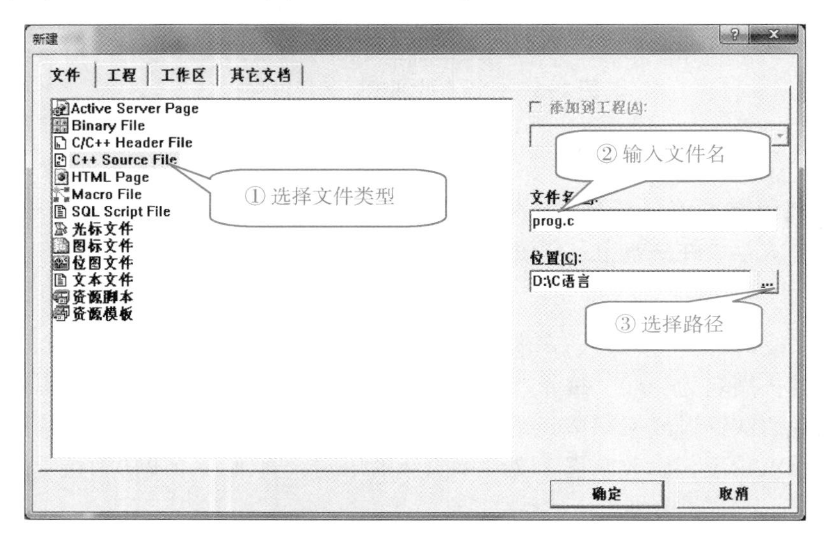

图 2-7 “新建”对话框（Visual C++ 6.0）

（2）调试和运行。在代码编辑窗口输入代码后，先单击“编译”按钮，然后单击“连接”按钮，最后单击“运行”按钮，完成 C 语言程序的调试和运行。代码编辑窗口如图 2-8 所示。

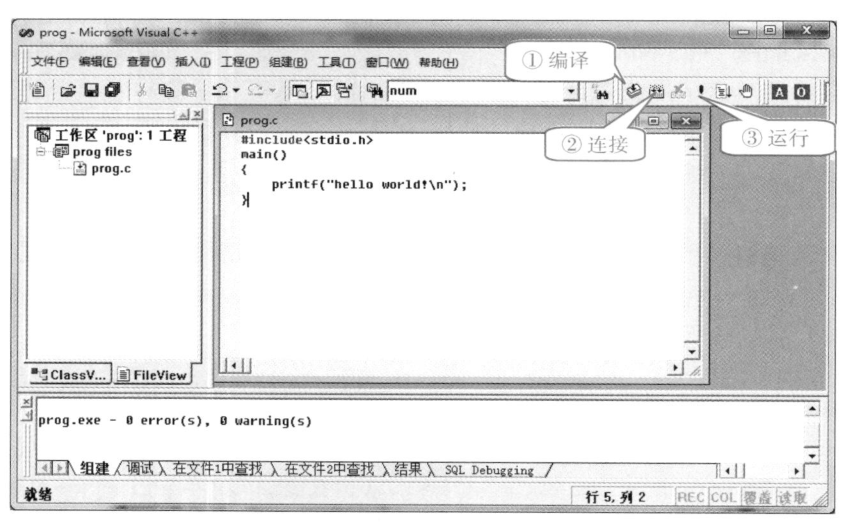

图 2-8 代码编辑窗口（Visual C++ 6.0）

2. Visual C++ 2010 的编译环境

（1）新建项目。打开 Visual C++ 2010 程序，在文件菜单栏选择“新建”子菜单中的“项目”命令，弹出“新建项目”对话框；在项目类型中单击“空项目”图标，选择该项目类型，在下方的“名称”文本框中输入项目名称，然后通过“位置”的“浏览”按钮选择存储路径；最后，单击“确定”按钮，完成项目的新建。在 Visual C++ 2010 的编译环境中创建 C 语言空项目的“新建项目”对话框如图 2-9 所示。

图 2-9 “新建项目”对话框（Visual C++ 2010）

（2）添加新项。在项目菜单栏选择“添加新项”命令，弹出“添加新项”对话框；在文件类型中单击“C++文件”图标，选择该文件类型，在下方的“名称”文本框中输入文件名，然后通过“位置”的“浏览”按钮选择存储路径；最后，单击“添加”按钮，完成文件的添加。“添加新项”对话框如图 2-10 所示。

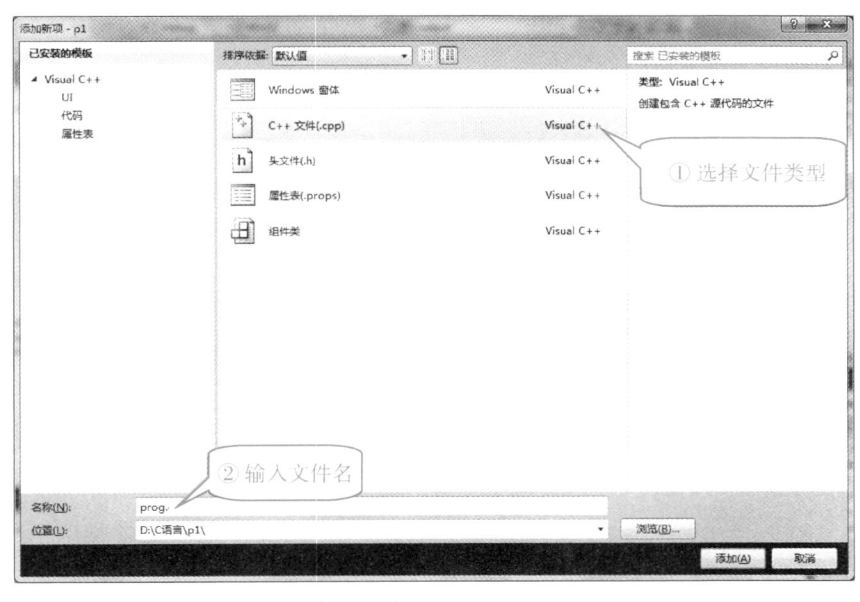

图 2-10 “添加新项”对话框（Visual C++ 2010）

（3）调试和运行。在代码编辑窗口输入代码后，首先单击“生成”按钮，然后单击“生成解决方案”按钮，最后单击“运行”按钮，完成 C 语言源文件的调试和运行。代码编辑窗口如图 2-11 所示。如果调试过程中出现“此项目已经过期”的提示，那么在生成菜单栏选择“重新生成解决方案”命令进行重新调试和运行。

图 2-11　代码编辑窗口（Visual C++ 2010）

在 Visual C++ 6.0 或在 Visual C++ 2010 编译环境中进行调试、运行时，可以使用快捷方式。其中，编译的快捷方式为【Ctrl+F7】组合键，连接的快捷方式为【F7】快捷键，运行的快捷方式为【Ctrl+F5】组合键。

2.4　典 型 案 例

2.4.1　案例 1：Visual C++ 6.0 编译环境的应用

1. 案例描述

在 Visual C++ 6.0 编译环境中创建一个空的控制台工程，在该工程里新建一个 C 语言的源程序，然后进行调试、运行。

案例 1　Visual C++ 6.0 编译环境的应用

2. 案例代码

```
#include<stdio. h>
main()
{    printf("hello world!\n");
}
```

2.4.2　案例2：Visual C++ 2010 编译环境的应用

1. 案例描述

在 Visual C++ 2010 编译环境中创建一个空的项目，在该项目里添加新项——一个 C 语言的源程序，然后进行调试、运行。

案例2　Visual C++ 2010 编译环境的应用

2. 案例代码

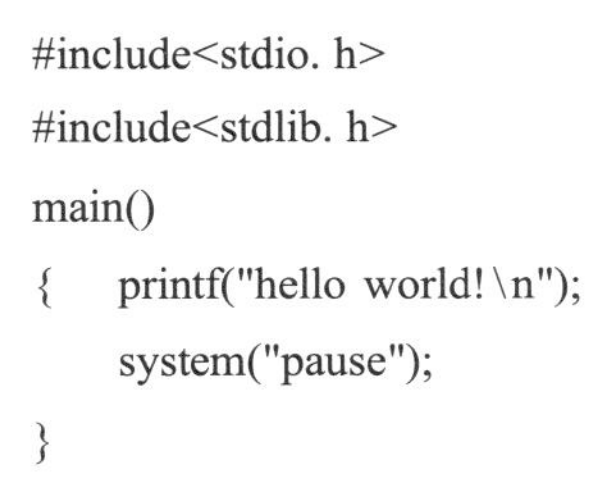

```
#include<stdio. h>
#include<stdlib. h>
main()
{   printf("hello world!\n");
    system("pause");
}
```

3. 案例分析

如果调试正常，却无法看到运行结果。其解决办法就是在程序结尾增加一条暂停语句“system("pause");”。该语句是调用 system 函数的语句，而 system 函数是库函数，该库函数在 stdlib. h 头文件中进行了定义。因此，若要使用暂停语句，就必须在程序中（一般在开头位置）书写编译预处理命令行：#include<stdlib. h>。

该案例代码也可以书写得更加完整，代码如下：

```
#include<stdio. h>
#include<stdlib. h>
int main( )      // ①
{   printf("hello world!\n");
    system("pause");
    return 0;    // ②
}
```

上述代码中，①处：其中 int 可以省略不写，默认为整型（int）；②处：该行可以省略不写，主函数的上一级是系统，有返回值时就返回系统，无返回值时也返回系统。显然，本案例代码是较为简洁的书写方式。主函数的数据类型还可以是空类型（void），如 void main( )，定义为空类型的主函数没有返回值，其函数体中不能出现 return 语句（或 return 后面不带返回值）。

2.5　本 章 小 结

在本章的学习中，要了解 C 语言的发展及特点，掌握 C 语言程序的格式与构成，学会 C 语言程序的编译和运行方法。

1. C 语言的发展及特点

（1）计算机语言分为机器语言、汇编语言、高级语言，C 语言属于高级语言。

（2）C 语言是由美国贝尔实验室在 1972 年研制出来的，后来又由美国国家标准局制定了新的 C 语言标准，称为 ANSI C，得到几乎所有广泛使用的编译器支持。

（3）C 语言是一种面向过程的编程语言，具有结构化的控制语句及模块化结构、可移植性好等特点。

2. C 语言程序的格式与构成

（1）C 语言程序由一个或多个函数构成，函数由函数首部与函数体两部分组成。

（2）一个 C 源程序有且仅有一个名为 main 的主函数。

（3）在每条语句和数据定义的结尾必须有一个“;”号；在编译预处理命令行前加“#”号，该命令行结尾不能加“;”号。

（4）严格区分大小写字母。

（5）行注释用“//”，块注释用“/*”与“*/”。

3. C 语言程序的编译和运行

C 语言源程序文件的扩展名为“.c”，经过编译后生成扩展名为“.obj”的目标程序文件，再通过连接生成扩展名为“.exe”的可执行程序文件，只有可执行程序才可以运行。

2.6 习　题

1. C 语言基本概念填空。

（1）列举三种计算机高级语言：__________、__________和__________。

（2）C 程序中不论包含多少个函数，其中必须有一个________________。

（3）C 程序中主函数不论出现在程序的何处，程序运行时总是从_______开始。

（4）C 语言源程序文件的扩展名是_______。

（5）C 语言源程序经过编译后，生成文件的扩展名是_______。

（6）C 语言源程序经过编译、连接，最终生成文件的扩展名是_______。

（7）结构化程序由三种基本结构组成，分别是________、________和________。

2.7 综合实验

1. 输出“Hello World!”。

安装一种 C 语言编译环境，并在该编译环境中编写一个简单的 C 语言程序，实现在屏幕上输出“Hello World!”。程序的运行结果如图 2-12 所示。

图 2-12 “输出‘Hello World!’”运行结果示例

2. 输出直角三角形。

在 C 语言编译环境中编写程序，实现在屏幕上输出一个直角三角形的图案。程序的运行结果如图 2-13 所示。

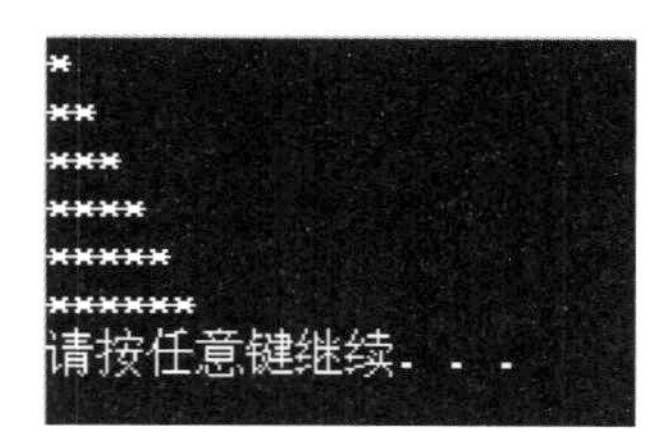

图 2-13 “输出直角三角形”运行结果示例

3. 修改程序。

在 C 语言编译环境中调试以下程序，并根据出错信息修改程序。

```
#include<stdio. h>;
main();
{    int a,b,c;
     a=10;b=20
     c=a+b;
     printf("% d",c);
```

第3章　程序设计的初步知识

使用高级语言进行程序设计，需要考虑两个最基本的问题——如何进行数据描述和如何进行动作描述。在C语言中，数据描述是通过各种数据类型，并结合各种标识符、变量和常量来完成的；动作描述通过语句实现，这些语句大多由运算符和运算对象组成的表达式构成。本章主要围绕程序设计的数据描述和动作描述，介绍C语言程序设计的一些初步知识，包括各种数据类型、标识符、变量与常量以及表达式的构成规则、涉及的各种运算符及其优先级和结合性等。

3.1　数据类型

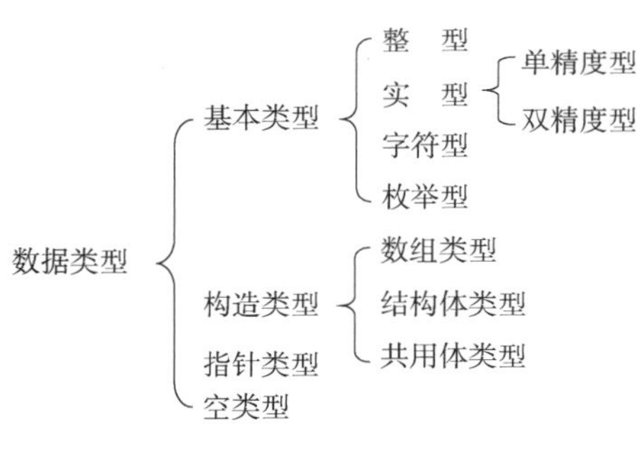

图3-1　C语言的数据类型

C语言中的每个数据都有具体的数据类型，C语言提供了丰富的数据类型，包括基本类型、构造类型、指针类型和空类型，如图3-1所示。其中，基本类型是C语言程序设计的最小单元，又称为原子数据类型，其他复杂数据类型都可以由基本类型进行派生与构造。

本章主要介绍基本类型中的整型、实型和字符型三种数据类型。

3.2　标识符、常量和变量

C语言程序中处理的数据，无论是什么类型，都以常量或变量的形式出现。在程序设计中，常量可以直接使用，变量应遵循“先定义，后使用”的原则。

3.2.1 标识符

C 语言程序中的数据类型、变量、符号常量、函数、数组等命名，需要用标识符来表示。标识符是由字母、数字和下划线组成的字符序列。一般情况下，标识符的第一个字符必须为字母或下划线。需要指出的是，在 C 语言中，变量的命名对大小写敏感，即 abc 和 Abc 代表的是不同的标识符。

C 语言中的标识符可以分为系统定义标识符和用户定义标识符。

1. 系统定义标识符

系统定义标识符是系统给出的固定的名字和特定的含义，它可以分为关键字和预定义标识符。

1）关键字

关键字是 C 语言系统给出的特定含义的标识符，共有 32 个，主要是数据类型标识符、语句关键字等。这些关键字在程序中都代表固定的含义，不能另作他用。C 语言的关键字参见附录 1。本章主要介绍的整型、实型和字符型的标识符如表 3-1 所示。

表 3-1 整型、实型和字符型的标识符

数据类型	类型标识符	说明
整型	int	基本型
实型	float	单精度型
	double	双精度型
字符型	char	—

2）预定义标识符

预定义标识符也是 C 语言系统给出的特定含义的标识符，包括系统标准函数名和编译预处理命令等，如 printf、scanf、define、include 等。这些预定义标识符允许重新定义另作他用，但会失去其作为预定义标识符的原意。

2. 用户定义标识符

用户根据编程需要而定义的标识符，又称为自定义标识符，如变量名、函数名、数组名等。自定义标识符除了要遵守标识符命名规则，还应注意做到“见名知义”，以提高程序的可读性，如 sum 表示累加和、max 表示最大值、hour 表示小时、minute 表示分钟等。自定义标识符的合法与不合法示例如表 3-2 所示。

表 3-2 自定义标识符的合法与不合法示例

合法性	示例
合法	area、PI、pi、_ini、a_array、s1234、_0_、define
不合法	456P、cade-y、w. w、a&b、int

注意：

虽然关键字与预定义标识符均为系统定义标识符，但是它们存在较大的区别。关键字在程序中代表固定的含义，不能用来定义标识符。例如，表 3-1 中的 int 是关键字，因此将它定义成自定义标识符不合法。预定义标识符允许重新定义。例如，表 3-2 中的 define，将它定义成自定义标识符是合法的，但 define 也因此失去其作为预定义标识符的原意。虽然预定义标识符允许重新定义，但是不建议这样操作。

3.2.2 常量

常量是指在程序运行过程中，其值不能被改变的量。常量可以是直接用数据形式表示的直接常量，也可以是用标识符表示的符号常量。

1. 直接常量

常量也分为不同数据类型的常量，各种数据类型常量示例如表 3-3 所示。

表 3-3　常量示例

类型	示例	类型	示例
整型	12、-1、5	字符型	'A'、'd'、'5'
实型	3.1415、-2.71、.7、12.	字符串	"NCRE"、"Beijing"、"A"

在表 3-3 中，字符型常量是由一对单引号括起来的单个字符，在内存中占 1 字节的存储空间。字符串常量是由一对双引号括起来的若干个字符序列。

2. 符号常量

用一个标识符代表的常量，称为符号常量。符号常量必须在程序中进行特别指定，并符合标识符的命名规则。例如，在计算圆面积的程序中有：

```
#define PI 3.14159
```

其中，PI 称为符号常量，它代表字符串 3.14159。对该程序进行编译时，凡是在程序中出现 PI 的位置，编译程序均用 3.14159 来替换。

符号常量必须用 define 进行特别指定。define 是编译预处理中的宏定义命令，本书将在第 9 章对其做详细介绍。

【例 3-1】已知圆的直径，编写程序求圆的周长。

代码如下：

```
#include<stdio.h>
#define PI 3.14159                  //定义符号常量 PI 表示字符串 3.14159
main()
{   double c,d;
    c=0;d=0;                        //直径 d 与周长 c 在计算之前初值赋 0
    printf("请输入直径:");            //屏幕显示提示信息,输出函数详见第 4 章介绍
    scanf("%lf",&d);                //键盘输入直径数据,输入函数详见第 4 章介绍
```

```
    c=PI * d;                       //该表达式中 PI 用 3.14159 替换后参与计算
    printf("圆的周长为:%lf\n",c);    //输出格式也可以是%f
}
```

程序运行结果如下：

```
请输入直径:10↙
圆的周长为:31.415900
```

3.2.3　变量

计算机在实现运算的过程中，需要使用存储单元存储操作数。变量用于唯一标识某个存储单元，变量的值就是该存储单元中的内容。

1. 变量的概念

变量是指在程序运行过程中其值可以改变的量。在程序中用一个标识符表示变量。程序中的所有变量都必须先定义后使用。

2. 变量的定义

变量定义的格式：

数据类型标识符 变量名[,变量名][,变量名]… ;

【例 3-2】 变量的定义。

代码如下：

```
#include<stdio.h>
main()
{   int a;                  //先定义 a 为整型变量
    a=10;                   //后使用该变量 a
    printf("%d",a);         //输出变量的值为 10
}
```

3. 变量的初始化

C 语言允许在定义变量的同时为变量赋值，称为变量的初始化。

例如：

```
int i=0;                    //定义变量 i 为整型变量,并指定其初值为 0
float w_ =5.6;              //定义 w_为单精度型变量,并指定其初值为 5.6
double z=7.8;               //定义 z 为双精度型变量,并指定其初值为 7.8
char c1='#',c2='d';         //同时定义 c1、c2 两个字符型变量,并分别指定它们的初值为#、d
```

4. 变量的赋值

若定义一个变量但并未对其初始化，则该变量是一个不确定的数据，必须在程序中对其赋予适当的值后才能使用。

变量赋值的格式：

变量名=表达式;

例如：

```
int i;          // 定义变量 i 为整型变量
i=0;            // 变量 i 的值变为 0
i=100;          // 变量 i 的值变为 100
```

变量赋值语句中的“=”称为赋值运算符。赋值运算符不同于数学中的等号，这里不是等同的关系，而是“赋予”操作。因此，将赋值运算符“=”理解成“变为”较为贴切。

【例 3-3】分析程序，并写出程序的运行结果。

代码如下：

```
#include<stdio. h>
main()
{   int a=5; double b=10. 5;char c='#';
    printf("a=% d,b=% lf,c=% c\n",a,b,c);        //①输出函数
    a=7;b=20. 5;c='&';
    printf("a=% d,b=% lf,c=% c\n",a,b,c);        //②输出函数
}
```

程序运行结果如下：

```
a=5,b=10. 500000,c=#
a=7,b=20. 500000,c=&
```

在本例中，定义了三个变量，整型变量 a 的初值为 5，双精度型变量 b 的初值为 10. 5，字符型变量 c 的初值为字符#。①处是输出函数，分别输出三个变量的值，所以输出结果为“a=5,b=10. 500000,c=#”；接着，代码中通过赋值运算给变量 a、b、c 分别赋值 7、20. 5 和字符 &。②处再一次输出三个变量的值时，此时输出结果为“a=7,b=20. 500000,c=&”。变量的值可以改变，如果赋予变量新的值，则新值会覆盖原值，此后变量就表示新的值。

3. 3 整 型 数 据

在 C 语言中，可以直接指定整型常量，也可以用变量表示存储整型数据的存储单元。

3. 3. 1 整型常量

整型常量可以用十进制、八进制、十六进制等形式表示。整型常量的各种表示形式如表 3-4 所示。

表 3-4 整型常量

进制	示例	相当于十进制数	说明
十进制	397	$=3\times10^2+9\times10^1+7\times10^0$ $=397$	常见形式
八进制	0327	$=3\times8^2+2\times8^1+7\times8^0$ $=215$	八进制数以数字 0 开头，由数字 0~7 组成
十六进制	0xa2c	$=a\times16^2+2\times16^1+c\times16^0$ $=10\times16^2+2\times16^1+12\times16^0$ $=2604$	十六进制数的开头必须是 0x（或 0X），即以数字 0 和字母 x（或大写字母 X）开头，由数字 0~9、字母 A~F 组成

若在整型常量后面加一个字母 l 或者 L，则表示此为长整型常量，如 397l 或者 397L。十进制数有正数、负数形式，而八进制数与十六进制数只能表示正数。

3.3.2 整型变量

整型分为三种：基本型、短整型和长整型。根据整型数据在内存中存储的最高位是否表示符号位，整型数据有无符号和有符号之分。具体的数据类型标识符、所占字节数以及表示数据的取值范围如表 3-5 所示。

表 3-5 整型数据

数据类型		标识符	字节数	取值范围
基本型	整型	[signed] int	4	-21 亿~21 亿
	无符号整型	unsigned [int]	4	0~42 亿
短整型	短整型	[signed] short [int]	2	-32 768~32 767
	无符号短整型	unsigned short [int]	2	0~65 535
长整型	长整型	[signed] long [int]	4	-21 亿~21 亿
	无符号长整型	unsigned long [int]	4	0~42 亿

注意：

不同的编译环境对整型与无符号整型的长度规定不同，例如，Visual C++ 6.0 与 Visual C++ 2010 中是 4 字节，而在 Turbo C 中是 2 字节。本书以 Visual C++ 6.0 或 Visual C++ 2010 编译环境为例。

【例 3-4】分析程序，并写出程序的运行结果。

代码如下：

```
#include<stdio. h>
main()
{   int data1;
    short data2;
    unsigned long data3;
    printf("% d,% d,% d\n",sizeof(data1),sizeof(data2),sizeof(data3));
}
```

程序运行结果如下：

```
4,2,4
```

在本例中，sizeof 是求所占字节数的运算，data1 是基本型，占 4 字节；data2 是短整型，占 2 字节；data3 是无符号长整型，占 4 字节。

3.4 实型数据

在现实生活中，除了整数，还有小数，根据计算机存储特点，小数点的位置可以浮动，因此，小数也称为浮点数，俗称实数。

3.4.1 实型常量

在 C 语言中，实型常量有两种表示形式，分别是十进制数形式与指数形式。实型常量的两种表示形式如表 3-6 所示。

表 3-6 实型常量

实型常量	示例	说明
十进制数形式	0. 123、. 123、123. 、0.	由数字和小数点组成
指数形式	1. 23E+2、1. 23E2、1. 23e2	表示 1.23×10^{2}
	1e-6	表示 1×10^{-6}

在表 3-6 中，当以指数形式书写时，要特别注意格式要求：字母 E(e)之前必须有数字；字母 E(e)前后不能有空格；字母 E(e)之后的指数必须为整数。例如，“e-6”“3 e2”和“1. 23e2. 5”表达方式均不符合指数形式格式要求。

若在整型常量后面加一个字母 f（或 F），则表示此为单精度型常量，如 0. 123f（或 0. 123F）。

3.4.2　实型变量

实型变量分为单精度型和双精度型，具体的数据类型标识符、所占字节数、有效数位以及表示数据的取值范围如表3-7所示。

表3-7　实型变量

数据类型	标识符	所占字节数	有效数位	取值范围
单精度型	float	4	7	$10^{-38} \sim 10^{38}$
双精度型	double	8	15~16	$10^{-308} \sim 10^{308}$

【例3-5】分析程序，并写出程序的运行结果。

代码如下：

```
#include<stdio. h>
main()
{   float f1;
    double f2;
    f1 =33333. 333333;
    f2 =33333. 333333;
    printf("% f\n",f1);
    printf("% lf\n",f2);
}
```

程序运行结果如下：

```
33333. 332031
33333. 333333
```

在本例中，f1为单精度型变量，只能接收7位有效数字，小数点后面4位小数不起作用，出现精度损失的情况；f2为双精度型变量，能够全部接收11位数字，并正确存储在变量f2中。因此，在程序设计过程中，为了将精度损失降到最低，应少用浮点数，如果使用浮点数则应尽量将其定义为双精度型。

3.5　字符型数据

在C语言中，字符型数据非常特别，用二进制数表示字符，目前常用的是8位编码（ASCII码）。

3.5.1　字符常量

字符型常量是用单引号括起来的单个字符，在内存中占用1字节。例如，'#'表示符号#。

C 语言有一种特殊形式的字符常量，就是以一个“\”（反斜杠）开头的字符，称为转义字符，如字符串结束标志'\0'（空字符）。常用的转义字符如表 3-8 所示。

表 3-8　常用的转义字符

转义字符	含义	转义字符	含义
\n	回车换行	\0	空字符
\t	横向跳格（Tab 键）	\\	\(反斜杠)
\v	竖向跳格	\'	'(单引号)
\b	退格（Backspace 键）	\"	"(双引号)
\r	回车符	\f	换页
\ddd	三位八进制数代表的字符，如'\41'对应 ASCII 码表中的'!'字符	\xhh	两位十六进制数代表的字符，如'\x5A'对应 ASCII 码表中的'Z'字母

【例 3-6】分析程序，并写出程序的运行结果。

代码如下：

```
#include<stdio. h>
main()
{   printf("% c% c\n",' H' ,' i' );
    printf("\"\\abc\b\"\n");
}
```

程序运行结果如下：

```
Hi
"\ab"
```

在本例中，字符串（"\"\\abc\b\"\n"）中的“\"”“\\”“\b”“\"”均为转义字符，分别表示字符双引号、反斜杠、退格、双引号。因此，最后显示的字符串为"\ab"。

3.5.2　字符变量

字符型标识符为 char，字符型数据在内存中占 1 字节。实际上，内存单元字符型数据以对应的 ASCII 码值存储，与整数的存储形式类似。因此，在 C 语言中规定：字符数据可以作为整型数据来处理，例如，'a'对应的 ASCII 码值为 97，'A'对应的 ASCII 码值为 65；字符数据可以像整型数据那样进行运算，例如，'a'+'A'的结果为 162，'a'-'A'的结果为 32，'9'-'0'的结果为 9，'C'-'A'的结果为 2。

字符变量的定义示例：

```
char ch;
ch=' a' ;
```

其中，字符变量 ch 既可以代表字符'a'，也可以代表整数 97。

运行如下语句：

```
printf("ch=%d,ch=%c\n",ch,ch);
```

字符变量 ch 分别以整型格式（%d）和字符型格式（%c）输出。输出结果：

```
ch=97,ch='a'
```

【例 3-7】分析程序，并写出程序的运行结果。

代码如下：

```
#include<stdio.h>
main()
{  char ch1='A',ch2='b';
   printf("ch1=%c,ch2=%c\n",ch1,ch2);
   printf("ch1=%d,ch2=%d\n",ch1,ch2);
   printf("%c,%c\n",ch1+32,ch2-32);
}
```

程序运行结果如下：

```
ch1=A,ch2=b
ch1=65,ch2=98
a,B
```

根据 ASCII 码表的规律，大小写字母数值相差 32，小写字母比对应的大写字母数值多 32，更多的字符与整数的对应关系详见附录 3 中的 ASCII 码表。

3.5.3 字符串常量

字符串常量是由一对双引号括起来的若干个字符的序列。

1. 字符串常量的长度

字符串中字符的个数称为字符串长度。

例如,"Hello!" 的长度为 6," \\\nabc" 的长度为 5。

长度为 0 的字符串称为空串，表示为""。

2. 字符串常量的存储方式

C 语言规定，在每个字符串的结尾加一个字符串结束标志'\0'，以便系统据此判断字符串是否结束。因此，C 语言系统自动给每个字符串的结尾加字符串的结束标志。'\0' 是一个 ASCII 码值为 0 的字符，也称为空字符。虽然用户看不到这个空字符，但是它一直存在。

字符型常量 'A' 与字符串常量"A" 看起来非常相似，但是二者有所不同。前者在内存中占 1 字节存储空间，存放 'A' 字符；后者在内存中占 2 字节存储空间，分别存放 'A' 字符和 '\0' 字符。

注意：

字符串长度与字符串存储空间的区别：字符串长度是指字符串中包含的字符的个数，如字符串"NCRE" 由 4 个字符组成，它的长度为 4；字符串存储空间是指字符串在内存中所占的字节数，如字符串"NCRE" 在内存中占 5 字节，最后 1 字节存放系统自动添加的字符串结束标志'\0'。因此，字符串存储空间字节数为：字符串长度+1。

3.6 算术运算

在C语言中，有5种基本算术运算符。由算术运算符和运算对象组成的符合C语言语法的表达式称为算术表达式（表3-9），其中运算对象可以是常量、变量和函数等。

表3-9 算术运算符

算术运算符	说明	表达式示例
+	加法	a+b
	正号	+3.4
-	减法	a-b
	负号	-34
*	乘法	3 * b
/	除法	'k'/sin(x)
%	求余	10%3

在算术运算符中，正号与负号是单目运算，其他都是双目运算。

注意：

（1）如果双目运算符两边的运算对象的类型一致，则所得结果的类型与运算对象的类型一致。例如，5.0/2.0的运算结果为2.5，5/2的运算结果为2。

（2）如果双目运算符两边的运算对象的类型不一致，系统将自动进行类型转换，使运算符两边的类型达到一致，再进行运算。例如，5/2.0等价于5.0/2.0。

（3）求余运算符%要求运算对象都是整型数据。例如，5%2的运算结果为1，而5%2.0的表达式出错。

【例3-8】阅读程序，并写出程序的运行结果。

代码如下：

```
#include<stdio.h>
main()
{  printf("%d,%lf\n",1/2,1.0/2);
   printf("%d,%d\n",10%3,3%4);
}
```

程序运行结果如下：

```
0,0.500000
1,3
```

3.7　赋值运算

求解问题时，常常需要通过赋值操作将运算对象和运算结果保存到变量中。这就需要用到赋值运算。

1. 基本赋值运算

赋值符号“=”就是赋值运算符，其作用是将一个数据存入指定存储单元。由于常用变量来标识存储单元，因此通常赋值运算符左边是变量、右边是表达式。这样的式子称为赋值表达式，它的一般格式如下：

变量=表达式

例如：

```
a=5;
a=b;
a=5+b;
```

在赋值表达式中，左边通常是变量，不能是常量和表达式，例如，表达式“a=5”是合法的，表达式“5=a”是不合法的；“a=5+b”是合法的，“5+b=5”是不合法的。

在赋值表达式中，等号右侧的表达式还可以包含赋值表达式，其运算顺序是从右到左的，这种运算顺序称为赋值运算的结合方向：从右向左。

例如：

```
   a=b=7+1
→  a=(b=(7+1))
→  a=(b=8)    // 变量 b 的值为 8
→  a=8        // 变量 a 的值为 8
```

运算优先级：赋值运算符的优先级比较低，仅高于逗号运算符。

2. 复合赋值运算

在赋值运算符之前加上其他双目运算符，可以构成复合赋值运算符。

在赋值运算符之前加上算术运算符，可以构成复合赋值算术运算符，主要有+=、-=、*=、/=、%=，如表 3-10 所示。

表 3-10　复合赋值运算符

运算符	表达式示例	等价形式	运算符	表达式示例	等价形式
+=	a+=1	a=a+1	*=	a*=b+3	a=a*(b+3)
-=	a-=5	a=a-5	/=	a/=b*3	a=a/(b*3)
%=	a%=10	a=a%10	—	—	—

运算优先级：复合赋值运算符的优先级与赋值运算符的优先级相同。

【例 3-9】阅读程序，并写出程序的运行结果。

代码如下：

```
#include<stdio. h>
main()
{  char ch1,ch2;
   ch1='A';ch2='0';
   ch1+=32;
   ch2=ch2+'8'-'5';
   printf("ch1=%c,ch2=%d\n",ch1,ch2);
}
```

程序运行结果如下：

```
ch1=a,ch2=51
```

3.8 特殊运算

C 语言提供了丰富的运算，除了常用的算术运算和赋值运算，还有一些特殊运算。

1. 逗号运算

“,” 就是逗号运算符。通过逗号运算符，将表达式连接起来的式子称为逗号表达式，它的一般格式如下：

表达式 1,表达式 2,… ,表达式 *n*

逗号表达式的主要作用是依次求解各个表达式，因此其结合方向为从左向右。其中，表达式 *n* 的值作为逗号表达式的值。

例如：

i=3,i+=1,i+=2,i+5

计算步骤如下：

第 1 步，计算表达式 1：i=3。

第 2 步，计算表达式 2：i+=1。i=4。

第 3 步，计算表达式 3：i+=2。i=6。

第 4 步，计算表达式 4：i+5。i+5 的值为 11。最后，11 也作为逗号表达式的值。

运算优先级：在所有运算符中，逗号运算符的优先级最低。虽然赋值运算符优先级比较低，但是它比逗号运算符高一级。

例如，表达式“x=a=10,8*3”，先完成第 1 个表达式（赋值表达式）的计算 x=a=10（x 的值为 10），再完成第 2 个表达式（乘法表达式）的计算 8*3，计算结果为 24，整个逗号表达式的值就为 24。

又如，表达式“x=(a=10,8*3)”，先完成圆括号内表达式（逗号表达式）的计算 a=10,8*3，该逗号表达式的值为 24；再完成赋值表达式的计算 x=(逗号表达式)，x 的值为 24。

2. 自增、自减运算

C 语言中有两个非常特殊的单目运算符：自增运算符++、自减运算符--。自增、自减运算符（表 3-11）和运算对象构成自增、自减表达式，其中运算对象只有一个，而且运算对象必须是变量。

表 3-11　自增、自减运算符

运算符	表达式示例	说明	变量的值
++	++i	前增 1：先增 1，再参与其他运算	增 1
	i++	后增 1：先参与其他运算，后增 1	
--	--i	前减 1：先减 1，再参与其他运算	减 1
	i--	后减 1：先参与其他运算，后减 1	

在使用自增、自减运算符时，要注意以下两点：

（1）“++”与“--”运算符都是单目运算，运算对象只有一个且必须是变量。例如，表达式“++i”是合法的，表达式“++6”和“++(i+j)”是不合法的。

（2）在同一个表达式中，当还有其他运算符时，后增 1 或后减 1 表达式的变量会先与其他运算符进行计算，然后该变量进行增 1 或减 1。例如，在表达式“(x++) * y”中，先进行乘法运算“x * y”，后进行增 1 运算“x=x+1”；相反的，前增 1 或前减 1 表达式的变量会先进行增 1 或减 1，然后该变量才与其他运算符进行计算。又如，在表达式“(++x) * y”中，先进行增 1 运算“x=x+1”，再进行乘法运算“x * y”。

【例 3-10】阅读程序，并写出程序的运行结果。

代码如下：

```
#include<stdio. h>
main()
{  int m=12,n=34;
   n=m++ * 2;
   printf("m=% d,n=% d\n",m,n);
   n=++m * 2;
   printf("m=% d,n=% d\n",m,n);
}
```

程序运行结果如下：

```
m=13,n=24
m=14,n=28
```

3.9　类型转换运算

在 C 语言中，整型数据、实型数据和字符型数据之间可以进行相互运算。如果一个运算符两侧的运算对象的数据类型不同，则系统按“先转换，后运算”的原则进行计算表达式。类型转换有自动进行的，也有强制执行的。前者称为隐式类型转换，后者称为强制类型转换。

1. 隐式类型转换

如果双目运算符两边运算对象的类型不一致，系统将自动进行类型转换，使运算符两边的类型达到一致后进行运算，如除法运算符。

如果赋值运算的右边表达式的类型与左边变量的类型不一致，系统就自动将右边表达式的类型转换为左边变量的类型。

例如：

```
int y;
y=15.6;
```

在该代码段中，表达式“y=15.6”的赋值运算号（=）左侧的变量 y 是整型数据，右侧的常量 15.6 会自动去掉小数位，转换为整型数 15。因此，变量 y 被赋予 15 的值。

2. 强制类型转换

为了灵活控制数据的类型转换，C 语言允许将一个表达式的值强制转换成指定类型。强制类型转换运算符是“()”圆括号，强制类型转换的一般格式如下：

```
(数据类型)表达式
```

例如：

```
(int)3.234        //该表达式的值强制变为整数值 3
(int)5.637        //该表达式的值强制变为整数值 5
```

由于求余运算符要求运算对象都是整型数据，因此有：

```
10.0%3            //语法错误
(int)10.0%3       //语法正确
```

强制类型转换也常用在除法表达式中，例如，“1/5”表达式的值为 0，“(double)1/5”表达式的值为 0.2。

3.10 典型案例

3.10.1 案例 1：编程实现温度转换

1. 案例描述

将摄氏温度转换为华氏温度，计算公式为 $F=\frac{9}{5}\times C+32$。从键盘输入一个摄氏温度，计算其对应的华氏温度，最后输出华氏温度。运行结果示例如图 3-2 所示。

案例 1　编程实现温度转换

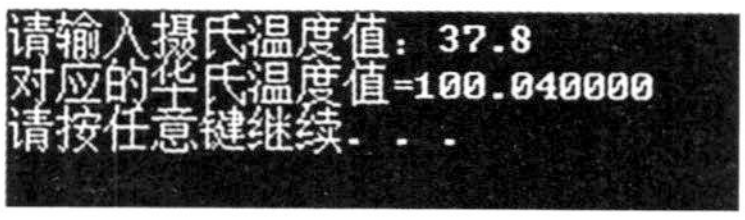

```
请输入摄氏温度值: 37.8
对应的华氏温度值=100.040000
请按任意键继续. . .
```

图 3-2　案例 1 运行结果示例

2. 案例代码

```
#include<stdio. h>
main()
{
    double F,C;
    F=0;
    C=0;
    printf("请输入摄氏温度值:");
    scanf("% lf",&C);
    F=9. 0/5. 0 * C+32;
    printf("对应的华氏温度值=% lf\n",F);
}
```

3. 案例分析

本案例的问题可通过一个流程图来描述，如图 3-3 所示。

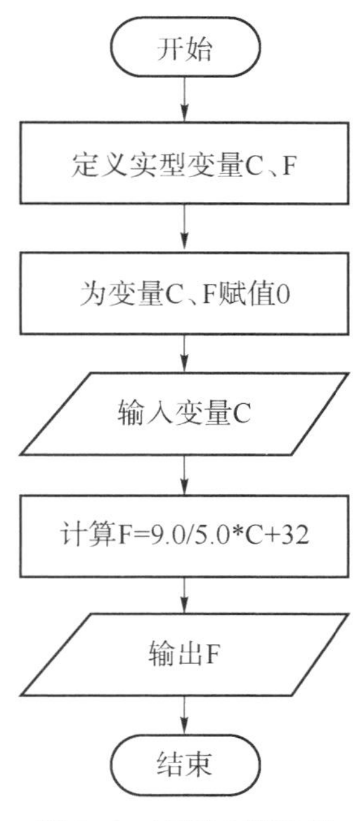

图 3-3　案例 1 流程图

3.10.2 案例2：赋值表达式的运算过程

1. 案例描述

案例2 赋值表达式的运算过程

已知变量a，其值为9，请计算赋值表达式的值：a+=a-=a+a。

2. 案例分析

```
   a+=a-=a+a          //a 的值为 9
→ a+=(a-=(a+a))
→ a+=(a-=18)
→ a+=(a=a-18)
→ a+=(a=-9)           //a 的值变为-9
→ a+=(-9)
→ a=a+(-9)
→ a=-18               //a 的值变为-18
→-18
```

3.10.3 案例3：编程实现时间换算

1. 案例描述

案例3 编程实现时间换算

请将560分钟换算成几小时几分钟，并输出换算结果对应的小时数与分钟数。运行结果示例如图3-4所示。

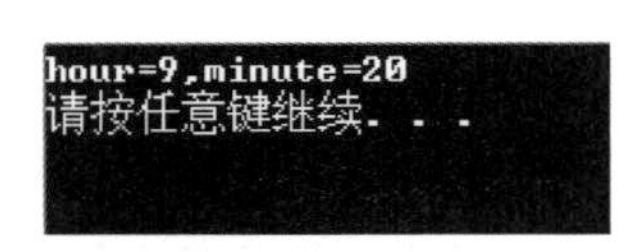

图3-4 案例3运行结果示例

2. 案例代码

```
#include<stdio. h>
main()
{
    int hour=0,minute=0;
    hour=560/60;
    minute=560% 60;
    printf("hour=% d,minute=% d\n",hour,minute);
}
```

3. 案例分析

本案例的问题可通过一个流程图来描述，如图3-5所示。

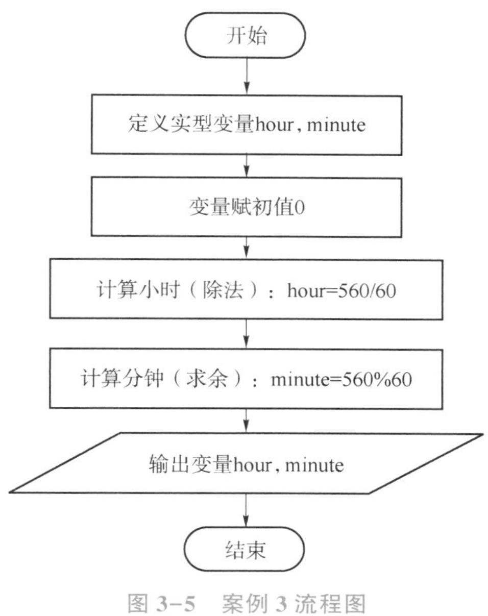

图 3-5 案例 3 流程图

3.11 本章小结

在本章的学习中，首先要掌握标识符的分类与定义、常量与变量的定义与使用，接着要掌握整型、实型和字符型三种基本数据类型的定义和使用方法，最后要掌握算术运算、赋值运算、特殊运算以及类型转换运算。

1. 标识符的注意事项

（1）标识符由字母、数字和下划线组成，不能包含其他元素。

（2）标识符必须以字母或下划线开头，不能以数字开头。

（3）关键字不可以作为用户标识符，要注意区分大小写。例如，If 可以作为用户标识符。

（4）预定义标识符可以作为用户标识符，但在重新定义后，其失去预定义时的意义。

2. 变量与常量

常量在程序执行过程中，其值不发生改变。符号常量在使用之前必须定义，在其作用域内不能改变，也不能再被赋值。实型常量不分单精度、双精度，都按双精度 double 型处理。字符串常量是用一对双引号括起来的若干字符的序列，在存储时，系统自动在其结尾加上结束标志'\0'，因此字符串常量在内存中所占的字节数等于字符串长度加 1。

变量在程序执行过程中，其值可以发生改变。变量必须先定义后使用。定义变量的格式如下：

```
数据类型标识符 变量名[,变量名][,变量名]… ;
```

定义变量时的注意事项：

（1）在一个类型说明符后，可以用逗号间隔来定义多个相同类型的变量。

（2）定义中的最后一个变量名必须以“;”号结尾。

（3）在定义中不允许连续赋值，如“int i=j=1;”是不合法的。

3. 基本数据类型的注意事项

（1）八进制数必须以数字0开头，由数字0~7组成。例如，028是非法的八进制数。

（2）十六进制数的开头必须是0x（或0X），即以数字0和字母x（或大写字母X）开头，由数字0~9、字母A~F组成，字母不区分大小写。

（3）实型常量小数点前后无意义的0，可以省略。

（4）指数形式的实型常量在字母E(e)之前必须有数字，后面必须为整数。

（5）字符型常量是用单引号括起来的单个字符。例如，'48'和"a"都是错误的字符型常量形式。

（6）对于八进制的转义字符，其前导部分不包含数字0；对于十六进制的转义字符，其前导部分不包含数字0，且x不能写为X。

4. 算术运算

算术运算符包括+、-、*、/、%，其中*、/和%的优先级高于+、-。当运算符的优先级相同时，运算符的结合方向为从左到右。如果运算符“/”两边的运算对象都为整型，则结果为整型；如果运算符“/”其中一边的运算对象为实数，则结果为实数。运算符“%”两边的运算对象都必须为整型数据。

5. 赋值运算

赋值运算的运算符（=）将右边的表达式赋值给左边的变量，运算的结合方向为从右到左，其优先级仅高于逗号运算符。复合赋值算术运算符包括+=、-=、*=、/=、%=等，优先级与赋值运算符相同。

6. 特殊运算

逗号运算符（,）将多个表达式连接起来组成一个表达式，运算的结合方向为从左到右，所以整个逗号表达式的值为所连接的最右边的表达式的值。在所有运算符中，逗号运算符的优先级最低。

自增、自减运算符为++与--，它们的功能是对运算对象的值进行增1或者减1，均为单目运算，都具有右结合性。如果运算符在前，则先自增（或自减）再参与其他运算；如果运算符在后，则先参与运算再进行自增（或自减）。

7. 类型转换运算

隐式类型转换是系统自动进行的，在双目运算或者赋值运算时，若两边的类型不一致，系统就会自动进行类型转换。

强制类型转换的一般格式如下：

```
(数据类型)表达式
```

其中，数据类型一定要有括号，在与其他运算混合在一起时，要分清哪些对象参与类型转换。例如，“(int)(i+j)”与“(int)i+j”，前者先计算i与j的和再转为整型，后者则先把i转为整型再与j相加。

3.12　习　题

1. 用C语言表达式描述以下数学计算式。

（1）a^2+b^2+2ab ________________

（2）$x=vt+\frac{1}{2}at^2$ ________________

（3）$\frac{4ac-b^2}{4a}$ ________________

2. 写出下列表达式的值，已知 a=3，b=4，c=5。

（1）a * b-c ________

（2）c/b%a ________

（3）a++* b ________

（4）--b+c ________

（5）a+=a-=a * a ________

（6）c%=a ________

（7）a,b,c ________

（8）a=a+b,a+c ________

（9）a-' a' ________

（10）(double)c/b ________

3. 阅读下列程序，写出程序的运行结果。

（1）以下程序的运行结果是________。

```
#include<stdio. h>
void main()
{    char c1='1', c2='A', c3;
     int k=5;
     c1++;
     c3=(c2+32+k)%26;
     printf("c1=%c,c3=%d",c1,c3);
}
```

（2）以下程序的运行结果是________。

```
#include<stdio. h>
void main()
{    int x,y,z;
     x=3;y=2;z=1;
     x *=y+=z;
     z=—x * 3;
```

```
    printf("% d",x+y+z);
}
```

（3）以下程序的运行结果是__________。

```
#include<stdio. h>
void main()
{   int i,j;
    double x,y;
    i=3;
    j=2;
    x=4. 0;
    y=1. 5+i/j+x;
    printf("y=% f\n", y ) ;
}
```

（4）以下程序的运行结果是__________。

```
#include<stdio. h>
void main()
{   int a,b,c;
    a=1,a++,b=++a,c=2+a;
    printf("a=% d,b=% d,c=% d\n",a,b,c);
}
```

3.13 综合实验

求圆柱的侧面积与体积。如果已知圆柱的底半径 r 及高 h，则可计算出圆柱的侧面积 $s=2\pi rh$ 和体积 $v=\pi r^2h$（其中 $\pi=3.1415926$，定义符号常量 PI 表示圆周率 π）。请根据输入的半径 r 和高 h 的值，编程求圆柱的侧面积和体积。运行结果示例如图 3-6 所示。

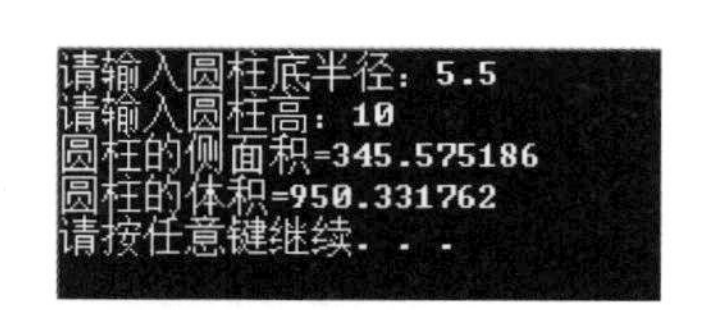

图 3-6 “求圆柱的侧面积与体积”运行结果示例

第 4 章　顺序结构程序设计

顺序结构，顾名思义，其程序结构中的语句按照从上到下的顺序依次执行。在 C 语言中，顺序结构是最基本、最简单的一种结构，只要按顺序给出相应的语句即可。本章将主要介绍五种类型的 C 语言语句，并着重对其中的输入输出函数调用语句进行详细阐述。

4.1　C 语言的语句

C 语言程序由若干条语句组成，每条语句以分号作为结束符。C 语言的语句类型可以分为表达式语句、函数调用语句、控制语句、空语句和复合语句五类。

1. 表达式语句

表达式语句是 C 语言中最基本的语句。在表达式后面加一个分号，就构成了表达式语句。例如：

```
a=1,b=2,c=3;
i++;
i--;
```

在表达式语句中，最常用的是赋值语句。在赋值表达式后面加一个分号，就构成了赋值语句。例如：

```
tag=1;
i=1;
sum+=i;
ch=ch-32;
```

请分析以下两行代码的区别：

（1） a=b+c

（2） a=b+c;

在赋值表达式的尾部加上一个分号（;），就构成了赋值语句。赋值语句是表达式语句中应用最广泛的一种语句。因此，（1）是赋值表达式，（2）是赋值语句。

2. 函数调用语句

在函数调用表达式后面加一个分号，就构成了函数调用语句，该函数可能是库函数，也可能是自定义函数。例如：

```
printf("hello world");   //标准输出函数
scanf("% d",&a);         //标准输入函数
srand(time(NULL));       //产生随机数种子函数
```

库函数与自定义函数的具体内容将在第 7 章详细介绍。

3. 控制语句

C 语言顺序结构中，按语句在程序中的先后顺序逐条执行。此外，C 语言还有选择结构与循环结构。由 if 语句和 switch 语句这两种控制语句构成选择结构；由 while 语句、do…while 语句和 for 语句这三种控制语句构成循环结构。选择控制语句与循环控制语句将分别在第 5 章与第 6 章详细介绍。

4. 空语句

只有一个分号的语句称为空语句。程序执行空语句时，不产生任何动作。在程序设计中，有时需要加一条空语句来表示存在一条语句。但是，随意加分号可能导致逻辑上的错误，而且这种错误十分隐蔽，编译器也不会提示逻辑错误，因此初学者一定要慎用。

5. 复合语句

在 C 语言中，花括号“{}”不仅可以作为函数体的开头与结尾的标志，还可以作为复合语句的开头与结尾的标志。复合语句也可称为“语句块”，其语句形式如下：

{语句 1;语句 2;… ;语句 *n*;}

多条语句被花括号括起来，被当成一条复合语句来执行。在复合语句内，可以有完整的说明语句序列部分和可执行语句序列部分。例如：

```
{int a,b;a=1;a++; b *=a; printf("b=% d\n",b);}
```

该代码中的“int a,b;”属于说明语句，其他语句属于可执行语句序列。

4.2 数据的输出

把数据从计算机内部送到计算机外部设备的操作称为输出。C 语言本身并没有提供输入输出语句，其通过调用标准库函数中提供的输入函数和输出函数来实现输入和输出。在引用输入输出函数之前，需要使用编译预处理命令中的文件包含命令：#include<stdio. h>。

4.2.1 字符输出函数

字符输出函数的一般调用格式如下：

```
putchar(ch);
```

其功能是在标准输出设备上输出一个字符。其中，putchar 是函数名；ch 是函数参数，可以是字符型或整型的常量、变量或表达式。使用 putchar 函数时，必须在程序开头加上包含头文件 stdio. h 命令行。例如：

```
putchar(a);                //在终端输出字符变量 a 的内容
```

```
putchar(' Y' );                //在终端输出字符 Y
```

【例 4-1】putchar 函数的输出示例。

代码如下：

```
#include<stdio. h>             //使用 putchar 函数前,必须书写包含头文件 stdio. h 的命令行
main()
{   char ch;
     ch='a' ;
    putchar(ch);   putchar(ch+1);   putchar(ch-32);   putchar('\n' );
    putchar(97);   putchar(100);   putchar('H' );     putchar('\n' );
}
```

程序运行结果如下：

```
abA
adH
```

在本例中，定义了字符变量 ch，通过赋值语句给 ch 赋予字符' a'，通过前四个 putchar 函数调用语句分别输出字母 a、b、A 和换行符，再通过后四个 putchar 函数调用语句分别输出字母 a、d、H 和换行符。前四个 putchar 函数的输出参数中，ch 属于字符型数据，ch+1 和 ch-32 属于表达式，' \n' 属于字符型常量；后四个 putchar 函数的输出参数中，97 和 100 属于整型常量，' H' 和' \n' 属于字符型常量。

注意：

根据 ASCII 码表的规律，小写字母的 ASCII 码值比对应的大写字母的 ASCII 码值大 32。例如，小写 a 的 ASCII 码为 97，大写 A 的 ASCII 码为 65。

4.2.2 格式输出函数

1. 格式输出函数的一般形式

格式输出函数的一般调用格式如下：

```
printf(格式控制,输出项表);
```

其功能是按格式控制所指定的格式在标准输出设备上输出输出项表中列出的各输出项，故以上调用输出函数语句也称为输出语句。其中，printf 是函数名；格式控制是字符串的形式（需要加一对双引号）；输出项表由多个输出项组成，输出项之间用逗号分隔，每个输出项可以是常量、变量或表达式。例如：

```
printf("x=%d,y=%d\n",x,y);
```

其中，"x=%d,y=%d\n"是格式控制字符串，x、y 是输出项表中的两个输出项。格式控制字符串决定输出数据的内容和格式，%d 是格式说明，它由%与格式字符 d 组成，d 表示以十进制形式输出整型。第一个%d 表示第一个输出项 x 以十进制形式输出，第二个%d 表示第二个输出项 y 以十进制形式输出。格式控制字符串中除了格式说明外，其他数据原样输出（若有转义字符，则转义后输出）。若 x 的值为 10，y 的值为 20，则该语句的输出内容如下：

x=10,y=20<CR>　　//<CR>表示回车符

又如，假设已经定义变量 hour=9，变量 minute=20，执行以下输出语句：

```
printf("hour=% d,minute=% d\n",hour,minute);
```

其中，" hour=%d，minute=%d\n" 是格式控制符，第一个%d 处表示第一个输出项 hour 以十进制形式输出，第二个%d 处表示第二个输出项 minute 以十进制形式输出，格式控制符中的其他字符原样输出，\n 表示转义字符回车符。

注意：

printf 函数可以没有输出项，常用于原样输出字符串，例如：

```
printf( "YES!\n")
printf( "Please input x:")
```

2. 格式字符

输出不同类型的数据需要使用不同的格式字符。表 4-1 列出了 printf 函数中常用的格式字符。

表 4-1　printf 函数中常用的格式字符

格式字符	说明	对应的输出项数据类型
c	以字符形式输出	字符型
d	以十进制形式输出	整型
o	以八进制形式输出	
x 或 X	以十六进制形式输出	
u	以无符号十进制形式输出	
f	以小数形式输出，默认输出 6 位小数	实型
e 或 E	以指数形式输出	
g	选用%f 或%e 中输出宽度较短的格式	
s	以字符串形式输出	字符串

3. 附加格式字符

格式说明的%和格式字符之间出现的符号称为附加格式字符，主要用于指定输出数据的宽度和输出形式。printf 函数中常用的附加格式字符如表 4-2 所示。

表 4-2　printf 函数中常用的附加格式字符

附加格式字符	说明	示例
l	表示长整型数据	%ld、%lo、%lx、%lu
m	输出的数据长度是 m。当数据的长度大于 m 时，就自动突破；当数据的长度小于 m 时，就填充空格	%2d

续表

附加格式字符	说明	示例
.n	对于实数，表示限制输出 n 位小数；对于字符串，表示截取 n 个字符	%.0f
+	带符号输出	%+d
-	左对齐方式输出	%-d

【例 4-2】字符型数据的输出。

代码如下：

```
#include <stdio. h>
main()
{   int x=98;
    char y=' b' ;
    printf("% c,% d\n",x,x);
    printf("% c,% d\n",y,y);
    printf("% c,% d\n",x+1,y+2);
    printf("% s\n","student");
}
```

程序运行结果如下：

```
b,98
b,98
c,100
student
```

在本例中，用%c 输出一个字符，表示以字符形式输出其对应的输出项内容；用%s 输出字符串，表示以字符串形式输出其对应的输出项内容，从第一个字符开始输出，遇到字符串结束标志' \0' 为止。

【例 4-3】整型与实型数据的输出。

代码如下：

```
#include<stdio. h>
main()
{   unsigned int a=10;
    int b=-10;   long c=123;
    float d=2. 345;   double e=3. 5;
    printf("a=% d,% o,% x\n",a,a,a);
    printf("b=% d,% o,% x\n",b,b,b);
    printf("c=% d,% o,% x\n",c,c,c);
    printf("% f,% f,% f\n",d,d+2,d-2);
```

```
    printf("% f,% f,% f\n",e,e+d,e-d);
}
```

程序运行结果如下：

```
a=10,12,a
b=-10,37777777766,fffffff6
c=123,173,7b
2. 345000,4. 345000,0. 345000
3. 500000,5. 845000,1. 155000
```

在本例中，所有的实数输出内容均保留6位小数。如果实数输出项对应的格式未限定小数位，那么编译器默认输出小数点后的6位有效数字。

【例4-4】数据输出时的格式控制。

代码如下：

```
#include<stdio. h>
main()
{   double f=123. 456;
    printf("用不同的格式输出数据:\n");
    printf("% f * * % 10f * * % 10. 2f * * % . 2f * * % -10. 2f",f,f,f,f,f);
    printf("输出完毕\n");
}
```

程序运行结果如下：

```
用不同的格式输出数据:
123. 456000 * * 123. 456000 * *       123. 46 * * 123. 46 * * 123. 46      输出完毕
```

在本例中，%f 表示原样输出数据，%10f 表示输出数据的长度为 10，由于编译器默认输出小数点后的 6 位有效数字，该数加上小数点，刚好是 10 位，所以在本例中%10f 与%f 的输出数据一致。%10. 2f 表示输出数据的长度为 10，小数点后保留 2 位有效数字，不足部分用空格补齐，所以输出 123. 46；由于数字默认是右对齐，因此在数的左边补齐 4 个空格。%. 2f 表示输出的数据小数点后保留 2 位有效数字，因此输出 123. 46。%-10. 2f 与%10. 2f 的区别在于负号表示数据以左对齐的方式输出，因此输出 123. 46，在数的右边补齐 4 个空格。

4. 3　数据的输入

从计算机外部设备将数据送入计算机内部的操作称为输入。与数据的输出相似，实现数据输入需要通过调用标准库函数中提供的输入函数，在引用输入函数前也需要使用编译预处理命令中的文件包含命令“ #include<stdio.h>”。

4.3.1 字符输入函数

字符输入函数的一般调用格式如下：

getchar();

其功能是在标准输入设备上输入一个字符。其中，getchar是函数名，其后的一对圆括号不可少。例如：

ch=getchar();

在该字符输入语句中，ch是字符型变量，getchar()函数从终端读入一个字符，将该字符赋值给变量ch。

【例4-5】将输入的小写字母转换成大写字母。

代码如下：

```
#include<stdio.h>
main()
{   char ch;
    printf("请输入一个小写字母:");
    ch=getchar();
    printf("对应的大写字母为:");
    putchar(ch-32);
    putchar('\n');
}
```

程序运行结果如下：

```
请输入一个小写字母：h↙
对应的大写字母为：H
```

4.3.2 格式输入函数

1. 格式输入函数的一般形式

格式输入函数的一般调用格式如下：

scanf(格式控制,输入项表);

其功能是按格式控制所指定的格式在标准输入设备上输入在输入项表中列出的各输入项，故以上调用输入函数语句也称为输入语句。其中，scanf是函数名；格式控制与输出函数一样，必须用双引号括起来；输入项表由多个变量地址组成，各变量地址之间用逗号分隔。简单变量的地址，只需在变量名前添加地址操作符（&）。例如：

scanf("%d%d",&x,&y);

其中，"%d%d"是格式控制字符串；&x、&y是输入项表中的两个输入项。第一个%d表示第一个输入项x以十进制形式输入，第二个%d表示第二个输入项y以十进制形式输入。输入数据时，不同的数据输入需要间隔符。根据输入项数据类型或格式控制格式，间隔符略有不同，主要有以下三种情况：

（1）输入整数或实数时，输入的数据之间必须用空格、回车符、制表符等间隔符隔开。例如，输入语句如下：

```
scanf("% d% d",&x , &y);
```

若通过该输入语句使 x 的值为 10，使 y 的值为 20，则正确的输入如下：

```
10<空格>20
```

或者：

```
10<回车>
20
```

（2）格式说明之间插入的其他字符称为通配符，即输入数据时必须输入这些通配符，否则出错。例如，输入语句如下：

```
scanf("% d, % d",&x,&y);
```

由于两个%d 之间有一个逗号，因此若通过该输入语句使 x 的值为 10、使 y 的值为 20，则正确的输入如下：

```
10,20
```

所以，为了减少不必要的麻烦，应尽量避免使用通配符。

（3）输入字符时没有间隔符。例如，输入语句如下：

```
scanf("% c% c",&x, &y);
```

由于两个字符型变量的输入格式均为%c，因此若通过输入语句使 x 的值为字符 * 、使 y 的值为字符 #，则正确的输入如下：

```
*#
```

2. 格式字符

表 4-3 中列出了 scanf 函数中常用的格式字符，表 4-4 中列出了 scanf 函数中常用的附加字符，它们的用法和 printf 函数中的用法类似。

表 4-3　scanf 函数中常用的格式字符

格式字符	说明	对应的输入项数据类型
c	输入一个字符	字符型
d	输入十进制整数	整型
o	输入八进制整数	
x	输入十六进制整数	
i	输入整数。整数为带前导 0 的八进制数或带前导 0x（0X）的十六进制数	
u	输入无符号十进制整数	
f	输入单精度数	实型
lf	输入双精度数	
e(le)	与 f(lf)的作用相同	
s	输入字符串	字符串

表 4-4　scanf 函数中常用的附加格式字符

附加格式字符	说明	示例
l	用于输入长整型数据以及 double 型数据	%ld、%lo、%lx、%lu、%lf
h	用于输入短整型数据	%hd、%ho、%hx
（域宽）	指定输入数据所占宽度，域宽应为正整数	%3d
*	表示本次读入的数据不赋给相应的输入项	%* d

【例 4-6】根据以下代码，假设输入时 a 的值为 1，b 的值为 2，ch 的值为 a，有 3 种输入数据的方法。

```
#include<stdio. h>
main()
{   int a,b;
    char ch;
   scanf("% d% d% c",&a,&b,&ch);
   printf("% d% d% c",a,b,ch);
   printf("\n");
}
```

输入数据的方法有以下三种：

（1）1 和 2 之间用空格间隔。程序运行结果如下：

输入数据：1 2a ↙
输出数据：12a

（2）1 和 2 之间用回车符间隔。程序运行结果如下：

输入数据：1 ↙
2a ↙
输出数据：12a

（3）1 和 2 之间用制表符间隔。程序运行结果如下：

输入数据：1　　2a ↙
输出数据：12a

注意：

本例题中，输入 2 和字符 a 时，中间不能用空格作为间隔符。如果中间用空格作为间隔符，则将空格作为一个字符赋给字符变量 ch，与题意不符。

【例 4-7】输入三角形的三个边长，求三角形的面积。

代码如下：

```
#include<stdio. h>
```

```
#include<math.h>
main()
{   double a,b,c,s,area;
    printf("输入三角形的三边：");
    scanf("%lf%lf%lf",&a,&b,&c);
    s=(a+b+c)/2;
    area=sqrt(s*(s-a)*(s-b)*(s-c));
    printf("三角形的面积为：%7.2f",area);
    printf("\n");
}
```

程序运行结果如下：

```
输入三角形的三边:3 4 5↙
三角形的面积为:   6.00
```

在该程序中，由于用到平方根函数 sqrt，因此程序中应包含头文件 math. h。输出时以%7. 2f 的格式进行输出，表示数据的长度为 7，小数点后保留 2 位有效数字，不足部分用空格补齐，所以输出 6. 00，由于数字默认是右对齐，因此在数的左边补齐 3 个空格。在 scanf 函数中，对 double 类型的变量输入数据时，应使用%lf 格式说明符。

4.4 典型案例

4.4.1 案例 1：两数的交换

1. 案例描述

编写一个程序，功能为：分别给两个整型变量 x 和 y 赋值，输出 x 和 y 的原值，交换这两个数的值并输出，以验证两个变量中的数据是否正确地进行了交换。运行结果示例如图 4-1 所示。

案例 1　两数的交换

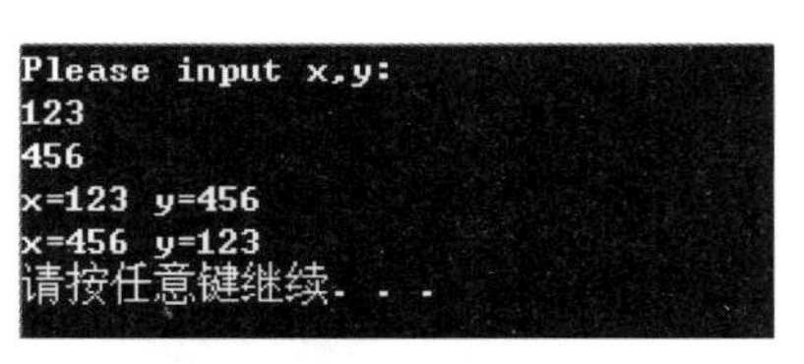

图 4-1　案例 1 运行结果示例

2. 案例代码

```
#include<stdio.h>
main()
```

```
{   int x=0,y=0,t=0;
    printf("Please input x,y:\n");
    scanf("% d% d",&x,&y);
    printf("x=% d  y=% d\n",x,y);
    t=x;x=y;y=t;
    printf("x=% d  y=% d\n",x,y);
}
```

3. 案例分析

该案例需要编写一个完整的程序，程序中的语句按顺序执行，故程序结构是顺序结构。程序的流程图，如图 4-2 所示。

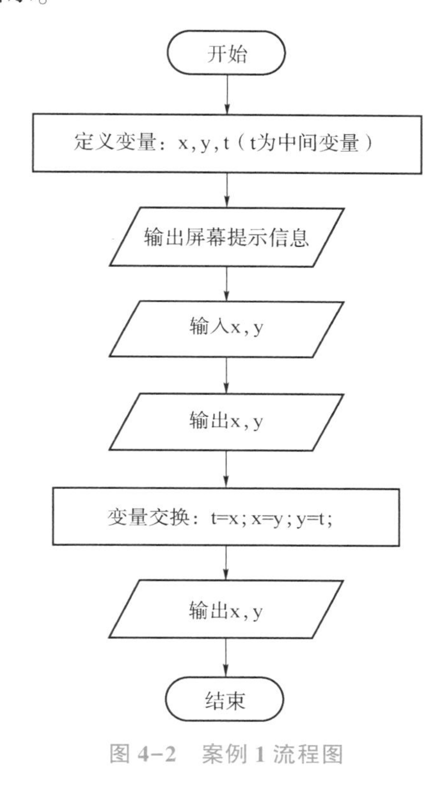

图 4-2　案例 1 流程图

4.4.2　案例 2：整数的逆序输出

1. 案例描述

编写程序，输入一个三位数的整数，实现逆序输出，运行示例如图 4-3 所示。

案例 2　整数的逆序输出

图 4-3　案例 2 运行示例

2. 案例代码

```
#include<stdio. h>
main()
{   int x,a,b,c;
    printf("请输入一个三位整数:");
    scanf("% d",&x);
    a=x/100;
    b=x/10% 10;
    c=x% 10;
    printf("逆序输出为:% d% d% d",c,b,a);
    printf("\n");
}
```

3. 案例分析

假设三位数为 x，x 的百位、十位、个位分别存放在变量 a、b、c 中。将该问题通过一个流程图来描述，如图 4-4 所示。

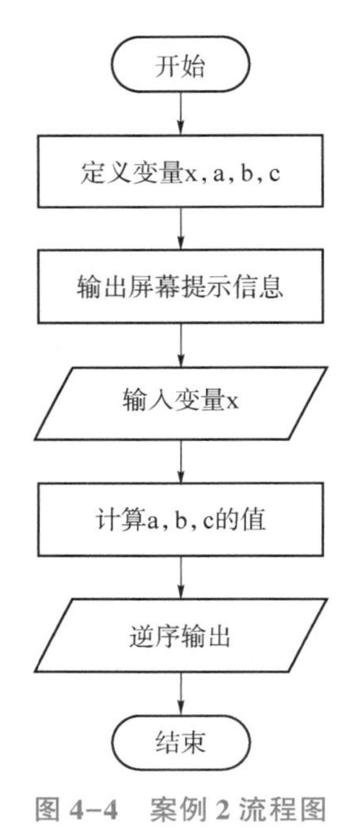

图 4-4　案例 2 流程图

4.5　本 章 小 结

在本章的学习中，首先要掌握表达式语句、函数调用语句、控制语句、空语句和复合语句这 5 种语句类型。由赋值表达式构成的赋值语句是最常见的一种表达式语句。空语句只包含一个分号，执行时不产生任何动作，但不可随意添加，否则会引起逻辑上的错误。复合语句是位于花括号“{}”之内的语句块，其语句序列可以包含说明语句和执行语句，如果包含说明语句，则必须放在语句块的前面部分。其次，还要掌握 putchar 和 printf 两种输出函数，以及 getchar 和 scanf 两种输入函数。在调用标准库函数中提供的输入和输出函数时，注意要先包含头文件 stdio. h。

1. 字符输出函数

字符输出函数的一般调用格式如下：

```
putchar(ch);
```

putchar 是带一个参数的单个字符输出函数，参数可以是字符型（或整型）的常量、变量或表达式。

2. 格式输出函数

格式输出函数的一般调用格式如下：

```
printf(格式控制,输出项表);
```

其中，格式控制包括格式说明字符串和普通字符串。格式说明字符串用于指定输出格式，以%开头，后面有各种格式字符，用于说明输出数据的类型、形式、长度、小数位数等。普通字符串中的转义字符需要先转换再输出，其他字符将原样输出，它们在显示中只起提示作用。输出项表由若干个输出项构成，输出项之间用逗号隔开，各输出项在数量和类型上必须与格式说明字符串一一对应。每个输出项既可以是常量和变量，也可以是表达式。

使用 printf 函数的注意事项：

（1）printf 函数可以只有一个参数，即不带格式说明的字符串。

（2）如果输出项表中的项目在格式控制参数中没有对应的格式说明，则不会输出。

（3）语句“printf("%d",i++)”的执行过程是先输出 i 的值，再对 i 加 1。

（4）字符可以用%c 或%d 的形式输出。注意：以%d 作为格式说明时，输出字符对应的十进制数的 ASCII 码。

3. 字符输入函数

字符输入函数的一般调用格式如下：

```
getchar();
```

getchar 函数是一个无参函数，在调用该函数时，后面的括号不能省略。在用户按回车键后，getchar 函数才开始执行，输入的数字、空格、回车键等都按字符处理。每次只能接收一个字符；输入多个字符时，只接收第一个字符。

4. 格式输入函数

格式输入函数的一般格式如下：

```
scanf(格式控制,输入项表);
```

其中，格式控制指定数据的输入格式，必须用双引号括起来，一般只包含格式说明；输入项表则由一个（或多个）变量地址组成，当有多个变量地址时，将各变量地址之间用逗号隔开。

使用 scanf 函数的注意事项：

（1）如果在输入数据前需要输出提示字符串，则不要直接加入格式控制参数，而是应该另外通过 printf 函数输出。

（2）如果输入项不是地址类型的变量，则必须在变量名前加“&”符号。

（3）输入字符时，没有间隔符；输入整数或实数时，可以用空格、回车符、制表符等间隔符隔开，尽量避免使用其他字符当通配符来间隔。

4.6 习　　题

1. 阅读下列程序，写出程序的运行结果。

（1）若从键盘输入“444”“666”和“888”，则以下程序的运行结果是____________。

```
#include<stdio. h>
main()
{    int a=1,b=2,c=3;
     scanf("% d% *d% 2d",&a,&b,&c);
     printf("a=% d,b=% d,c=% d\n",a,b,c);
}
```

（2）以下程序的运行结果是____________________。

```
#include<stdio. h>
main()
{    short a=0x1d,b;
     double c=5. 6,d;
     b=a/ 2;
     d=5. 6/ 6;
     printf("b=% d,d=%. 2f\n",b,d);
}
```

（3）以下程序的运行结果是________。

```
#include<stdio. h>
main()
{    int a=1,b=2,c=3;
     {a++; b+=a;}
     c% =b;
     printf("% d",c);
}
```

（4）若从键盘输入“2”，则以下程序的运行结果是________。

```
#include<stdio. h>
main()
{    char a='1',b;
     b=getchar();
```

```
        b=b+1;
        printf("% c",b);
        printf("% d\n",b-a);
    }
```

2. 补充下列程序。

(1) 以下程序将分钟数转换成“小时:分钟”格式,请填空实现程序功能。

```
#include<stdio. h>
main()
{   int n,hour,minute;
    scanf("% d",&n);
    hour=________________;
    minute=________________;
    printf("________________\n",hour,minute);
}
```

(2) 通过以下程序输入长方体的长、宽、高,输出长方体的面积和体积,请填空实现程序功能。

```
#include<stdio. h>
main ()
{       double a,b,c,s,v;
        printf("输入长、宽、高:");
        scanf("________________",&a,&b,&c);
        s=________________;
        v=a * b * c;
        printf("s=% lf\nv=% lf\n",________________);
}
```

(3) 通过以下程序输入三个整数给 a、b、c,然后对其中的数进行交换,把 a 的值给 b,把 b 的值给 c,把 c 的值给 a,最后输出 a、b、c 中的新值。

```
#include<stdio. h>
main()
{   int a,b,c,t1,t2;
     printf("Enter a b c:\n");
     scanf("% d% d% d",________________);
     printf("a=% d b=% d c=% d\n",a,b,c);
     t1=a;
     ________________;
     a=c;
     ________________;
     c=t2;
     printf("a=% d b=% d c=% d\n",a,b,c);
}
```

4.7 综合实验

1. 输出玫瑰花。

编写一个 C 程序，输出如图 4-5 所示的玫瑰花图形。

图 4-5 “输出玫瑰花”运行结果示例

2. 圆球体计算。

已知球的表面积公式为 $s=4\pi r^2$，体积公式为 $v=\frac{4}{3}\pi r^3$，公式中 π 的取值为 3.14159，编写程序，输入半径 r，输出球的表面积和体积，运行结果示例如图 4-6 所示。

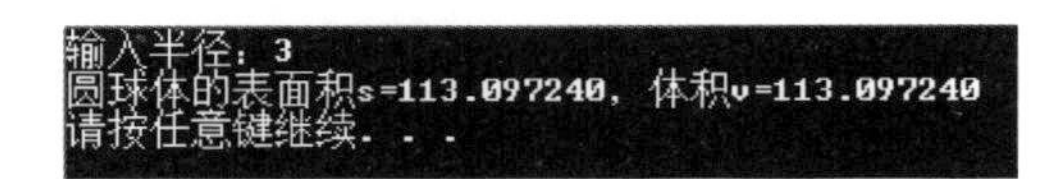

图 4-6 “圆球体计算”运行结果示例

3. 求平均值。

编写程序，输入三个数，输出它们的平均值，并保留此平均值小数点后 2 位数，运行结果示例如图 4-7 所示。

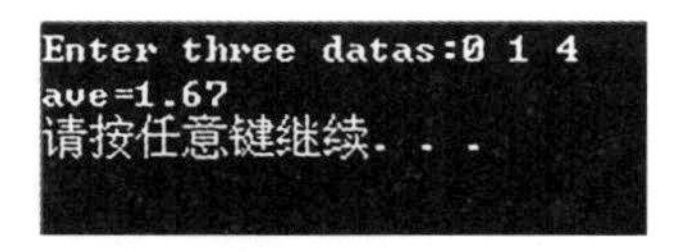

图 4-7 “求平均值”运行结果示例

4. 抵用券问题。

顾客使用抵用券购买商品，抵用券的面额是固定的，均为 10 元，且不能全部使用抵用券。例如，购买 98.5 元的商品，最多只能使用 9 张抵用券，还要另外支付 8.5 元。假设抵用券有足够多，编写程序，输入购买商品的总金额，输出抵用券能抵用的最大金额和应另付的金额（保留 1 位小数），运行结果示例如图 4-8 所示。

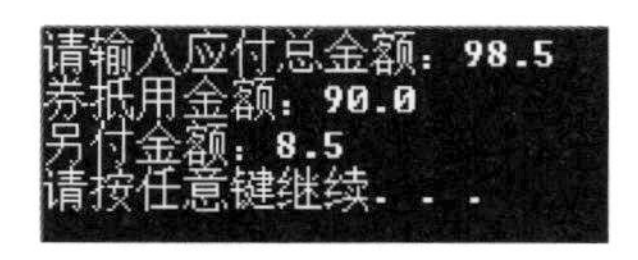

图 4-8 “抵用券问题”运行结果示例

第 5 章　选择结构程序设计

作为 C 语言的三种基本结构之一，顺序结构只能按语句出现的顺序逐条执行，程序逻辑较为简单。但在实际应用中，常需要根据不同的情况来处理不同的流程。例如，ATM（自动柜员机）根据用户选择的金额提供相应数目的现金；地铁售票系统根据乘客选择的目的站点计算相应的费用；等等。在 C 语言中，使用选择结构进行逻辑判断，并根据逻辑判断的结果来决定程序的不同流程。选择结构也是结构化程序设计的三种基本结构之一。本章主要介绍逻辑关系运算、逻辑运算和用于选择结构控制的 if 语句和 switch 语句。

5.1　逻　辑　值

C 语言没有专门的逻辑型数据：用“非 0”值表示逻辑真，对应整数值 1；用“0”值表示逻辑假，对应整数值 0。

C 语言中提供关系运算和逻辑运算，关系运算和逻辑运算的结果均为逻辑值。也就是说，在 C 语言中，关系运算和逻辑运算的结果只有“0”和“1”两种值。

5.2　关 系 运 算

关系运算符是构成条件的基本元素，由关系运算符和运算对象组成的表达式称为关系表达式。C 语言中的关系运算类似于数学中的算术比较运算，但必须有运算结果，且结果只会是两种——真（1）或者假（0）。

关系运算符、含义及其示例如表 5-1 所示。

表 5-1　关系运算符

运算符	含义	表达式示例	运算符	含义	表达式示例
<	小于	a<b	>=	大于等于	a>=60
<=	小于等于	a<=100	==	等于	a==b
>	大于	a>b	!=	不等于	x!=y

【例 5-1】变量 x 的值为 105，请计算表达式的值：0<=x<=100。

计算过程如下：

  0<=x<=100

→ 1<=100

→ 1

在本例中，进行连续的关系运算，按从左到右的顺序，先计算 0<=x，其结果为真 (1)；再计算 1<=100，其结果为真 (1)。该表达式的最终结果为逻辑真，其与数学式子所表达的原意不符。因此，在 C 语言中，关系表达式尽量避免连着书写。

5.3 逻辑运算

逻辑运算符也是构成条件的基本元素，由逻辑运算符和运算对象组成的表达式称为逻辑表达式。

1. 逻辑运算符

逻辑运算符、含义、运算规则及其示例如表 5-2 所示。

表 5-2 逻辑运算符

逻辑运算符	含义	运算规则	逻辑表达式示例
!	逻辑非	!0=1、!1=0	!a、!(a%2)
&&	逻辑与	0&&0=0、0&&1=0、1&&0=0、1&&1=1	1&&(a<b)、a>=3&&a<=5
‖	逻辑或	0‖0=0、0‖1=1、1‖0=1、1‖1=1	n==0‖n==1、(9>3)‖b

(1)“逻辑非”运算。“逻辑非”运算的运算规则：参与运算的对象为真时，结果为假；参与运算的对象为假时，结果为真。相当于“否定”的意思。

(2)“逻辑与”运算。“逻辑与”运算的运算规则：参与运算的两个运算对象都为真时，结果才为真，否则为假。相当于两个运算对象是“并且”的关系。

(3)“逻辑或”运算。“逻辑或”运算的运算规则：参与运算的两个运算对象只要有一个为真，结果就为真；两个运算对象都为假时，结果为假。相当于两个运算对象是“或者”的关系。

【例 5-2】逻辑运算示例。

代码如下：

```
#include<stdio. h>
main()
{   printf("% d\n",!0);          //0 为假,非运算后的表达式运算结果为真(1)
    printf("% d\n",!(5>3));      //5>3 为真,非运算后的表达式运算结果为假(0)
```

```
    printf("% d\n",5&&0);                  //5 为真,0 为假,与运算后的表达式运算结果为假(0)
    printf("% d\n",(5>0)&&(4>2));          //5>0 为真,4>2 为真,与运算后的表达式运算结果为真(1)
    printf("% d\n",5||0);                  //5 为真,0 为假,或运算后的表达式运算结果为真(1)
    printf("% d\n",(5<0)||(3>5));          //5<0 为假,3>5 为假,或运算后的表达式运算结果为假(0)
}
```

2. 运算符的优先级和结合性

在 C 语言中，表达式要根据运算符的优先级和结合方向进行运算，即优先级高的先运算，优先级相同的视结合性运算。运算符的优先级和结合方向参见附录 2。

【例 5-3】计算表达式的值：5+!5==101>1+101。

计算过程如下：

```
  5+!5==101>1+101
→ 5+0==101>1+101
→ 5==101>102
→ 5==0
→ 0
```

在本例中，根据运算符的优先级，逻辑非的优先级最高，因此首先进行非运算，计算 !5，得到 5+0；然后，由于加法运算的优先级较高，分别计算 5+0==101>1+101 步骤中的5+0 和1+101 表达式；接着，由于大于运算符的优先级高于等于运算符，由表达式 5==101>102 得出 5==0；最后，进行等于运算，最终结果为逻辑假，即值为 0。

【例 5-4】计算表达式的值：6<!7||20>10&&' b' >' a' 。

计算过程如下：

```
  6<!7||20>10&&' b' >' a'
→ 6<0||20>10&&' b' >' a'
→ 0||1&&1
→ 0||1
→ 1
```

在本例中，根据运算符的优先级，首先进行非运算，由 6<!7 得出 6<0；然后，由于关系运算符的优先级高于逻辑与和逻辑或运算，因此分别计算 6<0、20>10 和' b' >' a' 表达式，得到 0||1&&1；接着，由于逻辑非的优先级高于逻辑或，因此计算 1&&1，得到 1；最后，计算 0||1，得到 1（真）。

3. 逻辑运算的短路特性

逻辑运算有两种短路特性：

（1）（表达式 1）&&（表达式 2）。如果表达式 1 为假，则表达式 2 不会进行运算，即表达式 2 “被短路”。其核心是：0 与任何表达式进行逻辑与运算，结果都是 0。

（2）（表达式 1）||（表达式 2）。如果表达式 1 为真，则表达式 2 不会进行运算，即表达式 2 “被短路”。其核心是：1 与任何表达式进行逻辑或运算，结果都是 1。

【例 5-5】逻辑运算的短路特性示例。

代码如下：

```
#include<stdio. h>
```

```
main()
{   int a=0,b=2,c=4,d=6,z;
    z=a&&b++;       //a 值为 0(假),b++被短路,不执行
    printf("z=%d,b=%d\n",z,b);
    z=c||d--;       //c 值非 0(真),d--被短路,不执行
    printf("z=%d,d=%d\n",z,d);
}
```

程序运行结果如下：

```
z=0,b=2
z=1,d=6
```

5.4　if 语句

if 语句是非常重要的选择结构控制语句，其功能是根据给定条件的值决定执行对应的分支，根据分支数的不同，if 语句主要有以下四种形式。

5.4.1　单分支 if 语句

单分支 if 语句的格式：

```
if(条件表达式)  {语句}
```

其中，条件表达式通常由关系表达式或逻辑表达式组成，结果为逻辑值。单分支 if 语句的功能：计算条件表达式，当条件表达式的值为真时，就执行语句。执行流程如图 5-1 所示。

注意：

单分支 if 语句格式中的语句部分可以是一条简单语句，也可以是复合语句，还可以是空语句。不管是何种语句，均建议将其加上花括号。

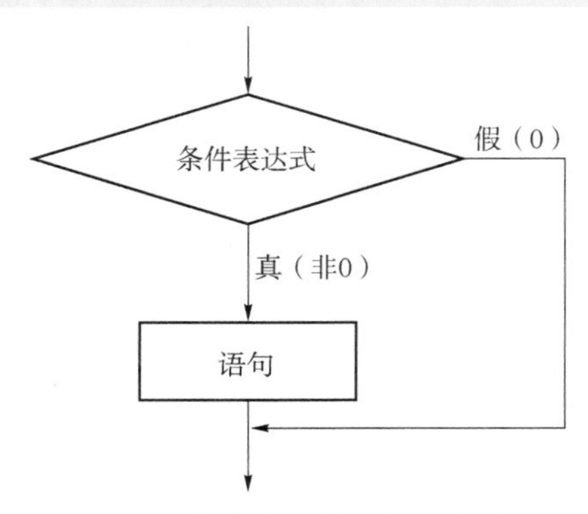

图 5-1　单分支 if 语句的执行流程

【例 5-6】输入一个字符，如果是大写字符，就将其转换成小写后输出，其他字符原样输出。

代码如下：

```
#include<stdio. h>
main()
{   char ch;
    printf("Enter character:");
    ch=getchar();
    if(ch>=' A' &&ch<=' Z' )   ch=ch+32;
    putchar(ch);
}
```

5.4.2　双分支 if 语句

双分支 if 语句是 if 语句中应用较为广泛的语句。

1. 双分支 if 语句

双分支 if 语句的格式：

```
if(条件表达式)
{语句 1}
else
{语句 2}
```

双分支 if 语句的功能：计算条件表达式，若条件表达式的值为真就执行语句 1，若条件表达式的值为假就执行语句 2。执行流程如图 5-2 所示。

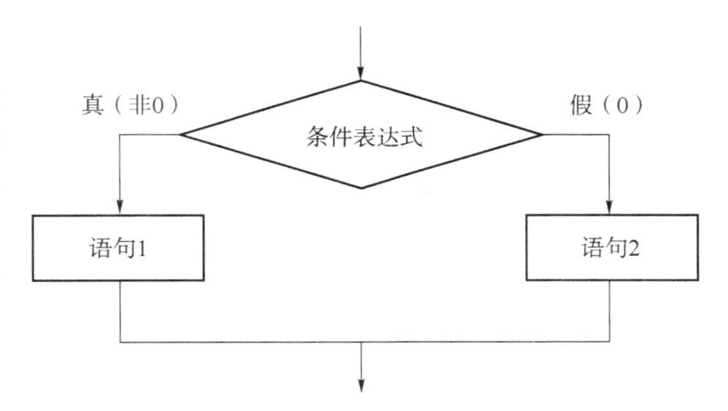

图 5-2　双分支 if 语句的执行流程

【例 5-7】输入两个数，输出其中的较大值。

代码如下：

```
#include<stdio. h>
main( )
{   int a, b, max;
    printf("Input two integers:");
    scanf("% d% d",&a,&b);
    if(a>=b) max=a;
    else max=b;
    printf("max=% d\n",max);
}
```

注意：

在双分支 if 语句中，不管是 if 子句还是 else 子句，都只能约束其后最近的一条语句，如果需要约束多条语句，则需要使用 { }（花括号）将多条语句变成一条复合语句，双分支语句才能正常执行，否则执行流程将出错。

2. 条件运算符及条件表达式语句

双分支 if 语句也可以简化成条件表达式语句。条件表达式语句的核心是条件运算符“?:”，它是一个三目运算符（三个运算对象）。使用条件运算符构建的条件表达式的格式如下：

```
表达式 1? 表达式 2:表达式 3
```

其中，表达式 1 对应的就是双分支结构中 if 后面的条件式，条件表达式根据条件式的值来决定表达式的结果：若条件式为真，则结果为表达式 2 的值；若条件式为假，则结果为表达式 3 的值。

如果使用条件表达式语句，例 5-7 中的 if…else 语句段将简化如下：

```
max=a>=b? a:b;
```

5.4.3 多分支 if 语句

多分支 if 语句的格式：

```
if(条件表达式 1)  {语句 1}
else  if(条件表达式 2)  {语句 2}
else  if(条件表达式 3)  {语句 3}
                  ⋮
else  if(条件表达式 m)  {语句 m}
else  {语句 n}
```

其功能是：计算条件表达式 1，若表达式 1 的值为真就执行语句 1，否则计算条件表达式 2，若表达式 2 的值为真就执行语句 2，依次类推，如果所有条件表达式的值都为假，则执行语句 n。执行流程如图 5-3 所示。

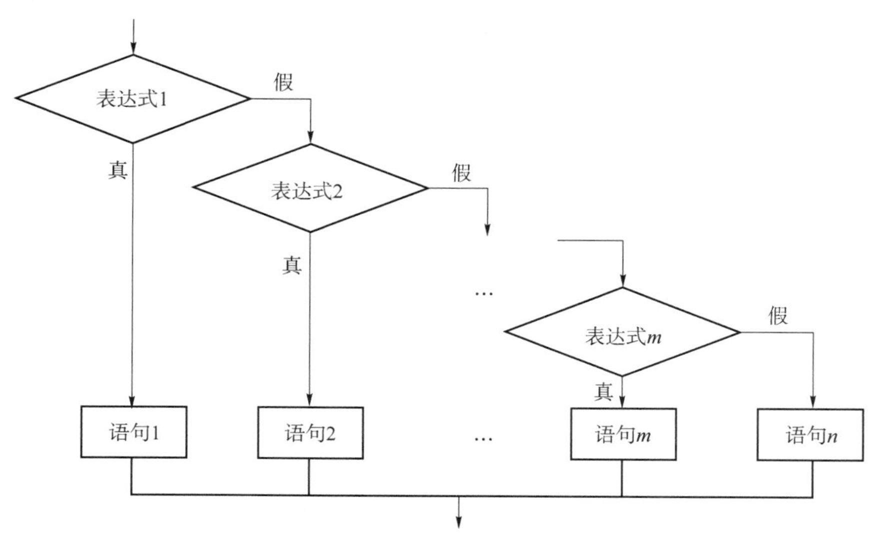

图 5-3　多分支 if 语句的执行流程

【例 5-8】输入一个整数，判断它是几位数。

代码如下：

```
#include<stdio. h>
#include<math. h>
main()
{   int a;
    printf("Enter number: ");
    scanf("% d",&a);
    if(abs(a)<10)   printf("% d 是一个一位数 . \n",a);   //abs( )是绝对值函数,需要包含头文件 math. h
    else if(abs(a)<100)   printf("% d 是一个二位数 . \n",a);
    else if(abs(a)<1000)   printf("% d 是一个三位数 . \n",a);
    else if(abs(a)<10000)   printf("% d 是一个四位数 . \n",a);
    else   printf("该数超过四位数 . \n ");
}
```

5.4.4　if 语句的嵌套

在一条 if 语句中出现另一条 if 语句，称为 if 语句的嵌套。

if 语句的嵌套的结构有两种：在 if 子句中嵌套 if 语句；在 else 子句中嵌套 if 语句。

利用 if 语句的嵌套实现程序时，特别要注意嵌套形式与配对关系：

（1）嵌套形式。嵌套的 if 语句可以是 if 语句三种基本形式（单分支 if 语句、双分支 if 语句、多分支 if 语句）中的任意一种。

（2）配对关系。if 语句的嵌套形式中，可能会出现多个 if 和多个 else 重叠的情况，这时要特别注意 if 和 else 的配对问题。C 语言规定：else 总是与它前面最近的还没有配对的 if 配对。

【例 5-9】编程求如下分段函数。要求：输入一个 x 值，输出对应的 y 值。

$$y=\begin{cases}-1, & x<0\\ 0, & x=0\\ 1, & x>0\end{cases}$$

实现本例题的方法很多，既可以通过单分支 if 语句实现，也可以通过多分支 if 语句实现，还可以通过 if 语句的嵌套实现。

（1）单分支 if 语句实现。

代码如下：

```
#include<stdio. h>
main()
{   int x,y;
    printf("Input the x:");
    scanf("% d",&x);
    if(x<0)   y=-1;
    if(x==0)   y=0;
    if(x>0)   y=1;
    printf("y=% d\n",y);
}
```

（2）多分支 if 语句实现。

代码如下：

```
#include<stdio. h>
main()
{   int x,y;
    printf("Input the x:");
    scanf("% d",&x);
    if(x<0)   y=-1;
    else if(x==0)   y=0;
    else   y=1;
    printf("y=% d\n",y);
}
```

（3）if 语句的嵌套实现。

①if 子句中的嵌套。

代码如下：

```
#include<stdio. h>
main()
{   int x,y;
    printf("Input the x:");
    scanf("% d",&x);
    if(x<=0)
        if(x<0)   y=-1;
        else   y=0;
    else
        y=1;
    printf("y=% d\n",y);
}
```

②else 子句中的嵌套。

代码如下：

```
#include<stdio. h>
main()
{   int x,y;
    printf("Input the x:");
    scanf("% d",&x);
    if(x<0)
        y=-1;
    else
        if(x==0)   y=0;
        else   y=1;
```

```
    printf("y=% d\n",y);
}
```

使用 if 语句的嵌套模式，可以将判断的条件细化，实现更复杂的操作。但是，若嵌套过深，就会带来层次混乱、逻辑不明等问题。在设计代码时，应尽量简化逻辑，去除不必要的语句嵌套。

5.5 switch 语句

在选择结构中，当条件较多时，使用 if 语句控制结构可能使程序变得复杂，容易引起逻辑错误，使用 C 语言中提供的 switch 语句就可以方便地解决这类问题。

switch 语句的格式：

```
switch (表达式)
{
    case 常量表达式 1:{语句 1};[break;]
    case 常量表达式 2:{语句 2};[break;]
                  ⋮
    [default:{语句 n}]
}
```

使用 switch 语句时，需要注意：

（1）switch 后圆括号内的表达式，只能是值为整型或字符型的表达式。

（2）每个 case 只能列举一个整型常量或一个字符型常量。

（3）每个 case 后的常量表达式的值必须互不相同，否则会出错。

（4）每个 case 后必须有一个空格。

（5）若语句序列后没有 break 语句，将继续执行下一分支语句序列，不需要再进行 case 判别；若有 break，将跳出该层 switch 结构。

（6）若每个分支均有 break 语句（最后一个分支可以省略 break 语句），则 default 和各 case 语句段出现的次序不影响执行结果。

（7）default 语句是可选的。如果无需要，可省略 default 语句。在每个 switch 结构中，如果需要用 default 语句，则只能有一个 default 语句。

【例 5-10】用 switch 语句设计一个投票表决器，其功能是：输入“Y”或“y”，表示同意，输出“agree”；输入“N”或“n”，表示不同意，输出“disagree”；输入其他，表示弃权，输出“abstain”。

代码如下：

```
#include<stdio. h>
main()
{   char c;
    scanf("% c",&c);
```

```
    switch(c)
    {   case 'Y':case 'y': printf("agree\n"); break;
        case 'N':case 'n': printf("disagree\n"); break;
        default: printf("abstain\n");
    }
}
```

程序运行结果如下：

```
Y↙
agree
```

本例中的语句序列后均有 break 语句，使该分支语句执行后可以退出 switch 结构。如果没有 break 语句，则在执行该分支后，无视 case 判定，直接按顺序执行其后的所有分支，直到遇见下一个 break 语句或者剩余分支全都执行完毕。本例中，若将 switch 语句段修改如下：

```
switch(c)
{   case 'Y':case 'y': printf("agree\n");       //没有 break 语句
    case 'N':case 'n': printf("disagree\n");    //没有 break 语句
    default: printf("abstain\n");
}
```

则程序运行结果如下：

```
Y↙
agree
disagree
abstain
```

5.6 典型案例

5.6.1 案例 1：使用流程图描述算法

1. 案例描述

输入一个整数 n，判断其是奇数还是偶数。如果 n 是偶数，就在屏幕上显示“n is even”；否则在屏幕上显示“n is odd”。请用一个流程图来描述以上问题。

案例 1　使用流程图描述算法

2. 案例流程图

最终的流程图完成效果如图 5-4 所示。

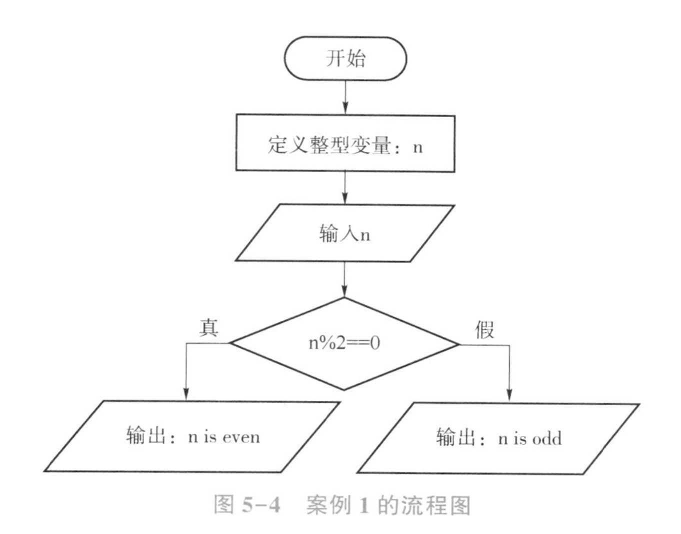

图 5-4　案例 1 的流程图

3. 案例分析

本案例可通过选择结构来实现。控制选择结构执行方向的条件表达式一般用关系表达式或者逻辑表达式来描述，条件表达式的值为真（1）表示条件成立，条件表达式的值为假（0）表示条件不成立。实现选择结构的语句有 if 语句与 switch 语句。

5.6.2　案例 2：编程实现两个数的排序

1. 案例描述

输入两个整数 a、b，然后把输入的数据重新按由大到小的顺序放在变量 a、b 中，最后输出 a、b 的值。运行结果示例如图 5-5 所示。

案例 2　编程实现两个数的排序

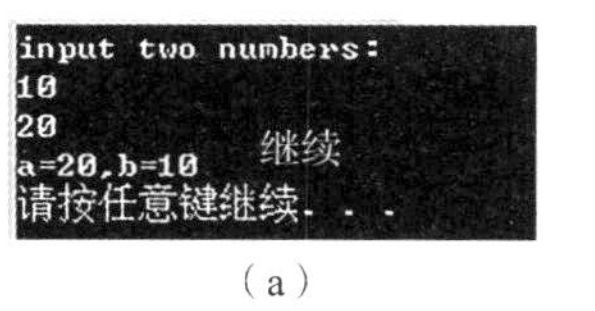

（a）

input two numbers:
7
1
a=7,b=1
请按任意键继续. . .

（b）

图 5-5　案例 2 运行结果示例

（a）输入 10、20 时的运行结果示例；（b）输入 7、1 时的运行结果示例

2. 案例代码

```
#include<stdio. h>
main( )
{   int a=0,b=0,t=0;
    printf("input two numbers:\n");
    scanf("% d% d",&a,&b);
    if(a<b)
```

```
    {    t=a;
         a=b;
         b=t;
    }
    printf("a=% d,b=% d\n",a,b);
}
```

3. 案例分析

当 a<b 时，两个数进行交换，使用单分支 if 语句实现。两个数的交换可通过一个中间变量 t 来实现，语句为“{t=a;a=b;b=t;}”。

5.6.3 案例 3：编程实现奇偶数的判断

1. 案例描述

输入一个整数 n，判断其是奇数还是偶数。如果 n 是偶数，则在屏幕上显示“n is even”；否则，在屏幕上显示“n is odd”。运行结果示例如图 5-6 所示。

案例 3　编程实现奇偶数的判断

```
Input an integer:48
48 is even
请按任意键继续. . .
```

（a）

```
Input an integer:17
17 is odd
请按任意键继续. . .
```

（b）

图 5-6　案例 3 运行结果示例

（a）输入偶数时的运行结果；（b）输入奇数时的运行结果

2. 案例代码

```
#include<stdio. h>
main( )
{    int n=0;
     printf("Input an integer:");
     scanf("% d",&n);
     if(n% 2==0)    printf("% d is even\n",n);
     else    printf("% d is odd\n",n);
}
```

3. 案例分析

本案例的问题已经在案例 1 中作了详细说明，并通过流程图进行了描述，可通过双分支 if 语句实现。判断 n 是否为偶数的条件表达式为“n%2==0”或“!(n%2)”等。

5.6.4 案例4：编程实现成绩级别的判断

1. 案例描述

案例4 编程实现成绩级别的判断

输入学生的成绩 score，根据成绩判断成绩级别：90分（含）以上输出“优秀”；80分（含）以上输出“良好”；60分（含）以上输出“及格”，60分以下输出“不及格”。运行结果示例如图5-7所示。

图5-7 案例4运行结果示例

(a) 输入“95”时的运行结果；(b) 输入“85”时的运行结果；(c) 输入“65”时的运行结果；(d) 输入“50”时的运行结果

2. 案例代码

```
#include<stdio. h>
main()
{   double score;
    printf("Enter the score:");
    scanf("% lf",&score);
    if(score>=90)   printf("优秀\n");
    else if(score>=80)   printf("良好\n");
    else if(score>=60)   printf("及格\n");
    else   printf("不及格\n");
}
```

3. 案例分析

该案例通过多分支 if 语句实现。多分支结构的深度过深时，会导致读程序困难。阅读程序时，应从上到下逐一对 if 后的表达式进行检测，当某个表达式的值为真时，就执行与此有关子句中的语句，其余部分不执行。如果所有表达式的值都为0，则执行最后的 else 子句。如果最后没有 else 子句，将不进行任何操作。

5.6.5 案例5：编程实现直角三角形的判断

1. 案例描述

判断输入的三条边长能否构成三角形，并进一步判断能否构成直角三角形，运行结果示例如图 5-8 所示。

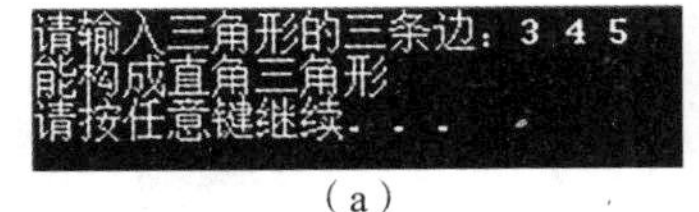

（a）

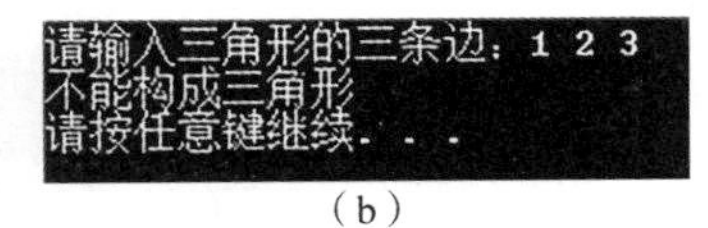

（b）

图 5-8　案例 5 运行结果示例

（a）输入“3 4 5”时的运行结果；（b）输入“1 2 3”时的运行结果

案例 5　编程实现直角三角形的判断

2. 案例代码

（1）在 if 子句中嵌套 if 语句实现。

代码如下：

```
#include<stdio. h>
void main()
{   double a,b,c;
    printf("请输入三角形的三条边:");
    scanf("% lf% lf% lf",&a,&b,&c);
    if(a+b>c&&a+c>b&&b+c>a)
        if(a * a+b * b==c * c||a * a+c * c==b * b||b * b+c * c==a * a)
          printf("能构成直角三角形\n");
        else
          printf("能构成非直角三角形\n");
    else printf("不能构成三角形\n");
}
```

（2）在 else 子句中嵌套 if 语句实现。

代码如下：

```
#include<stdio. h>
void main()
{   double a,b,c;
    printf("请输入三角形的三条边:");
    scanf("% lf% lf% lf",&a,&b,&c);
    if(!(a+b>c&&a+c>b&&b+c>a))          //注意此处的条件变化
        printf("不能构成三角形\n");
    else
        if(a * a+b * b==c * c||a * a+c * c==b * b||b * b+c * c==a * a)
            printf("能构成直角三角形\n");
        else
            printf("能构成非直角三角形\n");
}
```

3. 案例分析

（1）本案例要求先判断能否构成三角形，如果能，就进一步判断能否构成直角三角形。显然，可以使用双分支 if 语句的嵌套来完成（在 if 子句中嵌套或者在 else 子句中嵌套均可）。

（2）在 if 子句中嵌套。外层使用“if(a+b>c&&a+c>b&&b+c>a)”判断能否构成三角形，若条件满足，则进入 if 子句，其中嵌套双分支 if 语句判断能否构成直角三角形。

（3）在 else 子句中嵌套。外层使用“if(!(a+b>c&&a+c>b&&b+c>a))”判断能否不构成三角形，若条件不满足，则进入 else 子句，其中嵌套双分支 if 语句判断能否构成直角三角形。

5.6.6　案例 6：switch 语句的应用

1. 案例描述

请将 1~7 的任意一个数字转化成对应的英文星期几的前三个字母，如 1 转化为 Mon、7 转化为 Sun。运行结果示例如图 5-9 所示。

案例 6　switch 语句的应用

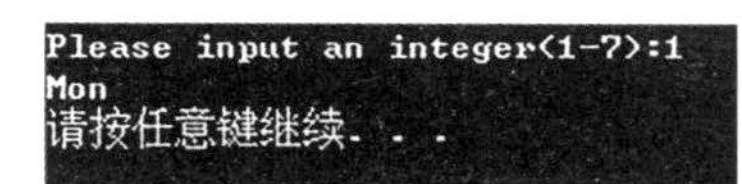

（a）

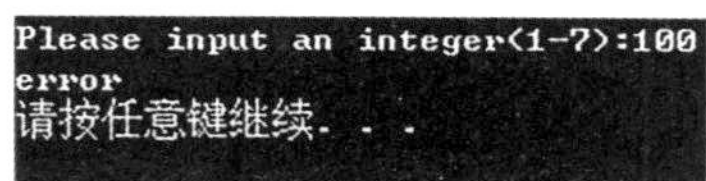

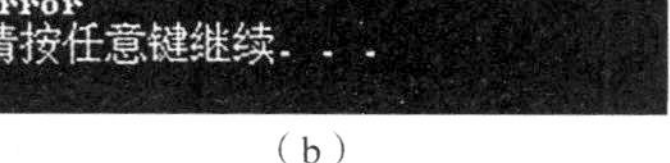

（b）

图 5-9　案例 6 运行结果示例

（a）输入“1”时的运行结果；（b）输入“100”时的运行结果

2. 案例代码

```
#include<stdio. h>
main()
{   int a;
    printf("Please input an integer(1-7):");
    scanf("% d",&a);
    switch(a)
    {   case 1:printf("Mon\n");break;
        case 2:printf("Tue\n"); break;
        case 3:printf("Wed\n"); break;
        case 4:printf("Thu\n"); break;
        case 5:printf("Fri\n"); break;
        case 6:printf("Sat\n"); break;
        case 7:printf("Sun\n"); break;
        default:printf("error\n");
    }
}
```

3. 案例分析

switch 语句是实现多分支选择结构的另一种语句。虽然多分支 if 语句完全可以实现多分支结构的功能，但是若嵌套的深度过深，就会造成程序可读性较差，易导致嵌套错误。switch 语句可以避免嵌套过深的问题，使程序的结构清晰明了。由于 switch 语句类似实际生活中的开关，故也称为开关语句。该案例通过 switch 语句实现。

5.7 本章小结

在本章的学习中，要掌握关系运算符、关系表达式，以及逻辑运算符、逻辑表达式。关系运算符有：<(小于)、<=(小于或等于)、>(大于)、>=(大于或等于)、==(等于)、!=(不等于)。逻辑运算符有：&&(逻辑与)、||(逻辑或)、!（逻辑非)。关系运算符与运算对象组成关系表达式；逻辑运算符与运算对象组成逻辑表达式。选择结构中的条件表达式通常用关系表达式与逻辑表达式来描述。

本章需要掌握的重点是使用 if 语句和 switch 语句来实现选择结构。

1. 关系运算与逻辑运算

在关系运算与逻辑运算中，需要注意以下几点：

(1) 关系运算的“==”容易误写成“=”，变成赋值运算。

(2) 关系表达式不能连着写，应该拆开成多个关系表达式，然后用逻辑运算符连接。例如，“0<=a<=10”是错误的表达式，应改成“a>=0 && a<=10”。

(3) 运算符 && 左边的运算对象为 0 时，右边的运算对象不会被计算。

(4) 运算符 || 左边的运算对象为 1 时，其右边的运算对象不会被计算。

2. if 语句的四种基本形式

(1) 单分支 if 语句。

(2) 双分支 if 语句。

(3) 多分支 if 语句。

(4) if 语句的嵌套。

3. if 语句的注意事项

(1) if 语句中的条件表达式必须用圆括号（ ）括起来，如果条件比较多，应该尽量多嵌套一些圆括号（ ），让各个条件的关系更清晰。条件表达式通常是逻辑表达式或关系表达式，也可以是赋值表达式、变量或者常量，只要表达式的值为非 0，就为“真”。例如，在语句“if(a=5)”中，条件表达式为赋值表达式，值为非 0，所以 if 子句会被执行。

(2) if 和 else 的子句可以是空语句、单条语句或者多条语句，若为多条语句，则必须加上花括号 {}。为了避免匹配错误，建议在子句的最外层一律加上花括号。

(3) 在 if 语句的嵌套中，会出现多个 if 和多个 else 重叠的情况，要注意 else 总是与它前面最近的且尚未匹配的 if 配对。

4. switch 语句的注意事项

使用 switch 语句时，要注意关键字 case 后面的常量表达式的值只能是整型或字符型，而且 case 后面必须要有一个空格。在 switch 语句中，每个分支语句的结尾要使用 break 语句才能跳出，否则执行其后的全部分支语句。default 语句不是必须语句，当没有 default 行时，如果所有分支都不满足，就不执行任何语句。

5.8　习　　题

1. 用 C 语言描述下列命题。

（1）a 大于 b 并且 a 大于 c：__________________。

（2）a 的取值范围在[100,200]：__________________。

（3）整型变量 s1 为偶数：__________________。

（4）字符型变量 ch 为空字符：__________________。

2. 阅读下列程序，并写出程序运行结果。

（1）若从键盘输入“3”和“4”，以下程序的运行结果是________。

```
#include<stdio. h>
void main()
{    int a,b,s;
     scanf("% d% d",&a,&b);
     s=a;
     if(a<b) s=b;
     s *=s;
     printf("% d",s);
}
```

（2）以下程序的运行结果是________。

```
#include<stdio. h>
void main()
{    int x=1,y=1;
     if(! x)   y++;
     else if(x==0)
     if(x)   y+=2;
     else y+=3;
     printf("% d\n",y);
}
```

（3）以下程序的运行结果是________。

```
#include<stdio. h>
void main()
{     int a=2,b=7,c=5;
      switch(a>0)
      {     case 1: switch (b<0)
            {     case 1:printf ("@"); break;
                  case 2: printf("!"); break;
            }
            case 0: switch(c==5)
            {     case 0: printf(" * "); break;
                  case 1: printf("#"); break;
                  case 2: printf(" $ "); break;
            }
            default : printf("&");
      }
   printf("\n");
}
```

3. 补充下列程序。

（1）以下程序判断输入一个字符是字母、数字还是特殊字符，请填空实现程序功能。

```
#include<stdio. h>
void main()
{     char c;
      printf("please enter a character: ");
      c=getchar();
      if(__________________)   printf("is a number\n");
      else if(____________________________________)   printf("is a letter\n");
      ______________   printf("' is a special character\n");
}
```

（2）以下程序输入年份，判断该年的生肖。已知程序以 2008 年是鼠年为基准，请填空实现程序功能。

```
#include<stdio. h>
main()
{     int s,year;
      printf("请输入年份:");
      scanf("% d",&year);
      if(__________________) s=(year-2008)% 12;
      else s=______________________________;
      switch(s)
```

```
    {   case 0:printf("%d 年是鼠年 . \n",year);break;
        case 1:printf("%d 年是牛年 . \n",year);break;
        case 2:printf("%d 年是虎年 . \n",year);break;
        case 3:printf("%d 年是兔年 . \n",year);break;
        case 4:printf("%d 年是龙年 . \n",year);break;
        case 5:printf("%d 年是蛇年 . \n",year);break;
        case 6:printf("%d 年是马年 . \n",year);break;
        case 7:printf("%d 年是羊年 . \n",year);break;
        case 8:printf("%d 年是猴年 . \n",year);break;
        case 9:printf("%d 年是鸡年 . \n",year);break;
        case 10:printf("%d 年是狗年 . \n",year);break;
        case 11:printf("%d 年是猪年 . \n",year);break;
    }
}
```

5.9 综合实验

1. 运费问题。

计算运送物品的费用，在 50 kg 内按 2 元/kg 计算，超过的部分按 1.5 元/kg 计算。编写程序，输入重量，输出应付运费。运行结果示例如图 5-10 所示。

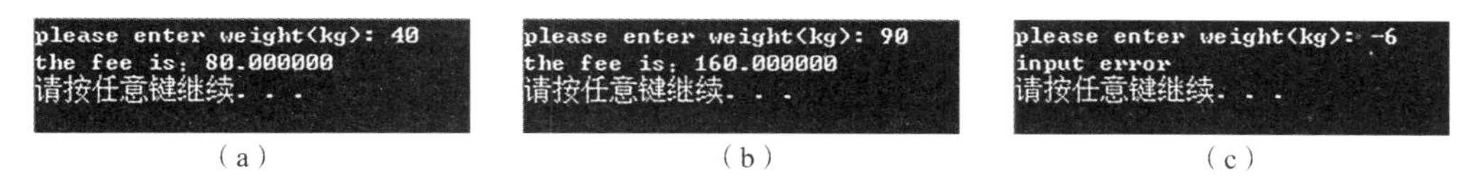

（a）　　（b）　　（c）

图 5-10 “运费问题”运行结果示例

（a）输入 50 以内数字的运行结果；（b）输入 50 以上数字的运行结果；（c）输入出错时的运行结果

2. 逆序输出。

编写程序，输入一个不多于 3 位的正整数，求出它是几位数，并逆序输出各位数字。运行结果示例如图 5-11 所示。

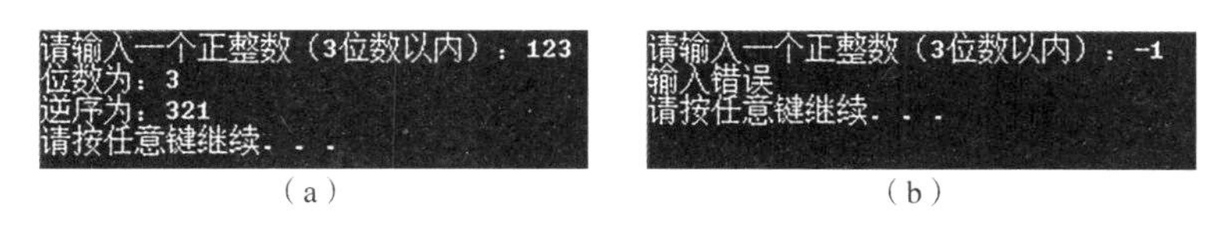

（a）　　（b）

图 5-11 “逆序输出”运行结果示例

（a）输入“123”时的运行结果；（b）输入出错时的运行结果

3. 会员消费计算。

某商场促销期间，顾客购物时可享受的优惠有 4 种情况：普通顾客一次购物累计少于 100 元，不打折；普通顾客一次购物累计多于或等于 100 元，9.5 折；会员顾客一次购物累计少于 1000 元，8.5 折；会员顾客一次购物累计等于或多于 1000 元，8 折。编写程序，输入顾客类别代码（1 为普通顾客，2 为会员顾客）与消费金额，输出折扣金额和实付款。运行结果示例如图 5-12 所示。

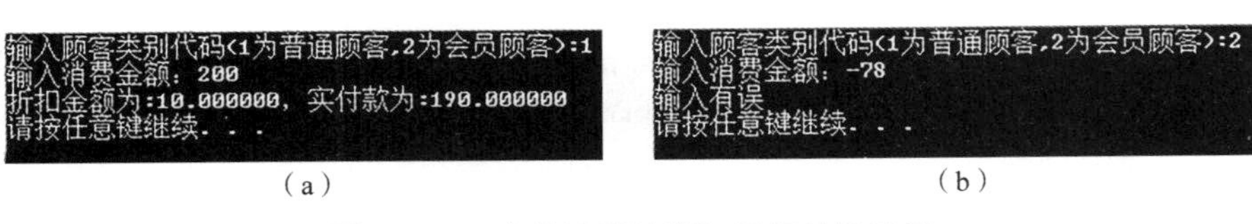

图 5-12 “会员消费计算”运行结果示例

（a）输入有效值时的运行结果；（b）输入无效值时的运行结果

4. 打靶游戏。

一个靶实际上是在同一平面上的不同半径的同心圆，若 10 环区域（最内圈）的半径为 4（即该平面上的圆的方程为 $x^2+y^2=4^2$），环距为 2，则 9 环区域的半径为 6，8 环区域的半径为 8，依次类推到 6 环，6 环以外就算脱靶。编写程序，若靶的圆心为原点(0,0)，输入射击点的位置(x,y)，输出环数（压线算高环）。运行结果示例如图 5-13 所示。

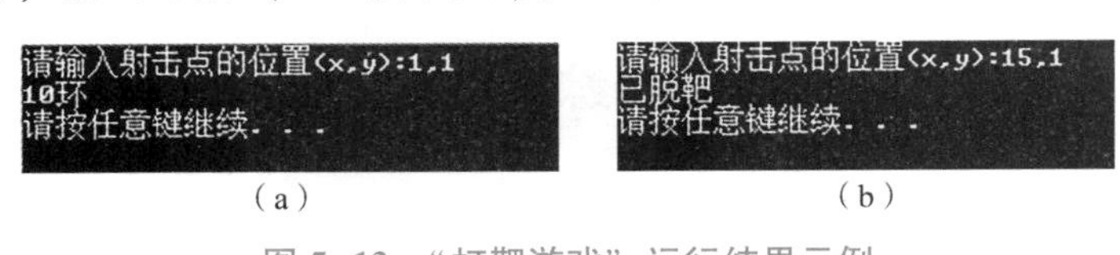

图 5-13 “打靶游戏”运行结果示例

（a）靶内时的运行结果；（b）脱靶时的运行结果

5. 字母分组。

设有 20 个人要进行分组，分成 A、B、C、D 四组，按顺序将人轮流分配。例如，第 1 个人分到 A 组，第 2 个人分到 B 组，第 3 个人分到 C 组，第 4 个人分到 D 组，然后第 5 个人分到 A 组，第 6 个人分到 B 组，依次类推。用 switch 语句编写程序，输入序号，输出分组。运行结果示例如图 5-14 所示。

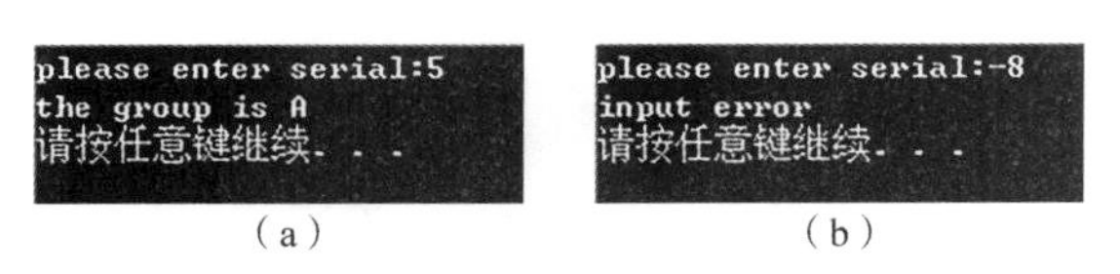

图 5-14 “字母分组”运行结果示例

（a）输入正确序号时的运行结果；（b）输入错误序号时的运行结果

第 6 章　循环结构程序设计

循环结构是程序设计结构中的一种重要结构。其特点是：在给定条件成立时，反复执行某程序段，直到条件不成立为止。循环结构经常用来解决迭代类或遍历类问题。对于迭代类问题，通过不断地重复反馈活动，逼近所需的目标或结果；对于遍历类问题，则在给定的范围内逐个试探，直到找到满足条件的解。循环结构是程序设计中最能发挥计算机特长的程序结构，具有另外两种结构不可替代的作用。C 语言提供了 3 种语句来实现循环，分别为 while 语句、do…while 语句、for 语句。同时，C 语言还提供了 break 和 continue 两种辅助语句来控制循环。

6.1　while 语句

由 while 语句构成的循环也称为当循环。

while 语句的格式：

while(条件表达式) 循环体

其中，条件表达式通常由关系表达式与逻辑表达式组成，其值为逻辑值；循环体可以是一条语句，也可以是多条语句组成的复合语句。

执行 while 语句时，先计算条件表达式的值，当值为真时执行循环体，当值为假时循环结束。while 语句的执行流程如图 6-1 所示。

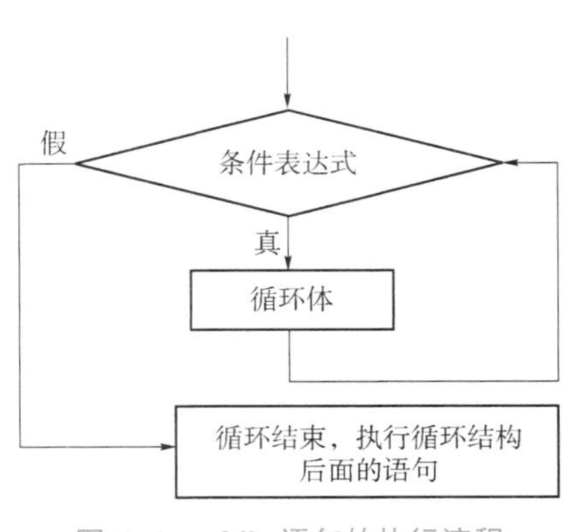

图 6-1　while 语句的执行流程

（1）计算 while 语句条件表达式的值。当值为真时，执行步骤（2）；当值为假时，执行步骤（3）。

（2）执行循环体中的语句，接着转去判断条件表达式，执行步骤（1）。

（3）退出 while 循环。

注意：

while 后一对圆括号中条件表达式的值，决定了循环体是否执行。因此，进入 while 循环后，一定要有能使表达式的值为假的操作，否则，循环将会无限制地进行，即出现“死循环”。

【例 6-1】编写程序，分别输出 1~100 中所有数的偶数和、奇数和，用 while 语句实现。

代码如下：

```
#include<stdio. h>
main()
{    int i,sum1=0,sum2=0;            // sum1 和 sum2 为累加器,需清零
     i=1;
     while(i<=100)
     {    if(i% 2==0)    sum1+=i;
          else    sum2+=i;
          i++;
     }
   printf("1~100 的偶数和:% d\n1~100 的奇数和:% d\n",sum1,sum2);
}
```

程序运行结果如下：

```
1~100 的偶数和:2550
1~100 的奇数和:2500
```

循环语句时需要考虑循环三要素：循环变量的初值、循环条件和循环体。本例题的循环执行过程，如表 6-1 所示。

表 6-1　while 语句循环执行过程

循环次数	循环条件（i<=100）	循环体	循环变量 i 的值
1	1<=100（真）	i%2==0（假），sum2 累加，i++	2
2	2<=100（真）	i%2==0（真），sum1 累加，i++	3
…	…	…	…
100	100<=100（真）	i%2==0（真），sum1 累加，i++	101
101	101<=100（假）	循环结束	

【例 6-2】编写程序，从键盘输入一行字符，以回车结束，统计输入的数字字符的个数。

代码如下：

```
#include<stdio. h>
main()
{  char c;
   int count=0;
   printf("请输入一行字符(回车结束): ");
   while((c=getchar())!='\n' )
      if ( c>='0' && c<='9'  ) count++;
   printf("数字字符的个数是:% d\n",count);
}
```

程序运行结果如下：

```
请输入一行字符(回车结束):ab1cd2ef304↙
数字字符的个数是:5
```

6.2　do…while 语句

由 do…while 语句构成的循环也称为直到型循环。

do…while 语句的格式：

```
do 循环体
while(条件表达式);
```

执行 do…while 语句时，先执行循环体中的语句，再计算条件表达式的值。当值为真时，继续循环，当值为假时，循环结束。do…while 语句的执行流程如图 6-2 所示。

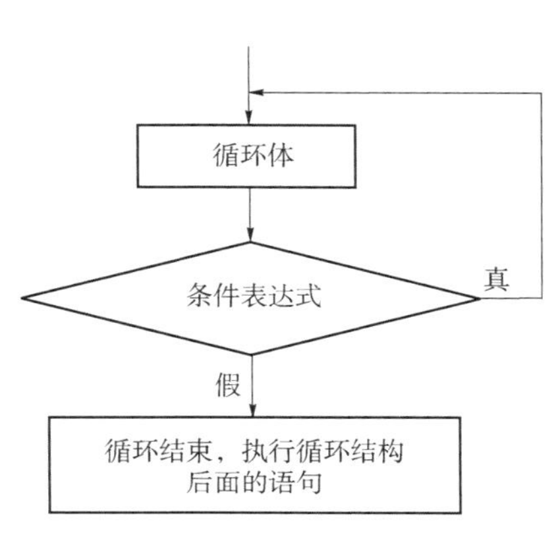

图 6-2　do…while 语句的执行流程

（1）执行循环体语句。

（2）求表达式的值。当值为真时，转去执行步骤（1）；当值为假时，执行步骤（3）。

（3）退出 do…while 循环。

注意：

与 while 语句一样，在 do…while 语句中，一定要有能使表达式的值变为假的操作，否则，循环将会无限制地进行下去，即出现“死循环”。

while 语句和 do…while 语句的主要区别：do…while 语句的循环体至少执行一次。若条件表达式的值一开始就为“假”，则 while 语句的循环体一次也不执行。

【例 6-3】用 do…while 语句改写例 6-1，即分别输出 1～100 中所有数的偶数和、奇数和。

代码如下：

```
#include<stdio.h>
main()
{    int i,sum1=0,sum2=0;
     i=1;
     do
     {    if(i%2==0) sum1+=i;
          else sum2+=i;
          i++;
     } while(i<=100);
     printf("1～100 的偶数和:%d\n1～100 的奇数和:%d\n",sum1,sum2);
}
```

程序运行结果如下：

```
1~100 的偶数和:2550
1~100 的奇数和:2500
```

【例 6-4】从键盘输入一个整数，将该整数的各位进行逆序输出。

代码如下：

```
#include <stdio. h>
main()
{   int n,d;
    printf("请输入一个整数:");
    scanf("% d",&n);
    printf("逆序输出:");
    do{
          d=n% 10;
          printf("% d",d);
          n/=10;
          }while(n!=0);
    printf("\n");
}
```

程序运行结果如下：

```
请输入一个整数:678 ↙
逆序输出:876
```

本例题的循环执行过程如表 6-2 所示。

表 6-2　do…while 循环执行过程（以输入“678”为例）

循环次数	循环体	循环条件（n!=0）	循环变量 n 的值
1	d=678%10=8，输出 8， n=n/10=678/10=67	67!=0（真）	67
2	d=67%10=7，输出 7， n=n/10=67/10=6	6!=0（真）	6
3	d=6%10=6，输出 6， n=n/10=6/10=0	0!=0（假）	循环结束

6.3　for 语句

for 语句是循环结构中应用最广泛的一种循环结构。

for 语句的格式：

for(表达式 1;表达式 2;表达式 3) 循环体

其中，三个表达式的作用通常如下：

（1）表达式 1：循环变量的初值。

（2）表达式 2：循环条件，通常以表示循环变量的初值向着终值的变化的条件表达式作为循环条件。

（3）表达式 3：循环变量的增量（在 while 语句中，此部分写在循环体内）。

for 语句的执行流程如图 6-3 所示。

（1）计算表达式 1 的值。

（2）计算条件表达式 2 的值，若其为真，就转步骤（3），否则转步骤（5）。

（3）执行一次循环体。

（4）计算表达式 3 的值，转步骤（2）。

（5）结束循环，执行 for 循环语句之后的语句。

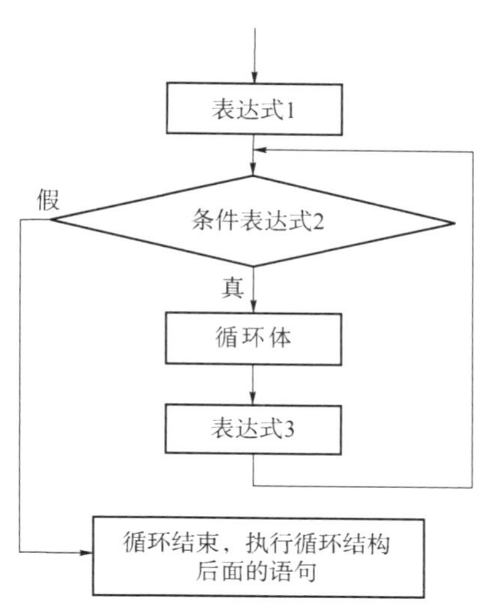

图 6-3　for 语句的执行流程

注意：

在 for 循环语句中，表达式 1 可以省略，但其后的“;”不能省略。此时，通常在 for 语句之前给循环变量赋初值以替代表达式 1 的功能；表达式 2 可以省略，同样其后的“;”不能省略，此时，循环无判定条件，容易陷入死循环，因此需要在循环体的适当位置用 break 语句实现退出循环的功能，避免“死循环”；表达式 3 也可以省略，这种情况下，需要在循环体中书写循环变量变化的表达式以替代表达式 3 的功能，保证循环能正常进行；当三个表达式都省略时，中间的两个分号是不能省略的。

【例 6-5】用 for 语句改写例 6-1，即分别输出 1~100 中所有数的偶数和、奇数和。

代码如下：

```
#include<stdio. h>
main()
{    int i,sum1=0,sum2=0;
     for(i=1;i<=100;i++)
    { if(i% 2==0)
         sum1=sum1+i;
       else
         sum2=sum2+i;
     }
     printf("1~100 的偶数和:% d\n1~100 的奇数和:% d\n",sum1,sum2);
}
```

程序运行结果如下：

```
1~100 的偶数和:2550
1~100 的奇数和:2500
```

【例 6-6】编写程序，其功能是：根据以下公式，返回满足精度 eps 要求的 π 值。给定精度 1e-7（即参与运算的最后一项的值不大于 10^{-7}），求该精度下 π 的值。

$$\frac{\pi}{2}=1+\frac{1}{3}+\frac{1}{3}\cdot\frac{2}{5}+\frac{1}{3}\cdot\frac{2}{5}\cdot\frac{3}{7}+\frac{1}{3}\cdot\frac{2}{5}\cdot\frac{3}{7}\cdot\frac{4}{9}+\cdots$$

代码如下：

```
#include<stdio. h>
main()
{   double s=0. 0,t=1. 0;
    double eps=1e-7;
    int n;
    for(n=1;t>eps;n++)
    /* 依题意,t 值不大于 1e-7 时停止求值,反之,t 值大于 eps 时执行循环,因此循环条件为 t > eps */
     {   s+=t;
         t=t * n/(2 * n+1);
     }
    printf("该精度下 π 的值为% f\n",2. 0 * s);
}
```

程序运行结果如下：

```
该精度下 π 的值为 3. 141592
```

本例题的循环执行过程如表 6-3 所示。

表 6-3　for 语句的循环执行过程

循环次数	循环条件（t>eps）	循环体	计算表达式 3	单项式的值（t）
1	1>eps（真）	s=s+t=0+1 t=t×n/(2×n+1)=1/3	n=n+1=2	1/3
2	1/3>eps（真）	s=s+t=0+1+1/3 t=t×n/(2×n+1)=1/3×1/5	n=n+1=3	1/3×1/5
…	…	…	…	t（不大于 eps）
未知	t>eps（假）	循环结束		

6. 4　break 和 continue 语句

在 C 语言中，用于循环内流程控制的语句有 break、continue 和 goto 等，本节介绍 break 语句和 continue 语句。

6.4.1　break 语句

break 语句的格式：

break;

第 5 章已经介绍过 break 语句，它可以运用在 switch 语句中，作用是跳出 switch 语句，执行 switch 后面的代码。break 语句也可以运用在循环结构中，作用是跳出本层循环，提前结束本层循环。

【例 6-7】编写程序，从键盘输入一个整数，判断该数是否为素数。

代码如下：

```
#include<stdio.h>
main()
{   int i,n;
    printf("请输入一个整数:");
    scanf("%d",&n);
    for(i=2;i<=n;i++)
    {   if(n%i==0)
            break;              //找到因子,说明该数不是素数,提前退出循环
    }
    if(i<n) printf("%d 不是素数\n",n);
    else    printf("%d 是素数\n",n);
}
```

程序运行结果如下（示例 1）：

```
请输入一个整数:17↙
17 是素数
```

程序运行结果如下（示例 2）：

```
请输入一个整数:20↙
20 不是素数
```

6.4.2　continue 语句

continue 语句的格式：

continue;

continue 语句运用在循环结构中，作用是结束本次循环，即跳过本次循环体中余下尚未执行的语句，进行下一次的循环条件判定。

continue 语句在三种循环语句中的执行过程略有不同。对比如下：

（1）while 语句与 do…while 语句。在 while 语句与 do…while 语句的循环体中，当执行 continue 语句后，直接跳到循环条件的判定。

（2）for 语句。在 for 语句的循环体中，当执行 continue 语句后，跳过本次循环体中余下尚未执行的语句，直接计算表达式 3 的值，然后进行循环条件的判定。

【例 6-8】编写程序，输出 30~50 之间不能被 3 整除的数，要求以 5 个数为一行的格式进行输出，并统计符合条件的数的总个数。

代码如下：

```
#include<stdio. h>
main()
{   int i,j=0;
    for(i=30;i<=50;i++)
    {   if(i% 3==0)
            continue;              //能被 3 整除的数,就跳过,不输出
        printf("% d ",i);
        j++;
        if(j% 5==0) printf("\n");
    }
    printf("\n");
    printf("符合条件的数的总个数为:% d\n",j);
}
```

程序运行结果如下：

```
31 32 34 35 37
38 40 41 43 44
46 47 49 50
符合条件的数的总个数为:14
```

在本例中，循环变量 i 若被 3 整除，则跳过其后的输出语句，执行 for 语句中的表达式 3（即 i++），进入下一次循环。

break 语句和 continue 语句对循环控制的不同之处：break 语句是结束本层循环；continue 语句只结束本次循环，并不终止整个循环。

6.5 goto 语句

goto 语句的格式：

goto（语句标号）;

除了 while、do…while 和 for 语句，在 C 语言中还有一种语句也能构成循环，它就是 goto 语句。goto 语句的功能是使程序无条件地转到语句标号所标识的语句处继续执行。

注意：

在 C 语言中，语句标号必须是标识符，因此不能简单地使用“3:”和“5:”等形式。标号可以和变量同名。

【例 6-9】编写程序，求 1～100 的整数之和。

代码如下：

```
#include <stdio. h>
main()
{   int i=1,sum=0;
    loop: sum+=i;   // loop:是语句标号
    i++;
    if(i<=100)
    goto loop;          // goto 语句
    printf("% d\n",sum);
}
```

程序运行结果如下：

```
5050
```

在 C 语言中，语句标号可以出现在任何语句之前。执行本例的程序时，当变量 i 的值小于或等于 100 时，就执行 goto 语句，程序无条件地转到语句标号 loop：处，实现累加；当变量 i 大于 100 时，if 语句不满足执行条件，所以执行后续的 printf( ) 语句，输出累加和。

注意：

大量使用 goto 语句会打乱原来有效的控制语句，容易造成代码混乱，导致代码维护和阅读困难，因此初学者慎用 goto 语句。

6.6　循环结构的嵌套

一个循环体内包含另一个完整的循环结构称为循环的嵌套。三种循环语句可以相互嵌套，循环嵌套可以是多层，但每一层循环在逻辑上必须完整。常用的循环嵌套结构如表 6-4 所示。

表 6-4　常用的循环嵌套结构

常用结构一	常用结构二	常用结构三	常用结构四	常用结构五

for()
{
…
for()
{…}
…
}
	for()
	{
	…
	while()
	{…}
	…
	}
		while()
		{
		…
		while()
		{…}
		…
		}
			while()
			{
			…
			for()
			{…}
			…
			}
				do
				{
				…
				for()
				{…}
				…
				}while();

【例 6-10】编写程序，用循环嵌套方式输出以下的矩阵。

```
1   2   3   4   5   6   7   8   9   10
1   2   3   4   5   6   7   8   9   10
1   2   3   4   5   6   7   8   9   10
1   2   3   4   5   6   7   8   9   10
```

代码如下：

```
#include<stdio. h>
main()
{   int i,j;
    for(i=1;i<=4;i++)                  //外循环
    {   for(j=1;j<=10; j++)            //内循环
            printf("% 4d",j);
        putchar('\n' );
    }
}
```

输出矩阵通常用循环嵌套的方法实现，外循环控制行，内循环控制列。内外循环要定义不同的循环变量。该矩阵的行数和列数均固定，因此使用 for 语句实现循环嵌套较合适。本例中的矩阵的行数为 4，列数为 10。

外循环：循环变量 i 的初值为 1，终值为 4，每循环一次，循环变量增 1；

内循环：循环变量 j 的初值为 1，终值为 10，每循环一次，循环变量增 1。

其中，内循环的循环变量 j 即可以表示内循环的次数，又可以表示每列要输出的值，故内循环的循环体语句为“printf("%4d" , j) ;”。

注意：

内循环结束时，要输出一个换行符，保证在屏幕上输出矩阵是分行的。

【例 6-11】分析以下代码的循环执行过程。

```
#include<stdio. h>
main()
{   int i,j,m=1;
    for(i=1;i<3;i++)
    {   for(j=3; j>0; j--)
     {   if(i * j>3)   break;
         m *=i * j;
     }
    }
  printf("m=% d\n",m);
}
```

程序运行结果如下：

```
m=6
```

本例题的循环执行过程如表 6-5 所示。

表 6-5　循环执行过程

外层循环	内层循环	循环体
i=1	j=3	i * j=1 * 3=3>3，为假，不执行 break， 执行 m=m * (i * j)= 1 * (1 * 3)= 3
	j=2	i * j=1 * 2=2>3，为假，不执行 break， 执行 m=m * (i * j)= 3 * (1 * 2)= 6
	j=1	i * j=1 * 1=1>3，为假，不执行 break， 执行 m=m * (i * j)= 6 * (1 * 1)= 6
i=2	j=3	i * j=2 * 3=6>3，为真，执行 break， 跳出内层循环
i=3	i<3，为假，循环结束	

【例 6-12】编写程序，从键盘输入 n，求 s=1!+2!+3!+…+n!。

代码如下：

```
#include<stdio. h>
main()
{   int i,j,n;
    long t,s=0;                  //值可能较大,因此定义为 long 型(或实数型)
    printf("请输入 n 的值:");
    scanf("% d",&n);
    for(i=1;i<=n;i++)            //外层循环,控制阶乘规模
    {   t=1;
        for(j=1; j<=i; j++)      //内层循环,计算本轮阶乘(i!)
            t *=j;
         s+=t;
    }
    printf("s=% d\n",s);
}
```

程序运行结果如下：

```
请输入 n 的值:10↙
s=4037913
```

在本例的程序中，i 为外层循环控制变量，i 的值从 1 变化到 n，用来计算从 1 到 n 的各个阶乘值的累加和；j 为内层循环控制变量，j 的值从 1 变化到 i，用来计算从 1 到 i 的累乘结果（i!）。

6.7 常见循环类问题

利用循环可以充分发挥计算机的高速处理能力，C 语言只是提供了 while、do…while 和 for 这三种循环结构，在进行问题求解时，我们还应该掌握必要的程序设计方法。解决循环类问题常见的、具有代表性的两种算法是穷举法和迭代法。另外，对于一些字符排列的图形输出问题，也适合用循环结构来解决。

1. 穷举法

穷举法也称为列举法或枚举法，它的基本思想是对问题的所有可能情况，一个不漏地进行测试，从中找到满足要求的解为止，或将所有可能的状态都测试过为止。虽然穷举法不是一种效率很高的求解方法，但在解决一些实际问题时却有自己的优势，是一种简单、直接、易行的求解方法。

穷举法的解题思路：首先，确定问题解的遍历范围；其次，确定符合问题解的条件；最后，根据题意，深入分析问题，考察能否进行遍历范围的优化，以便提高运行效率。

【例 6-13】我国古代数学家张丘建在《算经》中提出了一个问题："鸡翁一，值钱五；鸡母一，值钱三；鸡雏三，值钱一。百钱买百鸡，问鸡翁、母、雏各几何?"。编写程序，解决"百钱买百鸡"问题。

题目分析如下：

设 x、y、z 分别为鸡翁、鸡母和鸡雏的只数，根据题意可列方程如下：

$$x+y+z=100 \qquad (a)$$

$$5x+3y+z/3=100 \qquad (b)$$

对于这样的问题，可以用穷举法把 x、y、z 所有可能满足的组合都一一进行判断，解题思路如下：

（1）确定遍历的对象与范围。将 x、y 作为遍历的对象，根据方程（a）可知，对于每个 x、y 的组合都有相应的 z 值，即 $z=100-x-y$。

（2）确定符合问题解的条件。若 x、y、z 能满足方程（b）的条件，则输出 x、y、z 的组合。

（3）遍历范围的优化。深入剖析题意，已知鸡翁 5 元/只，要实现百钱买百鸡，则 x 的值不会超过 19，因为 x 的值如果为 20，100 元钱就只能买 20 只鸡翁，则不能再买其他鸡，鸡的总数不对。同理，y 的值不会超过 33 只。因此，优化后的遍历范围是：x 的值在 0~19 之间，y 的值在 0~33 之间。

代码如下：

```
#include <stdio. h>
main()
```

```
{   int x,y,z;
    for(x=0;x<=19;x++)                    //外层循环,遍历 x 的所有可能值
       for(y=0;y<=33;y++)                 //内层循环,遍历 y 的所有可能值
         {  z=100-x-y;
            if(15 * x+9 * y+z==300)       //符合问题解的条件
                printf("鸡翁%2d 只,鸡母%2d 只,鸡雏%2d 只\n",x,y,z);
  }
}
```

程序运行结果如下：

```
鸡翁 0 只,鸡母 25 只,鸡雏 75 只
鸡翁 4 只,鸡母 18 只,鸡雏 78 只
鸡翁 8 只,鸡母 11 只,鸡雏 81 只
鸡翁 12 只,鸡母 4 只,鸡雏 84 只
```

在本例的程序代码中，if 语句的条件表达式也可以写成“z%3==0&&5 * x+3 * y+z/3==100”。

2. 迭代法

迭代法也称为辗转法，是一个不断用新值取代旧值的过程。迭代法的解题思路：首先，确定迭代变量，迭代变量是由旧值递推出新值的变量；其次，明确迭代关系式，即由前一个的值如何推出后一个值的公式；最后，对迭代过程进行控制，即迭代过程什么时候结束，不能让迭代过程无休止地重复执行。

【例 6-14】用迭代法求实数 a 的平方根。已知求平方根的迭代公式为 $x_1=(x_0+a/x_0)/2$，设定 x_0 的初值为 $a/2$，若 x_0 与 x_1 的误差小于或等于 10^{-6}，则 x_1 为 a 的平方根。

迭代法的解题思路如下：

（1）确定迭代变量。已知 x0 的初值，由迭代公式，可以求出一个 x1；把 x1 赋值给 x0，用这个新的 x0，再求出一个新的 x1，依次类推。

（2）明确迭代关系式。题意中明确给出了平方根的迭代公式：x1=(x0+a/x0)/2。

（3）对迭代过程进行控制。比较前后两次所求的平方根值 x0 与 x1，若 x0 与 x1 之间的误差大于 10^{-6}，则不断地进行迭代，以便求出的 x1 值更趋近于真正的平方根值；若 x0 与 x1 之间的误差小于或等于 10^{-6}，则认为 x1 为 a 的平方根，循环结束，输出 x1。

代码如下：

```
#include<stdio. h>
#include<math. h>
main()
{   float a,x0,x1;
    printf("请输入 a 的值:");
    scanf("% f",&a);
    if(a<0) printf("error! \n");          //不能求负数的平方根
    else
```

```
    {    x0=a/2; x1=(x0+a/x0)/2;
         while(fabs(x0-x1)>1e-6)
         { x0=x1; x1=(x0+a/x0)/2;
         }
    }
    printf("a 的平方根:%f\n",x1);
}
```

程序运行结果如下：

```
请输入 a 的值：3
a 的平方根：1.732051
```

在本例中，x0 与 x1 之间的误差可以通过函数 fabs(x0-x1) 求得。要想调用数学函数，在源文件中必须包含头文件 math. h。

3. 图形输出问题

一些字符排列的图形输出问题，通常采用循环语句实现。

图像输出问题的解题思路：

（1）观察图形，找出图形的规律。图形的每行都由一组或若干组空格字符、非空格字符和一个回车符组成，特别是要找到字符数和行号之间的规律。

（2）用内外层循环实现图形的输出。其中，外循环变量控制行的输出，内循环变量控制列的输出。

【例 6-15】 编写程序，输出以下梯形。

```
*&&
**&&
***&&
****&&
*****&&
```

仔细观察图形，得到图形的规律如下：

（1）图形共有 5 行，可用一个外层循环来控制。

（2）每一行“*”号的输出个数与行数有关，即第 1 行输出 1 个“*”号，第 2 行输出 2 个“*”号，依次类推，用一个内层循环来控制“*”号的输出。

（3）每行除了输出“*”号，紧接着输出 2 个“&”号，可用另一个内层循环来控制“&”号的输出。

代码如下：

```
#include<stdlib. h>
main()
{   int i,j,k;
    for(i=0;i<5;i++)            //外层循环
    {   for(j=1;j<=i+1;j++) //内层循环,j(1~i)
```

```
            printf("*");
        for(k=1;k<=2;k++)   //内层循环,k(1~2)
            printf("&");
        printf("\n");
    }
}
```

6.8 典型案例

6.8.1 案例 1：求 $1^2 \sim n^2$ 的累加（while 语句）

1. 案例描述

计算下列公式：$sum = 1^2 + 2^2 + 3^2 + \cdots + n^2$，直到累加和 sum 大于或等于 10000 为止，输出此时的 n 与 sum 的值。运行结果示例如图 6-4 所示。

案例 1　求 $1^2 \sim n^2$ 的累加

```
n=31,sum=10416
请按任意键继续. . .
```

图 6-4　案例 1 运行结果示例

2. 案例代码

```
#include<stdio. h>
main()
{   int n=1, sum=0;
    while(sum <10000)
    {   sum += n * n ;
         n++;
    }
    printf("n=% d,sum=% d\n", n-1, sum);
}
```

3. 案例分析

（1）该案例最后一个加数未知，且要求在 sum 大于或等于 10000 时加法停止，即 sum<10000 时，循环进行。

（2）该循环过程中的三要素：

①循环变量的初值：n=1。

②循环条件：sum<10000。

③循环体：{sum+=n * n;n++;}。

6.8.2 案例 2：求 π 的近似值（while 语句）

1. 案例描述

案例 2　求 π 的近似值

利用公式 $\frac{\pi}{4}=1-\frac{1}{3}+\frac{1}{5}-\frac{1}{7}+\frac{1}{9}-\cdots$，求 π 的近似值，直到最后一项的绝对值小于 10^{-6} 为止。运行结果示例如图 6-5 所示。

```
pi=3.141594
请按任意键继续. . .
```

图 6-5　案例 2 运行结果示例

2. 案例代码

```
#include<stdio. h>
#include<math. h>
main ( )
{
    int s=1;                        //s 为状态变量表示正负号
    double n=1,t=1,sum=0,pi;        //n 为分母,t 为加数
    while(fabs(t)>=1e-6)
    {   sum+=t;
        n+=2;
        s *=-1;
        t=s/n;
    }
    pi=4 * sum;
    printf("pi=% lf\n",pi);
}
```

3. 案例分析

（1）在该数列加法过程中，加数的分子均为 1，分母均为奇数，但奇偶项符号不同。通常，可以将加数分解为符号、分子和分母三部分。该圆周率问题中加数的表示如下：

①将加数定义为 t，初值为 1，循环体中加法运算：sum+=t。

②将加数的分母定义为 n，初值为 1，循环体中分母的变化：n=n+2。

③将加数的符号定义为 s（正号用 1 表示，负号用-1 表示），初值为 1，表达式 s=-s 或者 s *=-1 可以用来表示奇偶项的符号。

④加数 t=s/n。

（2）该循环过程中三要素：

①该循环过程用到的变量较多，初值：t=1;n=1;s=1。

②循环条件：fabs(t)>=1e-6。根据题意，最后一项的绝对值小于 10^{-6} 时，循环结束；反之，大于等于 10^{-6} 时，执行循环。

③循环体：{sum+=t;n+=2;s=-s;t=s/n;}。

注意：

在循环体的语句“t=s/n;”中，为了保证s/n为实数，可以定义s、n为实数，或者使用强制类型转换将s、n转换成实数，也可以将该语句改为“t=s*1.0/n”。

6.8.3　案例3：求斐波那契数列项（do…while语句）

1. 案例描述

计算斐波那契（Fibonacci）数列，直到某项大于1000为止，并输出该项的值。运行结果示例如图6-6所示。

案例3　求斐波那契数列数列项

图6-6　案例3运行结果示例

2. 案例代码

```
#include<stdio.h>
#include<stdlib.h>
main()
{   int f1,f2,f;
    f1=0;f2=1;
    do
    {   f =f1+f2;
        f1=f2;f2=f;
    } while (f <=1000);
    printf("f=%d\n", f);
}
```

3. 案例分析

斐波那契数列：0、1、1、2、3、5、8…。从第3项起，每一项均为前两项的和。这是一种迭代的问题，迭代问题通常也是通过循环结构实现的。该案例没有明确求哪一项，循环次数不明确，显然用while语句实现比较合适。循环结构中的do…while语句也适合运用于循环次数不固定的循环问题。

斐波那契数列迭代求解过程：设当前项为f，前第一项为f1，前第二项为f2。首先，根据f1、f2的和推出f；然后，将f2作为前第一项，f作为前第二项，推出新的f；依次类推。前三次迭代如图6-7所示。

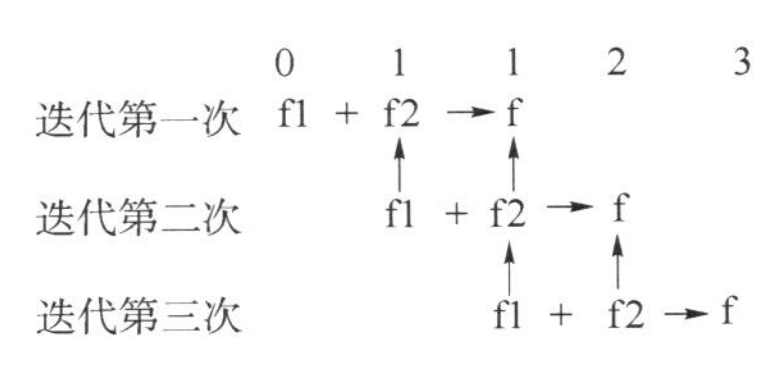

图6-7　斐波那契数列迭代

斐波那契数列迭代初值：f1=0，f2=1。

迭代公式：f=f1+f2,f1=f2,f2=f。

根据题意，当某项 f 大于 1000 时，循环终止，因此循环条件为 f<=1000。

6.8.4 案例 4：实现一行字符的输入输出（do…while 语句）

1. 案例描述

案例 4 实现一行字符的输入输出

从键盘输入一行字符（输入回车结束），输出该行字符，并将其中所有的小写字母转换成大写字母后输出。运行结果示例如图 6-8 所示。

图 6-8 案例 4 运行结果示例

2. 案例代码

```
#include<stdio. h>
main()
{   char ch;
    printf("请输入一行字符(回车结束):\n");
    do
    {   ch=getchar();
        if(ch>='a' &&ch<='z')   ch=ch-32;
        putchar(ch);
    }while(ch!='\n');
    putchar('\n');
}
```

该案例也可以使用 while 语句，代码如下：

```
#include<stdio. h>
#include<stdlib. h>
main()
{   char ch;
    printf("请输入一行字符(回车结束):\n");
    while((ch=getchar())!='\n')
    {   if(ch>='a' && ch<='z') ch=ch-32 ;
        putchar(ch);
    }
    putchar('\n');
}
```

6.8.5　案例 5：求 1~10 累乘积（for 语句）

1. 案例描述

计算 t = 1×2×3×4×…×10，输出 t 的值。运行结果示例如图 6-9 所示。

案例 5　求 1~10 累积

```
t=3628800
请按任意键继续. . .
```

图 6-9　案例 5 运行结果示例

2. 案例代码

```
#include<stdio. h>
main()
{   int i,t=1;
    for(i=1;i<=10;i++)   t=t*i;
    printf("t=% d\n",t);
}
```

3. 案例分析

该案例属于累乘问题，与累加问题一样，也可以用循环语句实现，有固定循环次数的用 for 语句，循环次数不固定的用 while 语句。累加与累乘算法的实现过程不同点归纳如表 6-6 所示。

表 6-6　累加/累乘算法的不同点归纳

功能	累加	累乘	说明
初始化 s	s=0	s=1	s 代表累加和/累乘积
运算一般形式	s+=a	s*=a	a 代表累加项/累乘项

6.8.6　案例 6：谁是凶手问题（for 语句）

1. 案例描述

某地发生了一件谋杀案，警察通过排查确定杀人凶手必为 4 个嫌疑犯中的一个。4 个嫌疑犯的供词：A 说“不是我。”；B 说“是 C。”；C 说“是 D。”；D 说“C 在胡说。”。只有凶手自己说的是假话，其余 3 人说的都是真话。请根据这些信息编写程序，确定凶手。运行结果示例如图 6-10 所示。

案例 6　谁是凶手问题

```
killer is: C
请按任意键继续. . .
```

图 6-10　案例 6 运行结果示例

2. 案例代码

```
#include<stdlib.h>
main()
{   int killer;
    for(killer='A';killer<='D';killer++)
    {   if((killer!='A')+(killer=='C')+(killer=='D')+(killer!='D')==3)
            printf("killer is: %c\n", killer);
    }
}
```

3. 案例分析

根据题意，4 人中只有 1 人说的是假话，其余 3 人说的是真话。利用关系表达式表示这 4 人的说话内容，如表 6-7 所示。

表 6-7　用关系表达式表示四人的说话内容

说话人	说话内容	写成关系表达式
A	不是我	killer!='A'
B	是 C	killer=='C'
C	是 D	killer=='D'
D	C 在胡说	killer!='D'

6.8.7　案例 7：实现图形的输出（循环嵌套）

1. 案例描述

用循环嵌套方式输出由 * 号组成的倒三角图形，运行结果示例如图 6-11 所示。

案例 7　实现图形的输出

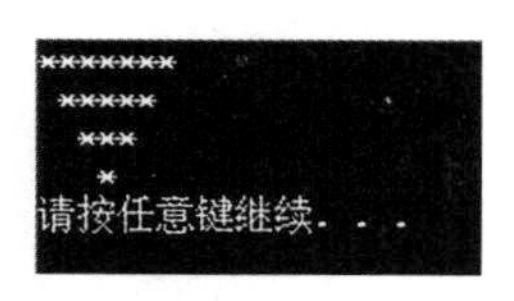

图 6-11　案例 7 运行结果示例

2. 案例代码

```
#include<stdio.h>
main()
{   int i,k,j;
    for(i=0;i<=3;i++)
```

```
    {   for(k=1;k<=i;k++)   printf(" ");
        for(j=1;j<=7-2*i;j++)   printf("*");
        printf("\n");
    }
}
```

3. 案例分析

将案例中输出的三角形图案每行前面的空格补齐如下（图 6-12），这个图形相当于输出 4 行，每行输出两种符号，先是空格，再是 * 号（为了更好说明该问题，暂用★代替 * 号，用□代替空格）。外循环控制行，定义循环变量 i（0~3）。

可以把该图形看成是如图 6-13 所示的两个图形的组合：图形 1+图形 2。

图形 1 为用空格填充的直角三角形（第一行为空），图 2 为用★号填充的倒直角三角形，分别用一个内循环实现这两个图形的输出。第一个内循环实现输出图形 1，定义循环变量 k，其初值为 1，终值为 i（每行的空格数与行号相同）；第二个内循环实现输出图形 2，定义循环变量 j，其初值为 1，终值为 7-2×i。

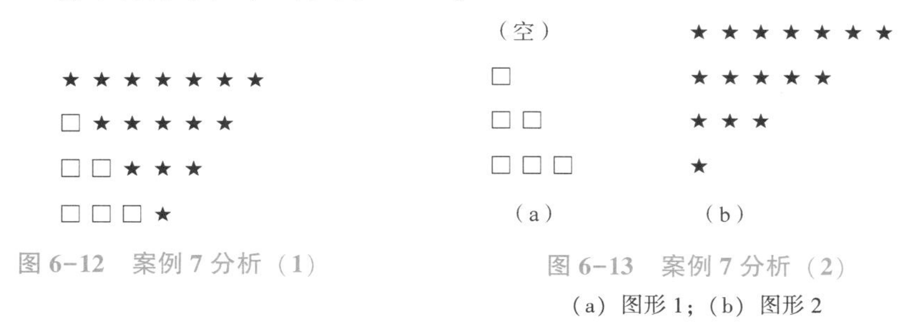

图 6-12　案例 7 分析（1）

图 6-13　案例 7 分析（2）
（a）图形 1；（b）图形 2

6.8.8　案例 8：输出九九乘法表（循环嵌套）

1. 案例描述

用循环嵌套方式输出九九乘法表，运行结果示例如图 6-14 所示。

案例 8　输出九九乘法表

```
1*1=1
2*1=2   2*2=4
3*1=3   3*2=6   3*3=9
4*1=4   4*2=8   4*3=12  4*4=16
5*1=5   5*2=10  5*3=15  5*4=20  5*5=25
6*1=6   6*2=12  6*3=18  6*4=24  6*5=30  6*6=36
7*1=7   7*2=14  7*3=21  7*4=28  7*5=35  7*6=42  7*7=49
8*1=8   8*2=16  8*3=24  8*4=32  8*5=40  8*6=48  8*7=56  8*8=64
9*1=9   9*2=18  9*3=27  9*4=36  9*5=45  9*6=54  9*7=63  9*8=72  9*9=81

请按任意键继续. . .
```

图 6-14　案例 8 运行结果示例

2. 案例代码

```
#include<stdio. h>
main()
```

```
{   int i,j;
    for(i=1;i<=9;i++)
    {   for(j=1;j<=i;j++)
            printf("%d*%d=%-4d ",i,j,i*j);
        printf("\n");
    }
}
```

3. 案例分析

九九乘法表双重循环执行过程如表 6-8 所示。

表 6-8　九九乘法表双重循环执行过程

外层循环	内层循环	输出
i=1	j=1	1*1=1，换行
i=2	j=1	2*1=2
	j=2	2*2=4，换行
i=3	j=1	3*1=3
	j=2	3*2=6
	j=3	3*3=9，换行
…	…	…
i=9	j=1	9*1=9
	j=2	9*2=18
	j=3	9*3=27
	…	…
	j=9	9*9=81，换行

6.8.9　案例 9：输出 2~100 以内的素数（循环嵌套）

1. 案例描述

请找出 2~100 以内的所有素数（质数），并输出找到的素数。运行结果示例如图 6-15 所示。

案例 9　输出 2~100 以内的素数

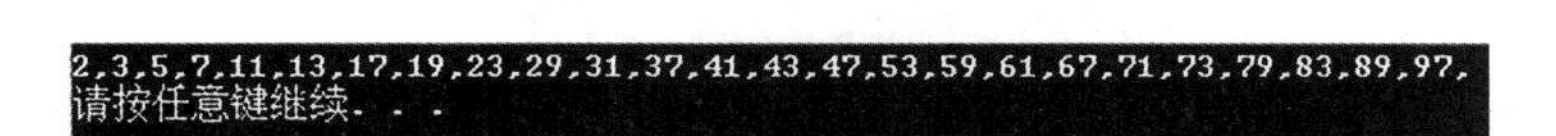

2,3,5,7,11,13,17,19,23,29,31,37,41,43,47,53,59,61,67,71,73,79,83,89,97,
请按任意键继续. . .

图 6-15　案例 9 运行结果示例

2. 案例代码

```
#include<stdio.h>
main()
```

```
{   int k,i,tag;
    for(i=2;i<=100;i++)           //①
    {   tag=0;
        for(k=2;k<=i-1;k++)       //②
            if(i% k==0)
                tag=1;            //③
            if(tag==0)
                printf("% d,", i);
    }
    putchar('\n' );
}
```

3. 案例分析

该案例用循环嵌套实现。

（1）外循环：实现遍历，在 2~100 之间进行遍历，定义循环变量 i(2~100)。

（2）内循环：实现判断 i 是否为素数。根据素数的性质，如果一个数只能被 1 和它本身整除，则这个数是素数。反之，如果一个整数 i 能被 2 到 i -1 之间的某个数整除，则这个数 i 就不是素数。素数与不是素数的两种状态通常可以用一个变量表示。例如，tag=0 表示素数，tag=1 表示不是素数。

（3）为了减少循环次数，提高程序执行的效果，还可以对程序进行改造。

①处：除了 2，其余偶数肯定不是素数，因而外循环找奇数即可：

```
for(i=3;i<=100;i+=2)
```

②处：根据找因数原理，内循环其实只要判断 i 能否被 $2\sim\sqrt{i}$ 的整数整除：

```
for(k=2;k<sqrt(i);k++)
```

③处：若 if(i%k==0)条件成立，则 tag=1，说明 i 不是素数，就没有必要继续循环；只有当 tag=0 时，才进行循环，故继续对②处进行改进：

```
for(k=1;tag==0&&k<sqrt(i);k++)
```

对以上三处进行改进以后的代码如下：

```
#include<stdio. h>
#include<math. h>
main()
{   int k,i,tag;
    printf("2,");
    for(i=3;i<=100;i+=2)
    {   tag=0;
        for(k=2;tag==0&& k<sqrt((double)i); k++)
            if(i% k==0)   tag=1;
            if(tag==0)   printf("% d,",i);
    }
    putchar('\n' );
}
```

6.9 本章小结

在本章的学习中，首先要掌握使用 while 语句、do…while 语句和 for 语句来实现循环结构程序设计；其次，要学会使用 break 语句和 continue 语句来改变程序的执行流程，让程序直接跳出循环或进入下一次循环。

1. while 语句

while 语句的一般格式如下：

```
while(条件表达式)  循环体
```

执行 while 语句时，先计算条件表达式的值，当值为真时，执行循环体语句。注意：在条件表达式的最外层圆括号后面不能添加分号，否则就失去了对循环体语句的控制。

2. do…while 语句

do…while 语句又称为直到型循环语句。它的一般格式如下：

```
do 循环体
while(条件表达式);
```

执行 do…while 语句时，先执行循环体，再计算条件表达式的值。

do…while 语句与 while 语句的区别：do…while 语句先执行循环体中的语句，再计算条件表达式的值，条件为真时继续循环，条件为假则终止循环。因此，do…while 语句至少要执行一次循环。

3. for 语句

for 语句的一般格式如下：

```
for(表达式 1;表达式 2;表达式 3)  循环体
```

for 循环语句是根据循环变量的初值、增量以及循环条件来控制循环。表达式 1 一般对循环变量赋初值；表达式 2 是一个关系表达式，用来控制什么时候终止循环，如果省略该表达式，就容易造成“死循环”；表达式 3 对循环变量进行递增或者递减操作。

4. 三种循环语句的区别

（1）for 语句可以在表达式 1 中实现循环变量的初始化，而使用 while 和 do…while 语句时，循环变量初始化的操作应在 while 和 do…while 语句之前完成。

（2）for 语句可以通过表达式 3 来控制循环变量的变化，而使用 while 和 do…while 语句时，必须在循环体中对循环变量进行控制，使循环能够趋于终止。

（3）通常，如果循环次数已知，就采用 for 循环语句；如果循环条件在进入循环前是明确的，就采用 while 语句；如果循环条件需要在循环体中明确，则采用 do…while 语句。

5. break 语句与 continue 语句的区别

（1）break 语句可以使程序终止循环而执行循环体后面的语句，不再判断执行循环的条件是否成立。break 语句通常与 if 条件语句结合使用，只有满足条件时才跳出循环。注意：在多层循环嵌套中，一个 break 语句只向外跳一层。

（2）continue 语句的作用是跳过本次循环体中的剩余语句而强行执行下一次循环，并不终止整个循环的执行。continue 语句也通常与 if 语句一起使用，用于加速循环。

6. 循环嵌套结构的注意事项

循环嵌套的特点是在一个循环体内包含另一个完整的循环语句。三种循环语句都可以互相嵌套，循环嵌套可以多层，但是每一层循环的结构必须完整。在循环变量方面，循环嵌套结构应注意在不同层次的循环对循环变量的赋值造成的相互影响；在代码书写方面，循环嵌套结构应注意花括号必须成对，不同层次的循环体语句要有缩进。

6.10 习　　题

1. 阅读下列程序，并写出程序运行结果。

（1）以下程序的运行结果是________。

```
#include<stdio. h>
main()
{   int n=12345,d;
    while(n!=0)
    {  d=n% 10;
       printf("% d",d);
       n/=10;
    }
}
```

（2）以下程序的运行结果是________。

```
#include<stdio. h>
main()
{   int i=5;
    do
    {    if(i% 3==1)
             if(i% 5==2)
             {    printf(" * % d",i);
                  break;
             }
             i++;
    } while(i!=0);
    printf("\n");
}
```

（3）若从键盘输入“12”和“8”，则以下程序输出的结果是________。

```
#include<stdio. h>
main()
{    int a,b,num1,num2,temp;
     scanf("% d% d",&num1,&num2);
     if(num1>num2)
     {    temp=num1;
          num1=num2;
          num2=temp;
     }
     a=num1,b=num2;
     while(b!=0)
     {    temp=a% b;
          a=b;
          b=temp;
     }
     printf("% d,% d\n",a,num1 * num2/a);
}
```

（4）以下程序输出的结果是________。

```
#include<stdio. h>
main()
{   int i,j=1;
    for(i=1;i<3;i++)
    {   if(i * 2>6)
                continue;
        j *=i;
    }
    printf("j=% d\n",j);
}
```

2. 补充下列程序。

（1）以下程序是求1~10000的奇数和，即sum=1+3+5+…+9999，输出sum的值。分别用两种方法实现，请填空实现程序功能。

方法1：

```
#include<stdio. h>
main()
{   int i,sum=________;
    for(i=1;i<=10000;i++)
        if(________)
           sum=sum+i;
    printf("sum=% d\n",sum);
}
```

方法2：

```
#include<stdio. h>
main()
{   int i,sum=0;
    for(i=1;i<=10000;________)
        sum=sum+i;
    printf("sum=% d\n",sum);
}
```

（2）以下程序将找出输入的n个整数中的最小值。请填空实现程序功能。

```
#include<stdio. h>
main()
{   int n,i,number,min;
    scanf("% d",&n);
    printf("请输入% d 个整数：\n",n);
    for(i=1;________;i++)
    {   scanf("% d",&number);
        if(i==1) ________________;
        if(__________________)  min=number;
    }
    printf("最小值为% d\n",min);
}
```

（3）以下程序根据公式 $e=1+1/1!+1/2!+1/3!+1/4!+\cdots$，求出e的值，要求精度达到 10^{-6}，即最后一项的值不超过 10^{-6}。请填空实现程序功能。

```
#include<stdio. h>
#include<math. h>
main( )
{   int s;
    double n,t,exp;
    t=1. 0;
    exp=0;
    n=1. 0;
    s=1;
    while(fabs(t)________)
    {   exp=___________;
        n *=s;
        _______________;
        s++;
    }
    printf ("exp=% f\n",exp);
}
```

（4）以下程序用来输出鸡兔同笼问题的解。鸡兔同笼问题是经典的中国古代数学问题，源自《孙子算经》：今有雉兔同笼，上有三十五头，下有九十四足，问雉兔各几何。请填空实现程序功能。

```
#include<stdio. h>
main()
{   int a,b;
    for(a=0;____________;a++)
      for(b=0;___________ ;b++)
         if(_________________________________)
              printf("鸡%d只,兔%d只\n",a,b);
}
```

（5）以下程序将一个正整数分解质因数。每个非素数（合数）都可以写成几个素数（也可称为质数）相乘的形式，这几个素数就都叫做这个合数的质因数。例如，6 可以被分解为 2×3，而 24 可以被分解为 2×2×2×3。请填空实现程序功能。

```
#include<stdio. h>
main()
{   int n,i;
    printf("输入一个整数:");
    scanf("%d",&n);
    printf("%d=",n);
    for(i=2; i<=n; i++)
    {   while(_____________)
        {   if (n%i==0)
            { printf("%d*",____);
              n=n/i;
            }
          else _______________;
        }
    }
    printf("%d\n",n);
}
```

6.11 综合实验

1. 猜数字游戏。

随机产生一个 100 以内的非负整数，让玩家对其进行猜测。若猜中，则提示“Bingo!”。玩家有五次机会，程序会根据玩家输入的数提示大了“Too big!”，还是小了“Too small!”。若在五次以内猜中，则提示“You win!”，并输出正确的数；若五次均未猜中，则提示“GAME OVER!”，同时也输出正确的数。运行结果示例如图 6-16 所示。

```
Enter your number:90
Too big!
Enter your number:40
Too small!
Enter your number:51
Bingo!
*****You win!*****
the correct number is 51
请按任意键继续. . .
```

（a）

```
Enter your number:34
Too big!
Enter your number:25
Too big!
Enter your number:5
Too small!
Enter your number:9
Too small!
Enter your number:15
Too small!
*****GAME OVER!*****
the correct number is 18
请按任意键继续. . .
```

（b）

图 6-16　“猜数字游戏”运行结果示例

（a）猜数成功时的运行结果；（b）猜数失败时的运行结果

2. 用户名问题。

编写程序，输入一串字符作为用户名，合法的用户名长度为 6~16 位字符，只能是字母和数字的组合，且不能含有其他字符。若用户名非法，则提示“非法用户名!”；若用户名合法，则提示“合法用户名!”。运行结果示例如图 6-17 所示。

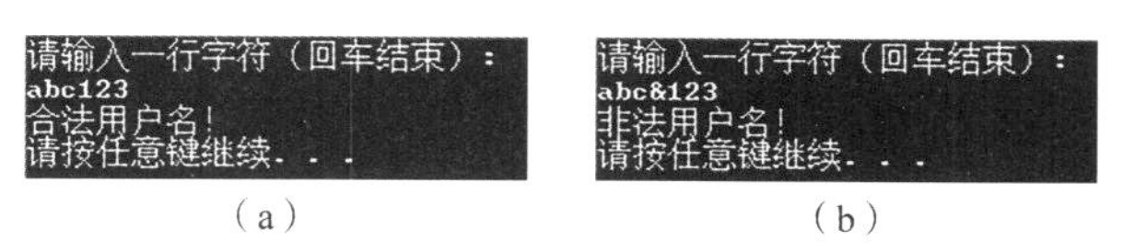

图 6-17　“用户名问题”运行结果示例

（a）用户名非法时的运行结果；（b）用户名合法时的运行结果

3. 棋盘麦粒问题。

在印度有一个古老的传说，舍罕王打算奖赏国际象棋的发明人——宰相西萨 · 班 · 达依尔。国王问他想要什么，他对国王说：“陛下，请您在这张棋盘的第 1 个小格里，赏给我 1 粒麦子，在第 2 个小格里给 2 粒，第 3 小格给 4 粒，以后每一小格都比前一小格加一倍。请您把这样摆满棋盘上所有的 64 格的麦粒，都赏给您的仆人吧！”国王觉得这要求太容易满足了，就命令给他这些麦粒。当人们把一袋一袋的麦子搬来开始计数时，国王才发现：就是把全印度甚至全世界的麦粒全拿来，也满足不了宰相的要求。那么，宰相要求得到的麦粒到底有多少呢？假设 1 kg 麦粒大约有 76852 粒，编写程序，以指数形式输出麦粒的总吨数。运行结果示例如图 6-18 所示。

```
共2.400295e+011吨
请按任意键继续. . .
```

图 6-18　“棋盘麦粒问题”运行结果示例

4. 求正弦函数。

用泰勒级数计算正弦函数的公式：

$$\sin x = x - \frac{x^3}{3!} + \frac{x^5}{5!} - \frac{x^7}{7!} + \frac{x^9}{9!} - \cdots$$

要求精度达到 10^{-5}。编写程序，输入 x，输出正弦值 $\sin x$。运行结果示例如图 6-19 所示。

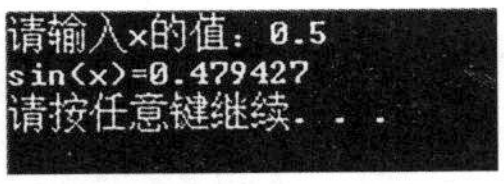

```
请输入x的值：0.5
sin(x)=0.479427
请按任意键继续. . .
```

图 6-19 “求正弦函数”运行结果示例

5. 韩信点兵问题。

相传韩信才智过人，从不直接清点自己军队的人数，只要让士兵先后以三人一排、五人一排、七人一排地变换队形，而他每次只掠一眼队伍的排尾就知道总人数了。编写程序，输入 3 个非负整数 a、b、c，表示每种队形排尾的人数（$a<3$，$b<5$，$c<7$），输出总人数的最小值（或报告无解）。已知总人数不小于 10，不超过 100。运行结果示例如图 6-20 所示。

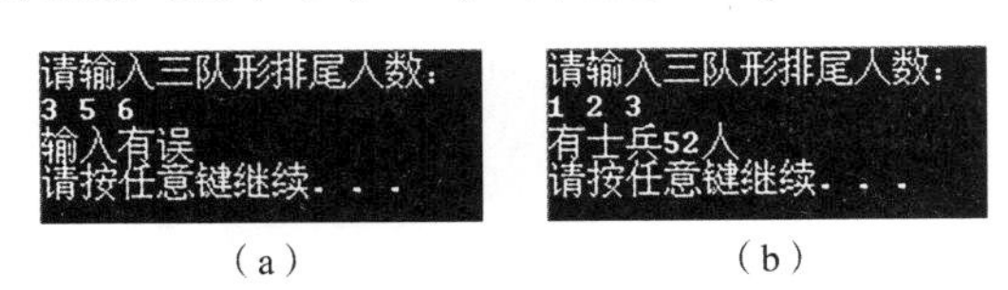

（a）　　（b）

图 6-20 “韩信点兵问题”运行结果示例

（a）输入有误时的运行结果；（b）输入“1 2 3”时的运行结果

6. 车牌号问题。

一辆卡车违反交通规则，肇事后逃逸。现场有三人目击事件，但都没有记住完整的车牌号，只记下车牌号的一些特征。

甲说：“前两位数字是相同的。”

乙说：“牌照的后两位数字是相同的，但与前两位不同。”

丙是数学家，说：“四位的车牌号刚好是一个整数的平方。”

请根据以上线索，编写程序，求出该四位车牌号。运行结果示例如图 6-21 所示。

图 6-21 “车牌号问题”运行结果示例

7. 数字金字塔。

编写程序，输出如图 6-22 所示的数字金字塔。

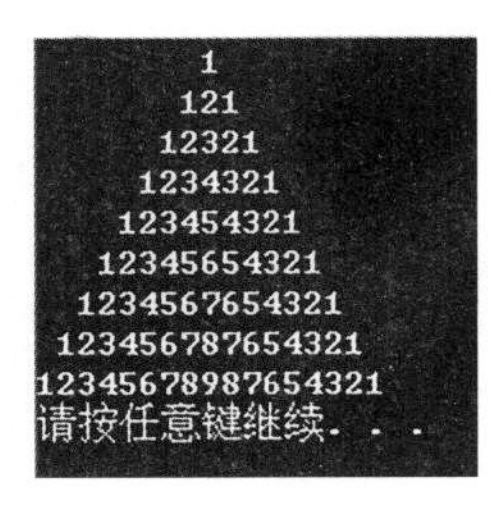

图 6-22 “数字金字塔”运行结果示例

第 7 章　函　　数

C 语言是结构化的程序设计语言。结构化程序设计思想的核心是将一个复杂的问题分解成若干个方便解决的子问题，这是一种自顶向下、逐步求精的模块化设计思想。求解子问题的算法和程序称为功能模块。各功能模块可以先单独设计，然后将求解所有子问题的模块组合成求解原问题的程序。在 C 语言中，编写功能独立的模块可以通过函数来实现。使用函数不但可以使程序结构清晰、具备可读性，而且可以提高代码的重用性，避免重复工作，提高程序设计的效率。一个 C 语言程序由一个或多个函数组成，其中有且只有一个名为 main 的主函数，C 程序的执行都是从 main 函数开始。本章主要介绍函数的定义与声明、函数的参数和返回值、函数的数据传递方式、函数的调用、变量的作用域和存储类型。

7.1　库　函　数

C 语言提供了丰富的库函数，供用户调用，方便完成许多操作。

库函数一般用于表达式中，有的也能作为独立的语句完成某种操作。其使用格式如下：

```
函数名([<参数 1>][<,参数 2>][<,参数 3>]…)
```

其中，函数名必不可少，函数的参数放在函数名后的圆括号中，参数可以是常量、变量或表达式，可以有一个或多个，少数函数为无参函数。大部分函数被调用时，都会返回一个值。需要特别注意的是：函数的参数和返回值都有对应特定的数据类型。

调用库函数时，源文件 include 命令行中应该包含相应的头文件名。include 命令有以下两种格式：

```
#include"文件名"
#include<文件名>
```

例如：

```
#include<math.h>
```

其中，命令行必须以#号开头，系统提供的头文件一般是以 .h 作为文件的扩展名，文件名用一对双引号" " 或一对尖括号< >括起来。include 命令行不是 C 语句，因此不能在最后加分号。具体的内容详见第 9 章。

表 7-1 中列出了一些常用的库函数。输入输出函数也是库函数，已在第 4 章详细介绍，这里就不一一列出。更多的库函数请参考附录 4。

表 7-1　常用库函数

函数类型	函数名	函数原型说明	功能	返回值	头文件
数学函数	fabs	double fabs(double x);	计算 $\|x\|$	$\|x\|$ 的值	math. h
	pow	double pow(double x,double y);	计算 x^y	x^y 的值	
	sqrt	double sqrt(double x);	计算 $\sqrt{x}$	$\sqrt{x}$ 的值	
字符函数	isalpha	int isalpha(int ch);	检查 ch 是否为字母	1:是; 0:否	ctype. h
	isspace	int isspace(int ch);	检查 ch 是否为空格、制表或换行符	1:是; 0:否	
	tolower	int tolower(int ch);	把 ch 字母转换成小写字母	ch 对应的小写字母	
	toupper	int toupper(int ch);	把 ch 字母转换成大写字母	ch 对应的大写字母	
随机函数	rand	int rand(void);	产生 0~32767 的随机整数	随机数	stdlib. h
	srand	void srand(unsigned int seed);	用来设置 rand()产生随机数时的随机数种子，通常可用 time(0)、time(NULL)的返回值作为种子	无	
时间函数	time	time_t time(time_t * seconds);	得到当前日历时间或者设置日历时间	当前日历时间	time. h

7.2　函数的定义

C 语言虽然提供了丰富的库函数，但是这些函数是面向所有用户的，不可能满足每个用户的各种特殊需要，因此大量函数必须由用户自己来定义。

函数定义的一般形式：

```
函数类型 函数名(数据类型 形式参数 1,数据类型 形式参数 2,…)
{
  说明语句序列;
  可执行语句序列;
}
```

【例 7-1】 函数定义示例。若要定义一个函数，求两个整数中的较大值。

代码如下：

```
int fun(int x, int y)
{   int max;
    if(x>y) max=x;
    else max=y;
    return(max);
}
```

从定义形式可以看出，一个函数分为两个部分：函数首部和函数体部分。

1. 函数首部

函数首部即函数头，它包括函数返回值类型、函数名和带数据类型的参数列表。函数结构如图 7-1 所示。

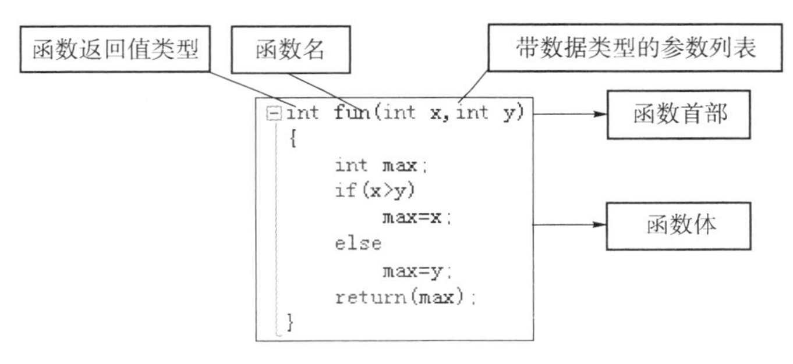

图 7-1　函数结构示意图

本例中，函数首部为“int fun(int x,int y)”，其包含：

（1）函数返回值的类型。函数返回值类型即函数类型，函数的具体功能决定函数类型。本例求两个整数的较大值，函数返回较大的那个整数值，因此返回值的类型是整型（int）。如果函数仅用于完成某些操作，没有函数值返回，则必须把函数定义成空类型（void）。如果在函数首部中省略函数类型，系统会默认函数的类型为整型（int）。

（2）函数名。函数取名必须符合标识符的命名规则。在同一个程序文件中，函数名是唯一的。为函数取名，一般建议做到“见名知义”。

（3）带数据类型的参数列表。参数列表是指若干个形参，形参间用逗号隔开。形参是需要获取函数外部传入的数据。本例中，需要从外部传入两个整数才能比较大小，因此有两个形参，形参的类型都是整型（int）。形参名必须符合标识符的命名规则。在同一个函数内，形参名是唯一的。但在同一个程序文件中，形参名可以与其他函数中的形参同名。

2. 函数体

在本例中，函数体是用花括号{}括起来的部分，由说明语句和可执行语句序列组成，用来实现函数功能。值得注意的是：函数体中不能包含另一个函数定义，也就是说，函数不能嵌套定义。

7.3　函数的返回值

函数可以有返回值，也可以没有返回值。没有返回值的函数一般用来完成一个操作，应将返回值类型定义为 void；有返回值的函数，函数值需要在函数体中通过 return 语句返回。

return 语句有以下两种形式：

return 表达式;

return(表达式);

例如，在例 7-1 中，函数的返回值语句为：

```
return(max);         //max 即 fun 函数的返回值
```

函数返回值的说明如下：

（1）在 return 语句中，表达式的值就是所求的函数值，表达式的值的类型必须与函数首部所声明的函数类型一致，若不一致，则以函数值的类型为准，由系统自动进行转换。

（2）return 语句也可以不包含表达式，表示没有函数值返回值，这时必须定义函数类型为 void 类型。

（3）当程序执行到 return 语句时，程序的流程就返回到调用该函数的位置，并带回函数值。

（4）在同一个函数内可以多处出现 return 语句，但 return 语句只可能执行一次。例如，函数“fun(){return 5;return 6;}”的返回值为 5。

（5）定义为 void 类型的函数通常不需要 return 语句，在程序执行到函数末尾“}”后，程序的流程就返回到调用该函数的位置，且没有函数值带回。即使有 return 语句，也不能有返回值，如“return;”。

【例 7-2】无返回值的函数示例。

该函数用来输出一行星号，代码如下：

```
#include<stdio.h>
void prtstar()
{   printf("**********\n");
}
main()
{   prtstar();          //函数调用(无返回值)
    printf("END\n");
    prtstar();
}
```

程序运行结果如下：

```
**********
END
**********
```

【例 7-3】有返回值的函数示例。

该函数用来求 x^y，代码如下：

```
#include<stdio. h>
int pow(int x,int y)
{   int i,s=1;
    for(i=0;i<y;i++) s *=x;
    return s;                    //函数值通过 return 返回
}
main()
{   int x,y,z;
    printf("input x,y:");
    scanf("% d% d",&x,&y);
    z=pow(x,y);                  //函数调用(有返回值),调用后将返回值赋给 z
    printf("% d\n",z);
}
```

程序运行结果如下：

```
input x,y:5 3 ↙
125
```

7.4 函数的声明

除了 char 型或 int 型的函数，其他函数都必须先定义后调用，也可以先声明后调用。声明的作用在于事先让编译器知道函数的类型、函数参数的个数、参数的类型及参数顺序等信息，以便让编译器检查函数的合法性。

1. 函数声明的格式

函数声明的格式有以下两种形式：

类型名 函数名(参数类型 1,参数类型 2, …);

类型名 函数名(参数类型 1 参数名 1, 参数类型 2 参数名 2, …);

例如：

```
int add(int,int);
int add(int x,int y);
```

2. 函数声明的位置

函数声明的位置可以是函数调用之前的任意位置，主要有两种情况。

（1）调用函数之前，在函数外部进行函数的声明。

【例 7-4】函数声明示例。

该函数用来求出两个整数之和，代码如下：

```
#include <stdio. h>
int add(int, int);                //函数声明(主函数外)
main()
{    int a,b,y;
     printf("input a,b:");
     scanf("% d% d",&a,&b);
     y=add(a,b);                  //函数调用
     printf("% d+% d=% d\n",a,b,y);
}
int add(int a,int b)              //函数定义
{    return a+b;
}
```

（2）在调用函数内部的说明语句部分进行函数的声明。

例如，可将例7-4的程序改写如下：

```
#include <stdio. h>
main()
{    int a,b,y;
     int add(int,int);            //函数声明(主函数内)
     printf("input a,b:");
     scanf("% d% d",&a,&b);
     y=add(a,b);                  //函数调用
     printf("% d+% d=% d\n",a,b,y);
}
int add(int a,int b)              //函数定义
{    return a+b;
}
```

7.5 函数的调用

1. 函数调用的一般形式

函数调用的一般形式：

函数名(实在参数表)

其中，实在参数（简称“实参”）可以是常量、变量及表达式。当有多个实参时，各实参之间用逗号分隔。实参与形参必须个数相同、类型匹配。若所调的函数无形参，则调用形式如下：

函数名()

该函数调用形式中的一对圆括号必不可少。

2. 函数调用的应用形式

调用函数一般用于表达式中，有的也能作为独立的语句完成某种操作。其使用形式主要

有以下两种。

（1）所调函数有返回值，函数调用作为表达式出现在语句中。例如：

```
y=add(a+3,4);          //add 是实现两数相加的自定义函数
```

（2）所调函数没有返回值，函数调用作为一条独立的语句来执行。例如：

```
tu();                  //tu 是实现打印图形的自定义函数
```

【例 7-5】请阅读程序，写出程序的运行结果。

代码如下：

```
#include<stdio. h>
double sub(double x,double y,double z)          //②
{   y-=1. 0;                                    //③
    z=z+x;                                      //④
    return z;                                   //⑤
}
main()
{   double a=2. 5,b=9. 0;
    double c;
    c=sub(b-a,a,a);                             //①
    printf("% f\n",c);
}
```

程序运行结果如下：

```
9. 000000
```

在本例题中：

（1）程序从主函数开始执行，主函数中的 b-a、a、a 分别作为实参。

①处 c=sub(7.5,2.5,2.5)；其中 sub(7.5,2.5,2.5)是调用函数表达式，执行流程转向②处（sub 函数首部）。

②处实现实参与形参的值传递：实参值 7.5 传递给形参 x、实参值 2.5 传递给形参 y、实参值 2.5 传递给形参 z，相当于 x、y、z 形参分别获得 7.5、2.5、2.5 的值。

（2）执行 sub 函数体部分：

③处计算 y，得到 1.5。

④处计算 z，得到 9。

⑤处 z 的值通过 return 语句返回到主函数①处，即 c=9。

（3）主函数中最后输出 c 的值。

7.6 函数的参数传递方式

调用函数与被调用函数之间的数据可以通过参数进行传递。

1. 函数调用过程中的参数传递

在有参函数进行调用时，实参与形参之间要进行数据传递。在函数未被调用时，函数的形参并不占有实际的存储单元。只有当函数被调用时，系统才为形参分配存储单元，并完成实参和形参的数据传递。函数调用的执行过程大致如下：

（1）创建形参变量，为每个形参变量分配存储空间。

（2）参数传递，即将具体的实参值赋予对应的形参。

（3）执行函数体。

（4）返回（带回函数值、返回调用位置、释放形参变量）。

2. 单向值传递

C 语言中，函数间的参数传递有两种方式——单向值传递、地址传递。

本章中主要讨论单向值传递，在 C 语言中，当参数是简单变量时，数据只能从实参单向传递给形参，称为“按值传递”，也称为“单向传递”。相当于，函数在调用时，将实参的一个副本传递给对应的形参，形参的变化不会引起实参的变化，即“按值”传递过程中，用户不能在函数中改变对应的实参值。

【例 7-6】编写程序，实现交换两个变量的值。

代码如下：

```
#include<stdio. h>
void swap(int,int);
main()
{   int a=3,b=5;
    printf("(1)a=% d,b=% d\n",a,b);
    swap(a,b);
    printf("(3)a=% d,b=% d\n",a,b);
}
void swap(int a,int b)
{   int t;
    t=a;a=b;b=t;
    printf("(2)a=% d,b=% d\n",a,b);
}
```

程序运行结果如下：

```
(1)a=3,b=5
(2)a=5,b=3
(3)a=3,b=5
```

运行结果表明，单向值传递的过程中，形参的变化不会引起实参的变化。

7.7 函数的嵌套调用

在 C 语言中，函数内部不能定义函数，即函数不能进行嵌套定义。但是一个函数可以调用另一个函数，另一个函数还可以调用其他函数，在函数调用时，允许这种嵌套调用。

例如，有函数嵌套代码如下：

```
int f1(int x)
{   …
    y=f2(x * x);
    return y;
    …
}
int f2(int x)
{   …
    return s;
    …
}
main()
{   …
    y=f1(x);
    …
}
```

则该程序段中函数嵌套调用过程如图 7-2 所示。

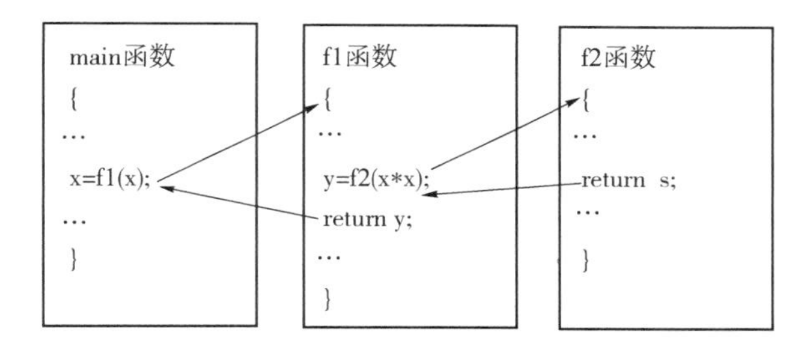

图 7-2 函数嵌套调用过程

【例 7-7】 阅读函数嵌套调用程序，写出运行结果。

代码如下：

```
#include<stdio. h>
int fun2(int a,int b)           //⑥
{   int c;
    c=(a * b)% 3;               //⑦
    return c;                   //⑧
}
int fun1(int a,int b)           //②
{   int c;
    a+=a;                       //③
    b+=b;                       //④
    c=fun2(a,b);                //⑤
    return c * c;               //⑥
}
void main()
```

```
{   int x=11,y=19;
    printf("%d\n",fun1(x,y));     // ①
}
```

程序运行结果如下：

```
4
```

在本例中：

（1）程序从主函数开始执行，主函数中的 x、y 分别作为实参。

①处输出项 fun1(x,y)是调用函数表达式，即 fun1(11,19)，执行流程转向②处（fun1 函数首部），形参 a、b 分别获得 11、19 的值，实现了第一次参数的值传递。

（2）执行 fun1 函数体部分：

③处计算，c 得到 22。

④处计算，b 得到 38。

⑤处 c=fun2(a,b)，即 fun2(22,38)，通过 return 语句，执行流程转向⑥处（fun2 函数首部），形参 a、b 分别获得 22、38 的值，实现了第二次参数的值传递。

（3）执行 fun2 函数体部分：

⑦处计算，c 得到 2。

⑧处 c 的值，通过 return 语句，返回调用函数 fun1⑤处，即 c=2。

（4）返回调用函数 fun1：

⑤处 c=2。

⑥处 c*c 的值 4，通过 return 语句，返回主函数①处，即 fun1(x,y)的值为 4，①处输出 4，程序结束。

7.8　函数的递归调用

函数可以直接自己调用自己，称为简单递归。函数也可以间接调用自己，称为间接递归。在此主要介绍简单递归。

如果一个问题要采用递归方法来解决，则必须符合以下三个条件：

（1）可以将问题转化为一个新问题，而这个新问题的解法与原问题的解法相同。只不过所处理的对象有规律地递增或递减。

（2）可以利用以上的转化使问题得以解决。

（3）必须有一个明确的结束递归的条件。

【例 7-8】利用函数的递归调用求一个整数各个位上的数字之和。比如，输入数字 2018，则返回 2、0、1、8 的和 11。

代码如下：

```
#include<stdio.h>
int digitsum(int num)
```

```
{   if(num>9)   return(digitsum(num/10) + num% 10);
    else   return num;
}
main()
{   int n,sum;
    scanf("% d", &n);
    sum=digitsum(n);
    printf("% d\n",sum);
}
```

程序运行结果如下：

```
2018↙
11
```

在本例中，各位数的求和问题的递归公式如下：

$$\text{digitnum}(n)=\begin{cases} n, & n<10 \\ \text{digitnum}(n/10)+\text{num}\%10, & n\geqslant 10 \end{cases}$$

该问题符合用递归方法求解问题的三个条件，因此可以使用递归函数。

作为一种算法，递归在程序设计语言中应用广泛。作为计算机科学的一个重要概念，递归方法是程序设计中的有效方法。采用递归编写程序，可以使程序代码变得简洁清晰，程序结构变得通俗易懂。同时，递归也存在时间和空间消耗较大、重复计算、堆栈溢出等风险，因此需要根据实际情况来选择是否采用递归方式。

7.9 变量的作用域和存储类型

C 语言程序中，变量可以定义在函数内部或者函数外部。变量有不同的作用域和存储类型，变量的作用域决定程序能在何处引用变量，变量的存储类型决定系统在何时、何处为变量分配存储空间，或在何时释放存储空间。

1. 变量的作用域

从作用域的角度看，C 语言的变量分为局部变量和全局变量。变量作用域是由变量的定义位置决定的，如表 7-2 所示。

表 7-2 变量的作用域

变量	变量定义位置	变量作用域
局部变量	函数内部	函数内部
	复合语句内	复合语句内
全部变量	函数外部	从定义变量的位置开始，到程序结束

例如：

```
#include<stdio. h>
int a;                     //全局变量 a,在程序结束前都有效
void fun()
{   int b;                 //局部变量 b,只在函数 fun 内有效
    b=20;
    a=2;                   //给全局部变量 a 赋值
}
void main()
{   int c;                 //局部变量 c,在主函数 main 内有效
    {   int d;             //局部变量 d,在复合语句{}内有效
        a=10;              //给全局部变量 a 赋值
        c=30;
        d=40;
    }
}
```

由于 C 语言的函数定义都是相互独立的，因此在不同的函数中可以定义具有相同名字的局部变量。同时，还可以与全局变量同名。当全局变量和局部变量同名时，在局部变量的作用域范围内，全局变量将被“屏蔽”，不再起作用。

【例 7-9】全局变量示例。

代码如下：

```
#include<stdio. h>
int n=10;                  //全局变量 n
void func1()
{   int n = 20;            //局部变量
    printf("func1 n: %d\n", n);
}
void func2(int n)
{   printf("func2 n: %d\n", n);
}
void func3()
{   printf("func3 n: %d\n", n);
}
main()
{   int n=30;              //局部变量
    func1();
    func2(n);
    func3();
    {   int n=40;          //局部变量
        printf("block n: %d\n", n);
    }
    printf("main n: %d\n", n);
}
```

程序运行结果如下：

```
func1 n: 20
func2 n: 30
func3 n: 10
block n: 40
main n: 30
```

在本例中，虽然定义了多个同名变量 n，但它们的作用域不同，所以是相互独立的变量，互不影响，不会产生重复定义错误。

（1）对于 func1( )，输出结果为 20，使用的是本函数的局部变量 n(n=20)。

（2）func2( )也是相同的情况，参数 n 也是本函数的局部变量（实参值为 30，形参 n 获得 30，即 n=30）。

（3）func3( )的输出结果为 10，即全局变量 n 的值，因为在 func3( ) 函数中的变量 n 是全局变量（n=10）。

（4）由花括号{ }包围的复合语句也拥有独立的作用域，在该作用域内的变量为 n(n=40)，因此输出结果为 40。

（5）main( )函数内部最后输出的变量 n，使用的是本主函数内部所定义的局部变量“int n=30”，所以输出结果为 30。

2. 变量的存储类型

C 语言程序占用内存空间通常分为三个区，分别为动态存储区、静态存储区和程序代码区，它们具体的存放内容如表 7-3 所示。

表 7-3　程序的存储空间

存储区	存储内容	变量作用域
动态存储区	不需要占用固定存储单元的变量	大部分局部变量
静态存储区	需要占用固定存储单元的变量	全局变量、少部分局部变量
程序代码区	程序的机器指令	

从内存中的存储位置的角度看，C 语言的变量分为自动型、静态型、外部型和寄存器型。变量的存储类型影响变量的生存期，其具体的性质如表 7-4 所示。

表 7-4　变量的存储类型

存储类型	标识符	存储区	定义示例
自动型	auto	动态存储区	float a; auto float a;
静态型	static	静态存储区	static int b;
外部型	extern	静态存储区	extern int x;
寄存器型	register	寄存器	register int p;

1）auto 类型的注意事项

（1）定义自动变量时，可省略 auto。

（2）自动变量的作用域局限于函数内部（含参数）或者复合语句内。

2）static 类型的注意事项

（1）若定义静态存储变量没有初始化，则系统赋初值为 0。

（2）若函数内部定义有静态局部变量，则调用该函数时会保留上一次变量的值。

（3）若函数外部定义有静态全局变量，则该全局变量只限于本文件使用，不能被其他文件所引用。

【例 7-10】static 类型变量应用实例。

代码如下：

```
#include<stdio. h>
void fun()
{   static int a=1;
    int b=1;
    a++;
    b++;
    printf("a=% d,b=% d\n",a,b);
}
main()
{   fun();
    fun();
    fun();
}
```

程序运行结果如下：

```
a=2,b=2
a=3,b=2
a=4,b=2
```

在本例中，a 为静态变量，b 为普通变量（自动变量）。每一次调用函数 fun( )时，a 所占用的存储单元不释放，在下一次调用该函数时，使用上一次函数调用结束时保留的值；而 b 作为自动变量，每一次调用函数 fun( )时，系统都会重新为其分配存储单元，而在函数调用结束时就自动释放这些存储单元。因此，本例中的变量 a 会保留每一次调用后的值，而变量 b 每一次都重新赋值。

3）extern 类型的注意事项

如果在全局变量的定义位置之前（或者其他文件中）的函数要引用该全局变量，可以用 extern 声明全局变量，以扩展全局变量的作用域。

【例 7-11】extern 类型变量应用实例。

代码如下：

```
#include<stdio. h>
int fun(int x);
main()
```

```
{   int result;
    extern int X;          //外部变量声明
    result=fun(X);
    printf("the result is %d. \n",result);
    system("pause");
}
int X=10;                  //定义外部变量
int fun(int x)
{   return x * x;
}
```

程序运行结果如下：

```
the result is 100.
```

4）register 类型的注意事项

寄存器变量与自动变量的使用方法类似，唯一不同的是寄存器变量存放在寄存器中，以提高程序执行速度。

7.10 函数的作用范围

从函数的使用范围的角度看，C 语言的函数分为内部函数与外部函数。

1. 内部函数

内部函数的一般格式如下：

```
static 数据类型 函数名(形参列表)
{
  声明部分；
  执行部分；
}
```

例如：

```
static int f1(int a,int b)
{
……
}
```

内部函数也称为静态函数，只限于本文件的其他函数对其调用，不允许其他文件的函数对其进行调用。

2. 外部函数

外部函数的一般格式如下：

```
extern 数据类型 函数名(形参列表)
{
```

```
  声明部分；
  执行部分；
}
```

例如：

```
extern int f2(int x,int y)
{
  ……
}
```

由于函数是外部性质的，因此在定义函数时可以省略 extern 说明，并且其他文件的函数可以对其进行调用。

7.11 典型案例

7.11.1 案例1：库函数的应用

1. 案例描述

输入一行英文字符串，将每个单词的首字母改成对应的大写字母后输出。运行结果示例如图 7-3 所示。

案例 1　库函数的应用

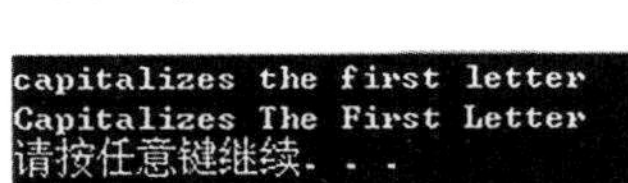

图 7-3　案例 1 运行结果示例

2. 案例代码

```
#include<stdio. h>
#include<ctype. h>          //ctype. h 是 C 标准函数库中的头文件,主要包含与字符相关的判断或处理函数
main()
{   char ch;
    int flag=1;
    while((ch=getchar())!='\n' )
    {
        if(isalpha(ch)&&flag)        // isalpha()是 ctype. h 头文件中包含的判断是否为字母的函数
        {  ch=toupper(ch);           // toupper()是 ctype. h 头文件中包含的将字母转换为大写的函数
           flag=0;
        }
        if(isspace(ch))              // isspace()是 ctype. h 头文件中包含的判断是否为空格字符的函数
            flag=1;
        putchar(ch);
    }
```

```
        putchar('\n' );
}
```

3. 案例分析

ctype. h 是 C 标准函数库中的头文件，定义了一批 C 语言字符分类函数，用于测试字符是否属于特定的字符类别，如字母字符、控制字符等。本案例中，使用标志位 flag 结合 isspace( ) 库函数判断是否是单词的首字符，如果是，就将标志位置 1；若是首字符，并且用 isalpha( ) 判断该字符是字母，就使用 toupper( ) 函数将其转换成大写字母。

7.11.2 案例 2：函数实现素数的判断

1. 案例描述

请编写函数 isprime，该函数的功能是判断某个整数是否为素数。若是，则函数返回 1，主函数中输出 “YES”；否则，返回 0，主函数中输出 “NO”。运行结果示例如图 7-4 所示。

案例 2 函数实现素数的判断

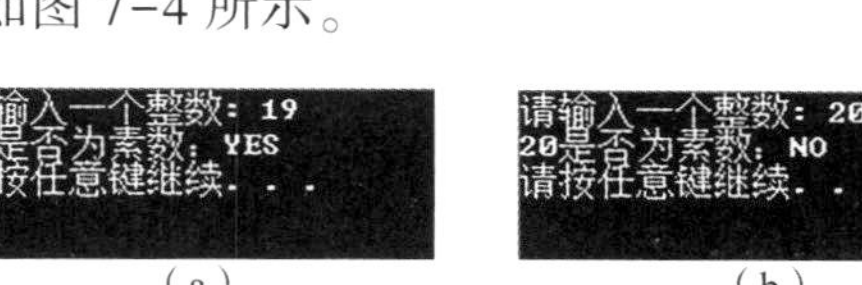

图 7-4 案例 2 运行结果示例

（a）输入 “19” 的运行结果；（b）输入 “20” 的运行结果

2. 案例代码

```
#include<stdio. h>
#include<math. h>
int isprime( int);
main ( )
{   int x;
    printf ("请输入一个整数: ");
    scanf ("% d", &x );
    printf("% d 是否为素数:",x);
    if(isprime(x))   printf("YES\n");
    else     printf("NO\n");
}
int isprime(int a)
{   int i;
    for(i=2;i<=sqrt((double)a);i++)
    if(a% i==0)   return 0;
    return 1;
}
```

3. 案例分析

自定义函数 isprime，函数名为 isprime，由于函数的功能是判断某个整数是否为素数，故可以设某个整数 a 作为形参，该函数有返回值（0 或 1），所以函数类型为整型，函数首部定义为“int isprime(int a)”。该函数的核心算法为判断 a 是否为素数，在第 6 章已经详细介绍其算法，不同之处在于判断其为素数时返回值为 1，判断其不是素数时返回值为 0。

7.11.3 案例 3：计算分数序列前 n 项之和

1. 案例描述

编写函数 fun，函数的功能是：求分数序列 2/1,3/2,5/3,8/5,13/8,21/13…的前 n 项之和。运行结果示例如图 7-5 所示。

案例 3　计算分数序列前 n 项之和

图 7-5　案例 3 运行结果示例

2. 案例代码

```
#include<stdio. h>
double fun(int n)
{   int a,b,c,i;
    double s;
    s=0;a=2;b=1;
    for(i=1;i<=n;i++)
    {   s=s+(double)a/b;      //注意此处的类型转换,保证该分式为实数值
        c=a;
        a=a+b;
        b=c;
    }
    return s;
}
main()
{   int n;
    scanf("% d",&n);
    printf("前% d 项之和为:% lf\n",n,fun(n));
}
```

3. 案例分析

分数序列求和的核心过程是一个迭代过程，在第 6 章中已有详细描述。本案例用 fun 函数将此过程封装为一个通用的计算过程，函数头为“double fun(int n)”，形参 n 是从主函数输入的求和项数，通过 fun()函数求和后，将函数里存放求和结果的变量 s 返回并输出。

7.11.4 案例4：判定月份的天数

1. 案例描述

案例4 判定月份的天数

编写程序，利用函数的嵌套，在主程序输入年、月，调用函数输出该月的天数。运行结果示例如图7-6所示。

图7-6 案例4运行结果示例

2. 案例代码

```
#include<stdio. h>
int leap(int year)
{   int lp;
    lp=(year%4==0&&year%100!=0||year%400==0)?1:0;
    return lp;
}
int day(int year,int month)
{   int d;
    switch(month)
    {   case 1:case 3:case 5:case 7:case 8:case 10:case 12:d=31;break;
        case 2:d=leap(year)?29:28;break;      //嵌套 leap 函数用来判断是否为闰年
        default:d=30;
    }
    return d;
}
main()
{   int year,month;
    printf("请输入年、月,格式为:年-月:");
    scanf("%d-%d",&year,&month);
    printf("该月有%d天!\n",day(year,month));
}
```

3. 案例分析

本案例可以通过函数的嵌套实现。分别编写一个leap函数和一个day函数。leap函数头为“int leap(int year)”，根据输入的year判断是否为闰年。如果是闰年，函数就返回1，否则返回0（闰年的判定方法：该年份能被4整除且不能被100整除或者能被400整除）；day函数头为“int day(int year,int month)”，函数功能是根据年份year和月份month返回该月份的天数，其中，2月份要根据嵌套的leap函数来确定返回的天数，因此程序中使用了条件运算语句“d=leap(year)?29:28;”。

7.11.5 案例5：编写递归函数

1. 案例描述

案例5 编写递归函数

用递归的方法求阶乘，请编写递归函数求 $n!$，递归公式如下：

$$n! = \begin{cases} 1, & n=0,1 \\ n(n-1)!, & n>1 \end{cases}$$

主函数输入一个数 m，调用递归函数实现求该数的阶乘并输出。运行结果示例如图 7-7 所示。

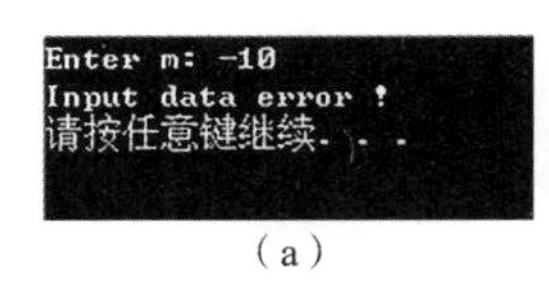

（a）

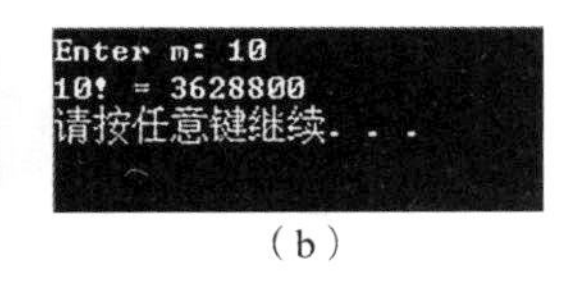

（b）

图 7-7 案例5运行结果示例

（a）输入负数的运行结果；（b）输入正数的运行结果

2. 案例代码

（1）不用递归方法，使用循环结构实现。

代码如下：

```
#include<stdio. h>
main ( )
{    int m,y,t,i;
     t=1;
     printf("Enter m: ");
     scanf("% d", &m);
     if(m<0) printf("Input data error ! \n");
     else
     {    for(i=1;i<=m;i++)   t *=i;
          printf("% d!=% d\n",m,t);
     }
}
```

（2）用递归方法实现。

代码如下：

```
#include<stdio. h>
int fac(int n)
{   if(n==0||n==1)   return 1;
    else return n * fac(n-1);
}
main( )
```

```
{   int m,y;
    printf("Enter m: ");
    scanf("% d", &m );
    if(m<0)    printf("Input data error!\n");
    else
    {   y=fac( m );
        printf("% d!=% d\n",m,y);
    }
}
```

3. 案例分析

本案例符合采用递归方法解决问题的三个条件：

（1）前两个条件主要是找出问题的规律性，将问题转化为一个新问题，而新问题仍与原来的解法相同。$n!$ 的规律是 $n!=n(n-1)!$，若定义函数 fac(n)表示 $n!$，则有 fac(n−1)表示 $(n-1)!$。

（2）第三个条件是必须有一个明确的结束递归的条件。当 $n=0$ 或 $n=1$ 时，$n!=1$，递归结束。

因此，该问题可以用递归方法实现。

7.11.6　案例6：利用全局变量传递数据

1. 案例描述

编写函数 vs，输入长方体的长、宽、高，输出它的体积以及三个面的面积。运行结果示例如图 7-8 所示。

案例6　利用全局变量传递数据

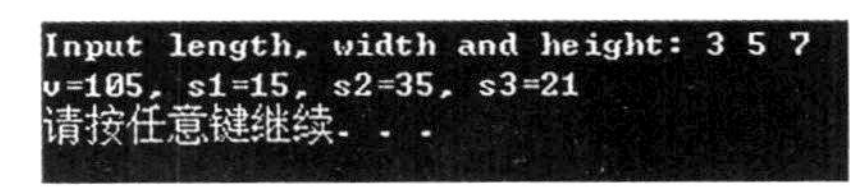

图 7-8　案例 6 运行结果示例

2. 案例代码

```
#include<stdio. h>
int s1,s2,s3;              //将面积定义为全局变量
int vs(int a, int b, int c)
{   int v;                  //体积
    v=a * b * c;
    s1=a * b;
    s2=b * c;
    s3=a * c;
    return v;
}
```

```
main()
{   int v,length,width,height;
    printf("Input length, width and height: ");
    scanf("% d% d% d", &length, &width, &height);
    v=vs(length,width,height);
    printf("v=% d, s1=% d, s2=% d, s3=% d\n", v,s1,s2,s3);
}
```

3. 案例分析

根据题意，本案例希望借助一个函数得到四个值：体积 v；三个面的面积 s1、s2、s3。但是，C 语言中的函数只能有一个返回值，正常情况下，只能选择将其中的一个数据放到返回值中。在本案例中，选择将体积作为返回值，而将面积 s1、s2、s3 设置为全局变量。通过全局变量，可以实现函数之间的数据传递，因为全局变量的作用域是整个程序，在函数 vs( ) 执行后，相应的面积结果也能存入 s1、s2、s3，可以在主函数中被输出。

7.12 本章小结

在本章的学习中，要重点掌握函数的定义和调用、函数间的数据传递，以及嵌套和递归调用。C 语言不仅提供了极为丰富的库函数，还允许用户定义自己的函数。从用户使用的角度看，函数分为库函数和自定义函数；从函数的形式看，函数可以分为无参函数和有参函数；从函数的值来看，函数可以分为无返回值函数和有返回值函数。形参是在函数定义中出现的参数，而实参是传递给被调用函数的值。函数的嵌套调用是指一个函数可以被其他函数调用，同时也可以调用其他函数。函数的递归调用是指一个函数直接（或间接）地调用该函数本身，是嵌套调用的一种特例。

1. 函数定义

函数定义的一般形式：

```
函数类型 函数名(数据类型 形式参数1,数据类型 形式参数2,…)
{
  说明语句序列;
  可执行语句序列;
}
```

2. 形参与实参

（1）形参只能是变量，在被定义的函数中，必须指定形参的类型。形参变量只有在函数内部才有效，不能在函数外部使用。形参变量只有在函数被调用时才会分配内存，调用结束后，立刻释放内存。

（2）实参可以是常量、变量、表达式、函数等，在进行函数调用时，它们都必须具有确定的值，以便把这些值传送给形参。实参一定要和函数定义部分保持一致，也就是说，定义部分有几个形参，调用的时候就得有几个实参，数量应一致，并且类型要保持一致。

3. 函数定义的注意事项

（1）不同函数的形参可以同名，但是函数名不能相同，即使两个函数的返回值类型或者形参相同，函数名也不能一样。函数名在一般情况下要做到见名知义，要让人看到函数名就知道该函数的用途，便于程序的阅读。

（2）有参函数比无参函数多了形式参数列表，它们可以是各种类型的变量，各参数之间用逗号隔开。如果在函数体内有新的变量需要定义，则一定不能和形参变量名相同。

（3）有返回值函数中至少应有一个 return 语句。return 语句也可以有多个，但是每次调用函数只能有一个 return 语句被执行。如果函数没有返回值，那么返回值类型就为 void，也可以省略返回值类型，那么系统会默认返回 int 类型。return 后面也可以不接任何返回值，仅用来结束函数。

（4）一个 C 语言程序必须有且只有一个 main 函数，无论 main 函数在程序什么位置，运行时都从 main 函数开始执行。任何函数都不能调用 main 函数，它是被操作系统调用的。

4. 函数的声明

函数的声明语句要特别注意不能省略末尾的分号，声明语句一般放在 main 函数之前，若要放在 main 函数里面，则必须在函数被调用之前声明。如果将自定义的函数放在 main 函数之前，则可以省去函数声明部分，直接调用函数。但是，不能将自定义函数放在 main 函数里，因为函数不能嵌套定义。

5. 函数的嵌套与递归调用

在 C 语言中，不允许作嵌套的函数定义，但是 C 语言允许在一个函数的定义中出现对另一个函数的调用，即函数的嵌套调用。递归是一种函数调用自身的特殊嵌套调用，为了防止递归函数无终止地进行，必须在函数内有终止递归函数的条件。通常会采用条件判断，当条件不满足时，就跳出递归。

6. 变量的作用域和存储类型

（1）变量的作用域由变量的位置决定。根据变量的作用域，可以将变量分为局部变量和全局变量。

（2）变量的存储类型影响变量的生存期。变量的存储类型主要有 auto、static、extern 和 register 四种。

7. 函数的作用范围

根据函数的使用范围，可以将函数分为内部函数和外部函数。

7.13　习　　题

1. 阅读下列程序，并写出程序运行结果。

（1）以下程序的运行结果是________________。

```
#include<stdio. h>
int a=3,b=4;
fun(int x,int y)
{    a=x;
     x=y;
     y=a;
}
int main( )
{    int m=1,n=2;
     fun(m,n);
     fun(a,b);
     printf("% d,% d,% d,% d",m,n,a,b);

}
```

（2）若输入“2”和“3”，则以下程序的运行结果是________。

```
#include<stdio. h>
int fun(int a, int b)
{    int x;
     int c=1;
     for(x=0;x<b;x++)
     c=c * a ;
     return c;
}
void main( )
{    int a,b;
     scanf("% d% d",&a,&b);
     printf("% d\n",fun(a,b));
}
```

（3）以下程序的运行结果是________。

```
#include<stdio. h>
intf2(int a)
{   int c;
    c=a * 2;
    return c;
}
intf1(int a)
{   int c;
    a+=2;
    c=f2(a);
    return c;
```

```
}
main( )
{    int x=1;
     printf("%d\n",f1(f2(x)));
}
```

（4）以下程序的运行结果是________。

```
#include<stdio.h>
long f(int n)
{    if(n>2)   return(f(n-1)+f(n-2));
     else return(2);
}
main( )
{    printf("%ld\n",f(5));
}
```

（5）以下程序的运行结果是________。

```
#include<stdio.h>
int fun(int a)
{  static int t=0;
   return(t+=a);
}
int main( )
{  int i,j;
   for(i=1;i<=6;i++)
   j=fun(i);
   printf("%d\n",j);
}
```

2. 补充下列程序。

（1）编写函数，用以求表达式 x^2-5x+4 的值，x 作为参数传送给函数，调用此函数 $y1$、$y2$、$y3$ 的值。计算式如下：

$$\begin{cases} y1=2^2-5\cdot 2+4 \\ y2=(x+15)^2-5\cdot(x+15)+4 \\ y3=\sin^2 x-5\cdot \sin x+4 \end{cases}$$

```
#include<stdio.h>
#include<math.h>
double fun(__________x)
{    return(__________________);
}

int main()
{    double x,y1,y2,y3;
     printf("请输入 x 的值:");
```

```
        scanf("% lf",&x);
        y1=fun(2);
        y2=fun(x+15);
        y3=fun(________);
        printf("y1=% lf\n",y1);
        printf("y2=% lf\n",y2);
        printf("y3=% lf\n",y3);
    }
```

（2）编写函数，能对两个分数进行加、减、乘、除四则运算。设两个分数采用的形式为 b/a 与 d/c，运算结果采用的形式为 y/x。

```
#include<stdio. h>
int x,y;
void cal(int,int,int,int,char);
void main()
{   int a,b,c,d;
    char op;
    printf("input a,b,c,d,operate:");
    scanf("% d,% d,% d,% d,% c",&a,&b,&c,&d,&op);
    ______________________;
    printf("result:% d/% d",y,x);
}
void cal(int a,int b,int c,int d,________ op)
{   switch(______)
    {   case '+':
            x=a * c;
            y=b * c+a * d;
            break;
        case '-':
            x=a * c;
            y=b * c-a * d;
            break;
        case '*':
            x=a * c;
            y=b * d;
            break;
        case '/':
            x=a * d;
            y=b * c;
            break;
    }
}
```

（3）编写函数，用以统计输入单词的个数，约定单词之间的间隔符号可以是空格符、换行符和跳格符，用字符@ 作为输入结束标志。

```
#include<stdio. h>
```

```
#define IN 1
#define OUT 0
int countword( )
{   int c,count,state;
    state=OUT;
    count=0;
    while((c=getchar())__________)
    {   if(c==' ' || c=='\n' || c=='\t' )
             state=OUT;
        else if(state==OUT)
        {    state=IN;
             ____________ ;
        }
    }
        ______________ count;
}
main()
{   int n;
    n = countword();
    printf("n = %d\n", n);
}
```

（4）以下程序在函数 fun 中实现以下公式：

$$s=\frac{3}{2^2}+\frac{5}{4^2}+\frac{7}{6^2}+\cdots+(-1)^{n-1}\frac{(2n+1)}{(2n)^2}$$

若在主函数中要求精度为 10^{-3}（即最后一项不超过 10^{-3}），请填空实现计算该精度下公式的值。

```
#include<stdio. h>
double fun(double e)
{    int i,k;
     double s,t,x;
     s=0;   k=1;   i=2;
     x=__________/4;
     while(x___e)
     {    s=s+k * x;
          k=k * (-1);
          t=2 * i;
          x=__________/(t * t);
          i++;
     }
          return s;
}
main( )
{   double e=1e-3;
    printf("\nThe result is: %f\n",fun(e));
}
```

7.14 综合实验

1. 求三角形的面积。

编写一个函数，求三角形的面积。在主函数中调用此函数，要求在主函数中判断输入的三边能否构成三角形。运行结果示例如图 7-9 所示。

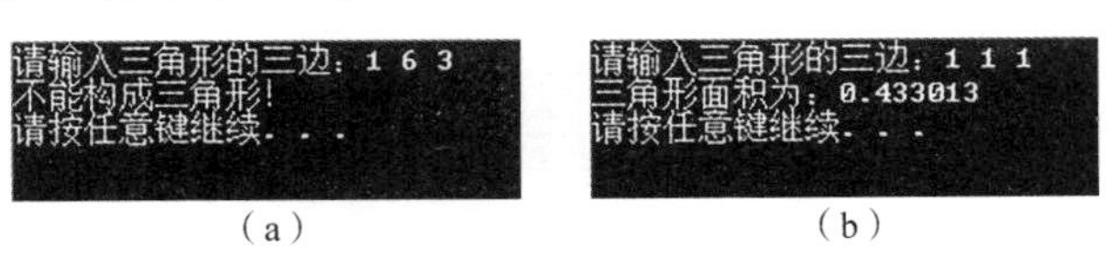

（a） （b）

图 7-9 “求三角形的面积”运行结果示例

（a）输入无效值的运行结果；（b）输入有效值的运行结果

2. 找出素数。

编写一个整型函数“int isPrime(int n)”，判断 n 是否为素数。如果 n 是素数，则函数返回 1；否则，返回 0。在主函数中调用此函数，找出 10～50 的素数并输出。运行结果示例如图 7-10 所示。

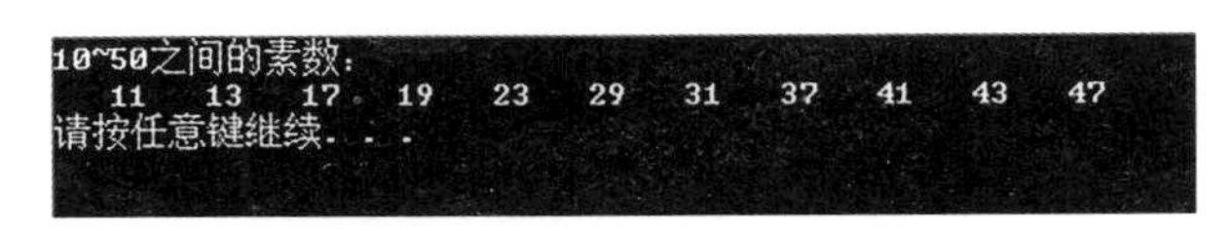

图 7-10 “找出素数”运行结果示例

3. 斐波那契数列问题。

编写一个递归函数，求出斐波那契数列任意第 n 项的值。运行结果示例如图 7-11 所示。

图 7-11 “斐波那契数列问题”运行结果示例

4. 输出正方形。

编写一个 square 函数，令其在屏幕上显示一个实心正方形（用 * 号填充），该正方形的边长 side 是在形参中指定的。运行结果示例如图 7-12 所示。

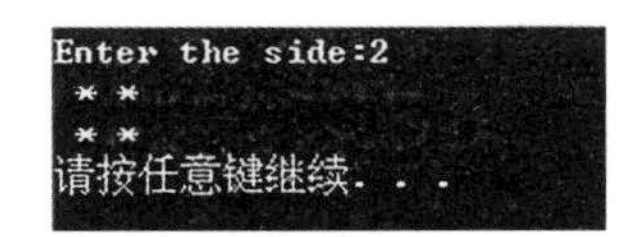

图 7-12 “输出正方形”运行结果示例

5. 求公式的值。

编写函数，根据整型形参 n 的值，计算如下公式的值。运行结果示例如图 7-13 所示。

$$1-\frac{1}{2}+\frac{1}{3}-\frac{1}{4}+\frac{1}{5}-\frac{1}{6}+\frac{1}{7}-\cdots+(-1)^{n+1}\frac{1}{n}$$

图 7-13 “求公式的值”运行结果示例

6. 输出菱形。

编写程序，输出以下图形。要求定义函数 f1( )，实现图形前 4 行的输出；定义函数 f2( )，实现图形后 3 行的输出；在主函数中调用这两个函数，实现图形的输出。运行结果示例如图 7-14 所示。

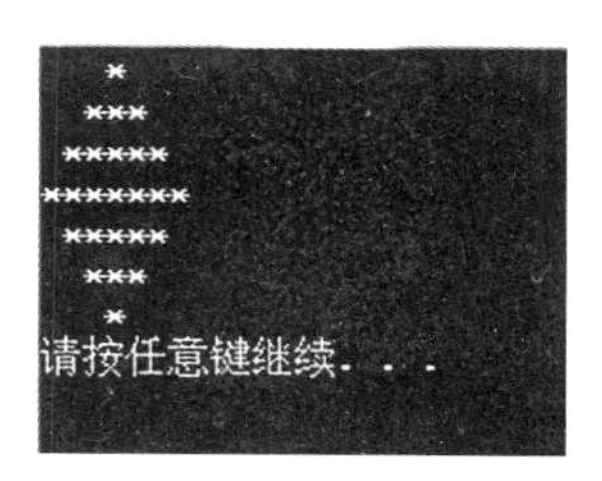

图 7-14 “输出菱形”运行结果示例

7. 判断天数。

编写函数，根据整型形参 year、month、day 的值，计算该日为该年的第几天。在主函数中输入年、月、日，调用函数，输出结果。运行结果示例如图 7-15 所示。

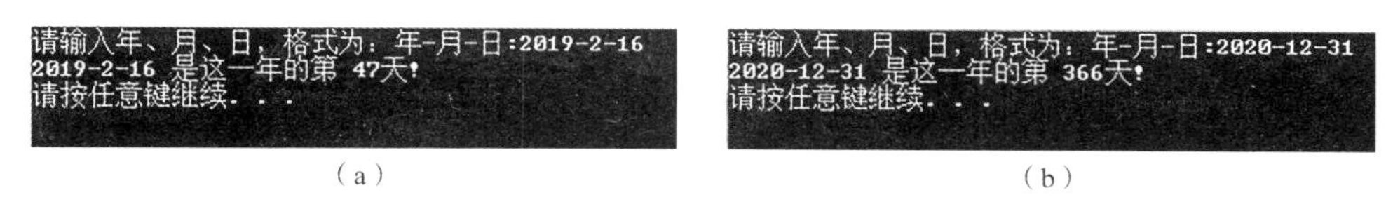

(a) (b)

图 7-15 “判断天数”运行结果示例

(a) 输入“2019-2-16”的运行结果；(b) 输入“2020-12-31”的运行结果

8. 猴子吃桃问题。

小猴摘了很多桃子，第一天吃了一半又多吃一个，第二天又吃掉一半再多吃一个，如此下去，到第十天恰好还剩一个桃子。问第一天小猴摘了多少桃子？请用递归函数的方法来实现。运行结果示例如图 7-16 所示。

图 7-16 “猴子吃桃问题”的运行结果示例

第8章　数　　组

前面的章节已介绍了C语言中的简单数据类型（如整型、单精度型、双精度型、字符型等），也介绍了简单变量的使用，但在解决实际问题时，这些简单的数据类型和简单变量却无法满足需求。例如，要解决“请输入一个班级的学生成绩，并将成绩进行升序排序”这类问题，若用简单变量的方法来实现，就会烦琐且不科学，如果数据规模增大，那么用之前介绍的简单变量的方法可能无法完成。为了便于处理这类问题，C语言提供了数组这种数据类型。本章将介绍一维数组、二维数组和字符数组的常用操作，字符串处理函数，以及数组与函数。

8.1　一维数组

数组是数目固定、类型相同的若干变量的有序集合。一个数组包含若干变量，每个变量称为一个元素，每个元素的类型都相同。在C语言中，数组属于构造数据类型，是有序数据的集合。数组中的每个元素都是属于相同数据类型的变量，这些变量在内存中占有连续的存储单元，用一个统一的数组名和下标来唯一地确定数组中的元素，如a[0]、a[1]、a[2]、…，它们就是一个名为a的数组中的元素，也称为“带下标的变量”，下标从0开始。

例如，需要对一个班级50名学生的成绩进行处理。如果只有学生人数少，比如只有5名学生，则可以定义5个简单变量存储学生成绩：

```
double a,b,c,d,e;
a=98;b=69;c=78;d=81;e=83;
```

如果学生人数多，那么定义多个变量显然不是理想的办法，因此定义一个长度为50的数组来存放一个班学生的成绩是较为常见的办法。

8.1.1　一维数组的定义

一维数组的定义格式：

```
类型名 数组名[常量表达式]
```

其中，类型名定义了数组元素的数据类型，数组名的命名规则与变量名相同，C语言用[ ]表示数组，方括号里的常量表达式表示数组元素的个数，数组元素的个数也称为数组的长度。例如：

```
double a[50];        //定义一个名为a的数组,该数组有50个双精度浮点型元素
float x[100];        //定义一个名为x的数组,该数组有100个单精度浮点型元素
int b[6];            //定义一个名为b的数组,该数组有6个整型元素
char string[10];     //定义一个名为string的数组,该数组有10个字符型元素
```

通常在定义数组时，方括号里的常量表达式为符号常量。例如：

```
#define N 6;         //编译预处理命令行,宏定义一个常量N(符号常量)
int a[N];
```

在定义上述的数组a以后，系统将为数组a在内存中开辟6个连续的存储单元，每个存储单元对应的元素分别为a[0]、a[1]、a[2]、a[3]、a[4]、a[5]。数组元素下标的下限为0，上限为元素个数减1。

8.1.2　一维数组的引用

数组与简单变量一样，一维数组必须先定义后引用。一维数组的引用方式：

数组名[下标]

其中，方括号[ ]不能省略，下标可以是整型常量、整型变量或者整型表达式。例如：

```
int a[6],i=3,j=4;
a[0]=1;
a[1]=2;
a[2]=a[0]+a[1];
a[i]=a[j-i];
a[j++]=a[0]*5+a[1]*6;
```

执行以上语句后，a[2]的值为3，a[3]的值为2，a[4]的值为17。其中，a[0]*5+a[1]*6是合法的算术表达式。总之，数组元素的使用方式与简单变量的使用方式完全相同。

注意：

（1）若数组元素的个数为N，则下标的范围为0~N-1，超出这个范围就是下标越界。系统对下标越界不查错，为避免引起内存出错，下标不要越界。

（2）与简单变量一样，数组元素在赋值之前没有确定的值。

8.1.3　一维数组的初始化

数组元素在赋值之前没有确定的值，C语言可以在定义时给各元素指定初值，这称为数组的初始化。一维数组的初始化有以下两种情况：

1）对数组的全部元素初始化

例如：

```
int a[10]={10, 11, 12, 13, 14, 15, 16, 17, 18, 19};
```

表示数组 a 的 10 个元素的值分别为：a[0]为 10、a[1]为 11、……、a[9]为 19。

若对数组全部元素初始化，那么可以不指定数组长度。例如：

```
int a[ ]={10, 11, 12, 13, 14, 15, 16, 17, 18, 19};
```

等价于：

```
int a[10]={10, 11, 12, 13, 14, 15, 16, 17, 18, 19};
```

2）对数组的部分元素初始化

例如：

```
int b[10]={0,1,2,3,4};
```

当所赋初值的个数少于所定义数组的元素个数时，系统将自动给后面的元素补以初值 0。例如：

```
int b[10]={0,1,2,3,4};
```

等价于：

```
int b[10]={0,1,2,3,4,0,0,0,0,0};
```

若对字符数组部分元素初始化，例如：

```
char c[5]={' @' };
```

等价于：

```
char c[5] = {' @' ,0, 0, 0, 0};
```

由于整数 0 对应的字符为 '\0'，故有：

```
char c[5]={' @' };
```

等价于：

```
char c[5] = {' @' , '\0' , '\0' , '\0' , '\0' };
```

对一维数组进行初始化时，应注意以下几点：

（1）数组可以在定义时给各元素指定初值，不可在执行语句中给出初始值。例如：

正确代码：int a[6]={1,2,3,4,5,6};

错误代码：int a[6];a[6]={1,2,3,4,5,6};

（2）对数组部分元素初始化，是指对前面的连续元素初始化，不能对不连续的部分元素或后面的连续元素初始化。例如：

错误代码：int a[10]={1, ,3, ,5 , ,7, ,9, ,};

错误代码：int a[10]={, , , , ,1,2,3,4,5};

（3）对数组元素初始化同一初值，必须一一写出。例如：

正确代码：int a[10]={2,2,2,2,2,2,2,2,2,2};

错误代码：int a[10]={2};

错误代码：int a[10];a=2;

【例 8-1】编写程序，定义一个含有 10 个整型元素的数组，并依次给数组元素赋值 2,4,6,…，按每行 5 个数的形式顺序输出。

代码如下：

```
#include<stdio. h>
#define M 10
main()
{   int a[M],i,k=2;
```

```
    for(i=0;i<M;i++)
      {  a[i]=k ;   k+=2;}
    for(i=0;i<M;i++)                 //顺序输出,下标值从小到大
      {  printf("%3d", a[i]);
         if((i+1)%5==0)              //利用 i 控制换行符的输出
           printf("\n");
      }
}
```

程序运行结果如下：

```
  2  4  6  8 10
 12 14 16 18 20
```

在本例程序中，对一维数组的操作用循环结构实现。第一个 for 语句，实现了对数组元素的赋值；第二个 for 语句，实现了对数组元素的按行输出。

数组的长度用符号常量表示：

```
#define M 30
```

也可以直接定义数组 a 的长度，例如：

```
int a[30];
```

【例 8-2】编写程序，定义一个一维数组，输入 6 名学生的成绩，输出成绩的平均分(保留小数点后 1 位)，以及低于平均分的人数。

代码如下：

```
#include<stdio.h>
main()
{  int n,i,s=0;
   double x[6],avg=0;
   printf("请输入 6 名学生的成绩:\n");
   for(i=0;i<6;i++)
   {  scanf("%lf",&x[i]);
      avg+=x[i];
   }
   avg/=6;
   printf("平均分:%.1f\n ",avg);
   for(i=0;i<6;i++)
   {  if(x[i]<avg)
         s++;
   }
   printf("低于平均分的人数:%d\n",s);
}
```

程序运行结果如下：

```
请输入6名学生的成绩:
90 86 78 63 58 98 ↙
平均分:78.8
低于平均分的人数:3
```

8.2 二维数组

若数组元素下标只有一个，则该数组为一维数组。若数组有两个下标，则称该数组为二维数组。一维数组表示同一类型的一组数据；二维数组表示矩阵排列的同一类型的数据，第一个下标是行下标，第二个下标是列下标。

8.2.1 二维数组的定义

二维数组的定义格式：

类型名 数组名[常量表达式1][常量表达式2]

其中，类型名与数组名与一维数组的含义相同，C语言用两个［ ］分别表示数组的第一维与第二维。常量表达式1表示第一维的长度，即二维数组的行数；常量表达式2表示第二维的长度，即二维数组的列数。例如：

```
int a[3][4];      //定义二维数组a,该数组3行4列,共有12个元素
float x[8][20];   //定义二维数组x,该数组8行20列,共有160个元素
```

二维数组与一维数组的比较如表8-1所示。

表8-1 一维数组与二维数组的比较

数组	定义	形式
一维数组	int a[9]	a[0] a[1] a[2] a[3] a[4] a[5] a[6] a[7] a[8]
二维数组	int a[3][3]	a[0][0] a[0][1] a[0][2] a[1][0] a[1][1] a[1][2] a[2][0] a[2][1] a[2][2]

注意：

定义二维数组时，必须有两个方括号。例如，不能将二维数组定义写为“int a[3,4]”。

8.2.2 二维数组的引用

引用二维数组时，必须带有两个下标。二维数组的引用方式：

数组名[下标1][下标2]

其中，两个[ ]均不能省略，下标1是行下标，下标2是列下标，下标可以是整型常量、整型变量或者整型表达式，例如：

```
int a[3][4],i=1,j=3;
a[0][1]=1;
a[i][j]=2;
```

注意：

若二维数组第一维长度为M、第二维长度为N，则该二维数组的行下标与列下标的下限均为0，上限分别为M-1、N-1，引用二维数组时，应避免下标越界。

8.2.3　二维数组的初始化

二维数组既可以看成由若干个相同类型的数据组成，也可以看成是由若干个一维数组组成（一行可以看成一个一维数组）。所以，对二维数组初始化时，既可以把数据一一按顺序列出来，也可以嵌套若干个一维数组。

1. 对二维数组的全部元素初始化

例如：

```
int a[3][4]={{1,2,3,4}, {5,6,7,8}, {9,10,11,12}};
```

或者：

```
int a[3][4]={1,2,3,4,5,6,7,8,9,10,11,12};
```

若在定义时对二维数组的所有元素赋初值，则第一维的长度可省略。例如：

```
int a[ ][4]={{1,2,3,4}, {5,6,7,8}, {9,10,11,12}};   //第一维的长度为嵌套的一维数组的个数,即3
int a[ ][4]={1,2,3,4,5,6,7,8,9,10,11,12};            //第一维的长度为12/4=3
```

2. 对二维数组的部分元素初始化

虽然可以对二维数组的部分元素初始化，但是系统将对其余元素补以初值0。

（1）用嵌套一维数组初始化。例如：

```
int a[3][4]={{1,2},{3},{8}};
```

等价于：

```
1  2  0  0
3  0  0  0
8  0  0  0
```

（2）用线性形式把数据一一列出来。例如：

```
int a[3][4]={1,2,3,8};
```

等价于：

```
1  2  3  8
0  0  0  0
0  0  0  0
```

若在定义时对二维数组的部分元素赋初值，则第一维的长度可以省略。例如：

```
int a[ ][4]={{1,2},{3},{8}};                     //第一维的长度为所嵌套的一维数组的个数,即3
```

```
int a[ ][4]={1,2,3,8};                    //第一维的长度为4/4=1
```

注意：

（1）二维数组初始化时，可以省略第一维的长度，但不能省略第二维的长度。

（2）省略第一维长度的计算方法归纳如下：

嵌套方式初始化：第一维的长度=嵌套的一维数组的个数。

线性方式初始化：第一维的长度=初值个数÷列数（不能整除时：商+1）。

【例8-3】编写程序，定义一个3行3列的二维数组，通过输入数据的方式为数组元素赋值，并以矩阵的形式输出。

代码如下：

```
#include<stdio. h>
main()
{  int a[3][3],i,j,k;
   for(i=0;i<3;i++)
      for(j=0; j<3; j++)
         scanf("% d",&a[i][j]);
   for(i=0;i<3;i++)                    //外层循环
      {  for(j=0; j<3; j++)            //内层循环
            printf("% d\t",a[i][j]);
         printf("\n");                 //①
      }
}
```

程序运行结果如下：

```
3 5 7 4 1 8 0 2 9↙
3       5       7
4       1       8
0       2       9
```

以上程序在输入9个数据时，数据之间的间隔符是空格，间隔符也可以是回车符或制表符。数据输出时，要以矩阵形式呈现，这需要在每一行数据的后面输出一个回车符，因此在以上代码的①处书写语句“printf("\n");”，该语句位于外层循环的循环体末尾，表示每输出一行数据后，紧接着输出一个回车符，起到换行的作用，这样数组元素在输出时就会呈现矩阵形式。

【例8-4】编写程序，随机产生一个元素值在50以内的3×4整数矩阵，输出该矩阵，并求矩阵各元素之和。

代码如下：

```
#include<stdio. h>
#include<time. h>
```

```
main()
{   int a[3][4],i,j,sum=0;
    srand(time(NULL));              //以时间秒数作为种子
    printf("随机数矩阵:\n");
    for(i=0;i<3;i++)
        for(j=0; j<4; j++)
          {   a[i][j]=rand()% 50; //给数组赋值 50 以内的随机数
              if((j+1)% 4==0)
                  printf("% 5d\n",a[i][j]);
              else
                  printf("% 5d ",a[i][j]);
          }
      printf("矩阵各元素之和:sum=");
      for(i=0;i<3;i++)
        for(j=0; j<4; j++)
            sum+=a[i][j];
        printf("% d\n",sum);
}
```

程序运行结果如下:

```
随机数矩阵:
   31    42     7    25
   24     4    30    12
   38    37    24    19
矩阵各元素之和:sum=293
```

以上程序中，用到了随机数函数。说明如下：

(1) 随机函数 rand()：产生一个随机数，rand()%100 表示产生的随机数在区间[0,99]中，rand()%50 表示产生的随机数在区间[0,49]中，依次类推。该函数包含在头文件 stdlib. h 中。

(2) 随机种子函数 srand()：当种子不同时，会产生不同的随机数序列；当种子相同时，产生的随机数序列就相同。该函数包含在头文件 stdlib. h 中。

(3) 时间函数 time(NULL)：获得计算机上所经过的秒数，该函数包含在头文件 time. h 中。

如果 srand()函数的种子相同，产生的随机数序列就相同，这样就失去了随机的作用，所以要寻找一个能自动变换的种子，那就是时间。程序中的语句“srand(time(NULL));”表示将时间秒数作为种子，只要种子变化，每次取数序列就是变化的，从而达到随机的目的。

8.3 字符数组

用于存放字符型数据的数组称为字符数组。字符数组的定义及其性质与其他类型的数组类似，所不同的是，字符数组除了可以存放字符型数据，还存放字符串。

8.3.1 字符数组的定义及初始化

字符数组的定义与其他数组相同，但字符数组的初始化略有不同。

1. 字符数组的定义

字符数组定义的格式如下：

```
类型名 数组名[常量表达式]
```

其中，类型名为 char。C 语言中有字符串常量，但是没有提供字符串数据类型，C 语言中的字符串用字符型一维数组来存放，并规定以字符 '\0' 作为字符串结束的标志。因此字符数组既可以存放字符型数据，也可以存放字符串。'\0' 作为字符串结束的标志，占用存储空间，但 '\0' 不计入字符串的实际长度。

例如：

```
char str[10];          //定义字符数组 str,该数组可以存放 10 个字符或存放一个长度不大于 9 的字符串
```

2. 字符数组的初始化

（1）用字符常量赋初值。例如：

```
char s[7]={ 's' , 't' , 'u' , 'd' , 'e' , 'n' , 't' };          //数组 s 存放的是字符型数据
```

又如：

```
char s[8]={ 's' , 't' , 'u' , 'd' , 'e' , 'n' , 't' , '\0' };   //数组 s 存放的是字符串
```

（2）用字符串常量赋初值。

当字符数组中存放的是字符串时，可以直接用字符串常量赋初值。例如：

```
char s[8]={ "student"};
```

或者：

```
char s[8]= "student";
```

（3）初始化时省略数组长度。

例如：

```
char s[ ]= "student";                              //省略的数组长度为 8,a[7]= '\0'
char s[ ]={ 's' , 't' , 'u' , 'd' , 'e' , 'n' , 't' };
/*省略的数组长度为 7,此数组中没有字符串结束标志,因此该字符数组不能作为字符串变量使用*/
```

注意：

（1）字符数组与字符串的区别：字符数组的每个元素中可存放一个字符，在字符数组中的有效字符后面添加 '\0'，可以把这种一维字符型数组看作字符串变量。可以说，字符串是字符数组的一种特定情况。

（2）如果字符数组初始化时，数组的长度大于初值的个数，则其余元素都存放'\0' 字符，因此该数组也存放的是字符串，例如：

```
char s[10 ]={ 's' , 't' , 'u' , 'd' , 'e' , 'n' , 't' };
```

等价于：

```
char s[10 ]={ 's' , 't' , 'u' , 'd' , 'e' , 'n' , 't' , '\0' , '\0' , '\0' };
```

8.3.2 字符数组的引用

对字符数组进行引用时，既可以对字符数组元素逐个引用，也可以对字符数组整体引用。

1. 对字符数组元素的引用

对字符数组元素的引用方式与其他数组的引用方式相同：

数组名[下标]

例如：

```
char s[7]={ 's' , 't' , 'u' , 'd' , 'e' , 'n' , 't' },i=3;
printf("% c",s[i]);
```

2. 对字符数组的整体引用

当字符数组作为字符串变量使用时，可以利用数组名对字符数组进行整体引用。

（1）输出字符串。例如：

```
char s[8]="student";
printf("% s",s);
```

（2）输入字符串。例如：

```
char s[8];
scanf("% s",s);
```

【例 8-5】字符数组元素的逐个引用。

代码如下：

```
#include<stdio. h>
main()
{   char a[][4]={{' A' ,' B' ,' C' ,' 1' },{' E' ,' F' ,' G' ,' 2' }};
    int i,j;
    for(i=0;i<2;i++)
    {   for(j=0; j<4; j++)
            printf("% c",a[i][j]);
      printf("\n");
    }
}
```

程序运行结果如下：

```
ABC1
EFG2
```

【例 8-6】字符串的整体输出。

代码如下：

```
#include<stdio. h>
main()
```

```
{   char a[]="good\nmorning";
    char b[]="visit\0Beijing";
    printf("%s\n%s\n",a,b);
  }
```

程序运行结果如下：

```
good
morning
visit
```

注意：

（1）用 printf 函数输出字符串的格式符是%s，输出项是字符串的首地址。数组名代表数组的首地址。例如，“printf("%s",a);”的以下写法是错误的：

printf("%s",a[]);

（2）输出字符串时，从输出项提供的首地址开始顺序输出各元素中的字符，直到遇到'\0'为止。

【例 8-7】字符串的整体输入与输出。

代码如下：

```
#include<stdio. h>
main()
{   char a[20],b[20];
    printf("请输入两个字符串:\n");
    scanf("%s%s",a,b);
    printf("输出两个字符串:\n");
    printf("%s\n%s\n",a,b);
}
```

程序运行结果如下：

```
请输入两个字符串:
one two books ↙
输出两个字符串:
one
two
```

以上程序在输入时，第一个输入的字符串是“one”，第二个输入的字符串是“two books”，从输出结果可以看出，空格后的字符均未输出。

注意：

用 scanf 函数输入字符串时，%s 格式说明是以用空格、回车符、制表符等间隔符表示字符串输入的结束。因此，输入一个字符串时，该字符串中不能包含空格字符。要想将包含空格符的字符串输入字符数组，可以用字符串输入函数——gets 函数。

8.3.3　字符串处理函数

调用字符串处理函数时，源文件 include 命令行中应该包含头文件名 string. h。表 8-2 中列出了一些常用的字符串处理函数。

表 8-2　常用字符串处理函数

函数类型	函数名	调用形式	功能
字符串输入函数	gets	gets(s)	从终端键盘读入字符串（包含空格符），直到读入一个换行符为止
字符串输出函数	puts	puts(s)	s 是字符串的首地址（如字符数组名）。输出从 s 地址开始，依次输出存储单元的字符，遇到第一个'\0' 字符就结束输出
字符串连接函数	strcat	strcat(s1,s2)	将 s2 所指的字符串内容连接到 s1 所指字符串的后面，并自动覆盖 s1 字符串末尾的'\0' 字符，函数返回 s1 的地址值
字符串复制函数	strcpy	strcpy(s1,s2)	将 s2 所指字符串的内容复制到 s1 所指的存储空间中，函数返回 s1 的地址值
求字符串长度函数	strlen	strlen(s)	计算 s 字符串的长度
字符串比较函数	strcmp	strcmp(s1,s2)	用来比较 s1 和 s2 所指字符串的大小。若 s1>s2，则函数值大于 0；若 s1=s2，则函数值等于 0；若 s1<s2，则函数值小于 0

【例 8-8】字符串的输入输出。

代码如下：

```
#include<stdio. h>
#include<string. h>
main()
{   char a[10],b[7]="1234567";
    gets(a);          //输入"practice makes perfect"
    puts(a);
    gets(&b[1]);   //输入"ABC"
    puts(b);
}
```

程序运行结果如下：

```
practice makes perfect ↙
practice makes perfect
ABC ↙
```

1ABC

从程序运行结果可以看出，输入的字符串“practice makes perfect”中有空格，通过 puts 函数，顺利输出完整的字符串。用 gets 函数从终端输入字符串时，可以从数组的首地址开始存储，也可以从数组的某个地址开始存储。用 puts 函数输出字符串时，遇到第一个'\0' 符号即结束输出。本例中数组 b 的字符串存储过程如表 8-3 所示。

表 8-3　字符串的输入过程

位置	b[0]	b[1]	b[2]	b[3]	b[4]	b[5]	b[6]	b[7]
原数据	1	2	3	4	5	6	7	\0
输入“ABC”	1	A	B	C	\0	6	7	\0

注意：

（1）gets 函数与 scanf 函数的区别：gets 函数只用回车作为数据结束标志，scanf 函数用空格、制表符（Tab）、回车符作为数据结束标志。当输入的字符串中间有包含空格时，适合用 gets 函数。

（2）puts 函数在输出字符串后会自动换行，而 printf 函数只有在格式控制处写上' \n'，才会输出换行符。

【例 8-9】字符串的连接与复制。

代码如下：

```
#include<stdio. h>
#include<string. h>
main()
{   char a[50]="Happy Pro",b[10]="gramming",c[]="C Language";
    strcat(a,b);
    puts(a);
    printf("strlen=% d,size=% d\n",strlen(a),sizeof(a));
    strcpy(b,c);
    puts(b);
    printf("strlen=% d,size=% d\n",strlen(b),sizeof(b));
}
```

程序运行结果如下：

```
Happy Programming
strlen=17,size=50
C Language
strlen=10,size=10
```

注意：

字符串复制函数 strcpy(s1,s2)要求 s1 数组具有足够的长度，否则不能装入所复制的字符串。同理，字符串连接函数 strcat(s1,s2)，也要求 s1 数组应具有足够的长度。

【例 8-10】字符串的比较。

代码如下：

```
#include<stdio. h>
#include<string. h>
main()
{   char a[20],b[20];
    int t;
    gets(a);         //输入“567abc”
    gets(b);         //输入“189efg”
    printf("% d\n",strcmp(a,b));
    printf("% d\n",strcmp("abcd","ABCD"));
    printf("% d\n",strcmp("abcd","abcd"));
    printf("% d\n",strcmp("abcd","abcde"));
}
```

程序运行结果如下：

```
567abc ↙
189efg ↙
1
1
0
-1
```

【例 8-11】编写程序，对输入的字符串分别统计英文字符的个数，以及数字字符的个数。

代码如下：

```
#include<stdio. h>
main()
{   char a[60];
    int ca=0,cn=0,i;
    printf("请输入字符串：");
    gets(a);         //字符串输入函数
    i=0;
    while(a[i]!='\0')
    { if(a[i]>='a' &&a[i]<='z' || a[i]>='A' &&a[i]<='Z')
            ca++;
      if(a[i]>='0' &&a[i]<='9')
            cn++;
      i++;
     }
    printf("英文字符有%d个,数字字符有%d个\n",ca,cn);
```

```
}
```

程序运行结果如下：

```
请输入字符串:ab1cd2ef345gh6↙
英文字符有8个,数字字符有6个
```

8.4 数组与函数

第7章中介绍过，当函数参数为简单变量时，数据的传递方式为“值传递”。数组元素与简单变量的用法一致，数组元素作为函数参数，因此数据的传递方式也为“值传递”。但是，当数组名作为函数参数时，就不采用“值传递”，而采用“地址传递”。

1. 数组名作为函数参数的表示方法

数组名作为函数参数的表示方法常用的有三种。

（1）数组名作为函数形参时，数组长度为空，表示不确定，例如：

```
int fun(int b[ ])
{ … }
```

若有整型数组 a[M]，M 为符号常量，则调用该函数时，数组名 a 作为实参，如调用表达式 fun(a)，那么形参数组 b 的长度不能超过实参数组 a 的长度 M。

（2）数组名作为函数形参时，数组长度为确定的值。例如：

```
int fun(int b[M])                //M 为符号常量
{ … }
```

若有整型数组 a[M]，则调用表达式与（1）中一样，如 fun(a)，但形参数组 b 的长度与实参数组 a 的长度一样。

（3）数组名作为函数形参时，数组长度为空，另一形参表示数组长度。例如：

```
int fun(int b[ ],int n)
{ … }
```

若有整型数组 a[M]，M 为符号常量，则调用该函数的调用表达式，如 fun(a,M)，a 为要处理的数组名，M 为要处理的数组的实际长度。这种数组的参数表示方法比较常用。

当多维数组作为函数参数时，除了第一维长度可以为空，其余各维的长度必须是确定的值。

【例 8-12】编写两个函数 fun1 与 fun2，分别求数组元素的累加和、累乘积。

代码如下：

```
#include<stdio. h>
#define N 5
int fun1(int b[])
{   int s=0,i;
    for(i=0;i<N;i++)
```

```
        s+=b[i];
    return (s);
}
int fun2(int p[N])
{ int t=1,i;
    for(i=0;i<N;i++)
        t*=p[i];
    return (t);
}
main( )
{ int a[N]={1,2,3,4,5};
    printf("数组元素的累加和:%d\n",fun1(a));
    printf("数组元素的累乘积:%d\n",fun2(a));
}
```

程序运行结果如下：

```
数组元素的累加和:15
数组元素的累乘积:120
```

2. 数组名作为函数参数的数据传递方式

数组名作为函数参数时，数据的传递方式是“地址传递”。函数调用时，实参数组的首地址（第一个元素的地址）传递给形参数组。这样，实参数组与形参数组共用存储区域，对形参中某一元素的存取也就是对相应的实参数组元素进行存取。这与值传递不一样，在值传递中，形参值的变化不会引起实参值的变化，而形参数组中某一元素的值变化会引起实参数组与其对应的元素值的变化。

【例 8-13】编写程序，随机产生一个元素值在 100 以内的一维整数矩阵，将数组每个元素的值加 2，并显示输出。

代码如下：

```
#include<stdio.h>
#include<stdlib.h>
#include<time.h>
void fun(int b[],int n)
{   int i;
    for(i=0;i<5;i++)
        b[i]+=2;
}
 main()
{   int i,j,a[5];
    srand(time(NULL));         //以时间秒数作为种子
    printf("原数组:\n");
    for(i=0;i<5;i++)
      {  a[i]=rand()%100;
```

```
            printf("% 5d",a[i]);
        }
    printf("\n");
    fun(a,5);
    printf("新数组:\n");
    for(i=0;i<5;i++)
        printf("% 5d",a[i]);
    printf("\n");
}
```

程序运行结果如下：

```
原数组:
  83   96   93   41   16
新数组:
  85   98   95   43   18
```

在本例程序中，把数组名 a 作为函数实参，数据的传递方式是“地址传递”，即把实参数组 a 的首地址传递给形参数组 b，形参数组中将每个数组元素的值加 2，实参数组对应的元素值也发生同样的变化。

【例 8-14】编写程序，随机产生一个元素值在 50 以内的 3×3 整数矩阵，将数组的对角线元素统一赋值为 0，并显示输出。

代码如下：

```
#include<stdio. h>
#include<stdlib. h>
#include<time. h>
array(int y[3][3],int n)
{   int i,j;
    for(i=0;i<n;i++)
        for(j=0; j<n; j++)
            if(i==j) y[i][j]=0;
}
main()
{   int i,j,x[3][3];
    srand(time(NULL));          //以时间秒数作为种子
    printf("原数组:\n");
    for(i=0;i<3;i++)
    { for(j=0; j<3; j++)
          {   x[i][j]=rand()% 50;
              printf("% 5d",x[i][j]);
          }
        printf("\n");
    }
```

```
    array(x,3);
    printf("新数组:\n");
    for(i=0;i<3;i++)
      {   for(j=0; j<3; j++)
              printf("% 5d",x[i][j]);
          printf("\n");
      }
}
```

程序运行结果如下：

```
原数组:
   28   28   32
   14   13   31
   13    2   40
新数组:
    0   28   32
   14    0   31
   13    2    0
```

在本例程序中，把数组名 x 作为函数实参，数据的传递方式是“地址传递”，即把实参数组 x 的首地址传递给形参数组 y，形参数组中将数组的对角线元素统一赋值为 0，在主函数中对实参数组进行显示输出，运行结果显示实参对应的元素值也发生同样的变化。

8.5 数组常用操作

数组是被广泛使用的一种线性存储结构，本节通过一些具体的应用问题来介绍基于数组的常用算法及其在问题求解中的应用。

8.5.1 排序

排序就是按照从小到大或者从大到小的顺序对数据进行重新排列，是数组的常用操作。排序的方法有很多，在此介绍两种常见的排序算法：冒泡排序（气泡排序）法和选择排序法。

1. 冒泡排序（气泡排序）法

冒泡排序（气泡排序）法的思路（从小到大排序）：两个相邻元素相比较，轻的（小的）上漂，重的（大的）下沉，第一轮排序后，最大元素会出现在最下面，排除最大元素，进行第二轮排序，次大元素出现在倒数第二位，依次类推，n 个元素的数组经过 $n-1$ 轮排序后，整个数组即完成从小到大的排序。

如果用冒泡排序（气泡排序）法对数进行从大到小排序，思路与从小到大排序类似，只不过是将两个相邻元素比较时，大的数在前，小的数在后，以保证小的数下沉，大的数冒泡。

以数列“9，8，5，4，2，1”为例，运用冒泡排序法实现从小到大排序，如表 8-4 所示。

表 8-4　冒泡排序法的排序过程

待排序的数列	外层的比较轮数	内层的比较次数	比较相邻的两数	比较后的数列	下沉的数
9，8，5，4，2，1	第 1 轮	第 1 次	9>8，故交换	8，9，5，4，2，1	9
		第 2 次	9>5，故交换	8，5，9，4，2，1	
		第 3 次	9>4，故交换	8，5，4，9，2，1	
		第 4 次	9>2，故交换	8，5，4，2，9，1	
		第 5 次	9>1，故交换	8，5，4，2，1，9	
8，5，4，2，1	第 2 轮	第 1 次	8>5，故交换	5，8，4，2，1	8
		第 2 次	8>4，故交换	5，4，8，2，1	
		第 3 次	8>2，故交换	5，4，2，8，1	
		第 4 次	8>1，故交换	5，4，2，1，8	
5，4，2，1	第 3 轮	第 1 次	5>4，故交换	4，5，2，1	5
		第 2 次	5>2，故交换	4，2，5，1	
		第 3 次	5>1，故交换	4，2，1，5	
4，2，1	第 4 轮	第 1 次	4>2，故交换	2，4，1	4
		第 2 次	4>1，故交换	2，1，4	
2，1	第 5 轮	第 1 次	2>1，故交换	1，2	2

从以上的过程可以看出，6 个数，进行 5 轮比较，每轮比较的次数，与轮数有关。因此，可以得到如下的规律：

（1）有 n 个数，要进行 $n-1$ 轮比较。

（2）在第 1 轮比较中，要进行 $n-1$ 次两两比较。

（3）在第 i 轮比较中，要进行 $n-i$ 次两两比较。

【例 8-15】用冒泡排序法对数组元素进行由小到大的排序。

代码如下：

```
#include<stdio. h>
main()
{   int a[10]={5,7,1,2,8,9,10,4,3,6};
    int i,j,t;
    for(i=0;i<9;i++)            //10 个数需进行 9 轮比较
        for(j=0;j<9-i;j++)      //每轮需进行 9-i 次比较
            if(a[j]>a[j+1])     //比较相邻的两个数
```

```
            {   t=a[j]; a[j]=a[j+1]; a[j+1]=t; }
    printf("排序输出:");
    for(i=0;i<10;i++)
        printf("% -3d",a[i]);
}
```

程序运行结果如下：

```
排序输出: 1  2  3  4  5  6  7  8  9  10
```

2. 选择排序法

选择排序法的思路（从小到大排序）：每一轮从待排序的数据元素中选出最小的一个元素，第一轮排序时，将第一个数与第二个数相比较，若第二个数较小，则交换，再将第一个数与第三个数比较，若第三个数较小，则交换，依次类推，第一轮排序后，最小的数被找出排在了第一位。第二轮排序时，因首位数字已是最小数，且排在第一位，就只需对剩下的数组元素进行排序，具体过程与第一轮一样。

如果用选择排序法对数列进行从大到小排序，思路与从小到大排序类似，只不过是将每轮选出的最大值放在首位。

以数列“32，84，16，5，8”为例，运用选择排序法实现从小到大排序，如表 8-5 所示。

表 8-5 选择排序法的排序过程

待排序的数列	外层的比较轮数	内层的比较次数	首位数的依次比较	比较后的数列	本轮的首位数
32，84，16，5，8	第 1 轮	第 1 次	32<84，故不变	32，84，16，5，8	5
		第 2 次	32>16，故交换	16，84，32，5，8	
		第 3 次	16<5，故交换	5，84，32，16，8	
		第 4 次	5<8，故不变	5，84，32，16，8	
84，32，16，8	第 2 轮	第 1 次	84>32，故交换	32，84，16，8	8
		第 2 次	32>16，故交换	16，84，32，8	
		第 3 次	16>8，故交换	8，84，32，16	
84，32，16	第 3 轮	第 1 次	84>32，故交换	32，84，16	16
		第 2 次	32>16，故交换	16，84，32	
84，32	第 4 轮	第 1 次	84>32，故交换	32，84	32

【例 8-16】用选择排序法对数组元素进行由小到大的排序。

代码如下：

```
#include<stdio. h>
#define N 10
void arrout(int a[ ], int n)
```

```
{   int i;
    for(i=0;i<n;i++)
        printf ("% 5d",a[i]);
    printf ("\n");
}
main()
{   int i, j,min,temp;
    int a[N]={90,30,70,50,60,100,80,40,10,20};
    printf("排序前:");
    arrout(a,N);                              //调用函数,实现数组的输出
    for(i=0;i<9;i++)                          //10 个数需进行 9 趟比较
   {   min=i;                                 //先假定当前元素是最小的
       for(j=i+1; j<10; j++)                  //每趟进行 9-i 次比较
          if(a[min]>a[j])
              min=j;                          //用 min 记录新最小元素的下标
          if(min!=i)                          //如果排序范围的第一个元素不是最小的元素
       {temp=a[i];a[i]=a[min];a[min]=temp; }  //找出的最小元素,与当前元素对调
    }
    printf("排序后:");
    arrout(a,N);                              //调用函数,实现数组的输出
}
```

程序运行结果如下：

```
排序前:  90   30   70   50   60   100   80   40   10   20
排序后:  10   20   30   40   50   60    70   80   90   100
```

8.5.2 查找最大值、最小值

查找数组中的最大值或最小值，是数组的常用操作。我们介绍两种常见的查找最值的方法，分别是记录下标法和记录元素法。

1. 记录下标法

以查找最大值为例，记录下标法的思路是：假设下标为 0 的元素为最大值，用一个变量 m 记录最大值的下标，将该元素值与剩余的元素一一比较，若发现新的最大值，则用变量 m 记录新的最大值的下标，直到遍历完所有的数组元素，此时 m 记录的就是数组最大值的下标。

【例 8-17】用记录下标法查找一维数组中的最大值。

代码如下：

```
#include<stdio. h>
main( )
{   int i,m,a[10]={25,39,56,10,1,90,88,17,43,5};
```

```
    m=0;                                //假设下标为0的元素最大,将下标赋值给m
    for(i=1;i<10;i++)
      if(a[i]>a[m])
          m=i;                          //两数比较后,将较大值的下标赋值给m
    printf("最大值:%d\n",a[m]);
}
```

程序运行结果如下：

```
最大值:90
```

2. 记录元素法

以查找最小值为例，记录元素法的思路是：假设下标为0的第一个元素为最小值，用一个变量m记录该元素值，将该元素值与剩余的元素一一比较，若发现新的最小值，则用变量m记录新的最小值，直到遍历完所有的数组元素，此时变量m记录的就是数组元素的最小值。

【例8-18】用记录元素法查找二维数组中的最小值。

代码如下：

```
#include<stdio.h>
main( )
{  int i, j, m, a[3][3]={{10,20,30},{1,2,3},{9,8,6}};
   m=a[0][0];                           //假设第一个元素最小,赋值给m
   for(i=0;i<3;i++)
      for(j=0; j<3; j++)
         if(a[i][j]<m)
            m=a[i][j];                  //两数比较后的较小值,赋值给m
   printf("最小值:%d\n",m);
}
```

程序运行结果如下：

```
最小值:1
```

8.5.3 查找数组元素

所谓查找，是指在数组中查找与给定值相同的元素。查找的方法很多，根据数据的不同特点，可以采用不同的查找算法。例如，未排序的数组，可以采用顺序查找法；已排序的数组，可以采用折半查找法。在已排序的数组中使用折半查找法可以节省时间，提高查找速度。

1. 顺序查找法

顺序查找算法的思路是：将需要查找的给定值与数组的每个元素进行比较，若发现相等的元素，则查找成功，结束查找；若未发现相等的元素，则查找失败。

【例 8-19】若有无序数组 a[10]={2，1，5，4，9，10，7，8，6，3}，输入一个整数 n，顺序查找数组。若发现有与 n 相等的数组元素，则查找成功，并输出该数组元素的下标；否则，显示未找到。

代码如下：

```
#include<stdio.h>
main()
{   int a[10]={2,1,5,4,9,10,7,8,6,3},n,i;
    printf("请输入要查找的整数:");
    scanf("%d",&n);
    for(i=0;i<10;i++)
        if(a[i]==n)
            break;          //找到,退出循环
    if(a[i]==n)
        printf("已找到,数组元素的下标是:%d\n",i);
    else
        printf("未找到\n");
}
```

程序运行结果如下（示例 1）：

```
请输入要查找的整数：5↙
已找到，数组元素的下标是：2
```

程序运行结果如下（示例 2）：

```
请输入要查找的整数：15↙
未找到
```

2. 折半查找法

折半查找法的思路是：将需要查找的给定值与中间元素相比，如果相等，则查找成功，结束查找；如果给定值小于中间元素，则与前半段的数组元素用相同的方法进行比较；如果给定值大于中间元素，则与后半段的数组元素用相同的方法进行比较，直到查找结束。

【例 8-20】若有序数组 a[10]={1,2,3,4,5,6,7,8,9,10}，输入一个整数 n，折半查找数组。若发现有与 n 相等的数组元素，则查找成功，并输出该数组元素的下标；否则，显示未找到。

代码如下：

```
#include<stdio.h>
main()
{   int a[10]={1,2,3,4,5,6,7,8,9,10},m,n,i;
    int x=0,y=9;            //x,y 表示下标的范围
    printf("请输入要查找的整数:");
```

```
    scanf("% d",&n);
    while(x<=y)              //在可查找的范围内进行查找
    {   m=(x+y)/2;
        if(n==a[m])
            break;           //找到,退出循环
        if(n<a[m])
            y=m-1;           //查找元素小于中间元素,则调整查找区间为前半段
        if(n>a[m])
            x=m+1;           //查找元素小于中间元素,则调整查找区间为后半段
    }
    if(x<=y)
        printf("已找到,数组元素的下标是:% d\n",m);
    else
        printf("未找到\n");
}
```

程序运行结果如下（示例1）：

```
请输入要查找的整数：9↙
已找到，数组元素的下标是：8
```

程序运行结果如下（示例2）：

```
请输入要查找的整数：12↙
未找到
```

8.5.4　插入数组元素

插入元素的算法思路：在数组中插入一个元素，首先要确定插入的位置，在此位置后面的元素都要往后移位，空出位置插入此元素，同时数组的长度增加1，往后移位时，也必须从最后一位元素开始。

【例8-21】插入数组元素：若已有数组a[10]={10，20，40，50，60，70}，在数组中的a[2]位置插入数据30。

代码如下：

```
#include<stdio. h>
#include<stdlib. h>
main()
{   int i,a[10]={10,20,40,50,60,70},len=6;
    int loc=2;               //插入的位置
    int data=30;             //插入的数据
    for(i=len;i>loc;i--)
        a[i]=a[i-1];         //元素后移
```

```
        a[loc]=data;            //插入数据到相应的位置
        len++;                  //有效数据个数增1
        printf("新数组:");
        for(i=0;i<len;i++)
            printf("% -4d",a[i]);
}
```

程序运行结果如下：

```
新数组: 10  20  30  40  50  60  70
```

8.5.5 删除数组元素

删除元素的算法思路：要从数组中删除一个元素，只需要把被删除元素后面的每个元素向前移动一个位置，对应元素就被后面的元素覆盖，从而实现元素的删除。

【例 8-22】若已有 a[10]={0,1,2,3,4,5,6,7,8,9}，编程实现：任意输入一个整数 x(0<=x<=9)，删除数组中下标为 x 的元素，并输出该数组。

代码如下：

```
#include<stdio. h>
main()
{   int a[10]={0,1,2,3,4,5,6,7,8,9};
    int i,x;
    printf("请输入要删除的下标:");
    scanf("% d",&x);
    while(x<0||x>9)
    {   printf("请重新输入下标:");
        scanf("% d",&x);
    }
    for(i=x;i<9;i++)
        a[i]=a[i+1];
    printf("输出新数组:");
    for(i=0;i<9;i++)                //删除1个,输出剩余的9个元素
        printf("% d ",a[i]);
}
```

程序运行结果如下（示例 1）：

```
请输入要删除的下标:5↙
输出新数组:0 1 2 3 4 6 7 8 9
```

程序运行结果如下（示例 2）：

```
请输入要删除的下标:10↙
```

请重新输入下标:3↙
输出新数组:0 1 2 4 5 6 7 8 9

8.5.6 数组在字符串中的应用

字符数组除了可以存放字符型数据，还可以存放字符串。一个二维数组可以看作一个嵌套的一维数组，而该一维数组中的每个元素又都是一个一维数组。同理，可以将一个二维字符数组看作一个一维字符串数组。例如：

```
char s[4][8];
```

在该定义中，数组 s 共有 4 个元素，每个元素可以存放 8 个字符（作为字符串使用时，最多可以存放 7 个有效字符，最后一个存储单元留给 '\0' ）。因此，可以这样认为：二维字符数组的行标决定了字符串的个数，列标决定了字符串的长度。

【例 8-23】编写程序，输入若干姓名，查找指定的姓名。

代码如下：

```
#include<stdio. h>
#include<string. h>
main()
{   int i;
    char name[5][10],a[10];
    printf("输入 5 个人的名字:");
    for(i=0;i<5;i++)
        scanf("% s",name[i]);
    printf("输入被查找人名字:");
    scanf("% s",a);
    for(i=0;i<5;i++)
        if(strcmp(name[i],a)==0)
            break;
    if(i<5)
        printf("查到此人! \n");
    else
        printf("查无此人! \n");
}
```

程序运行结果如下（示例 1）：

输入 5 个人的名字：Mike Jack Lilly Browse Kevin ↙
输入被查找人名字：Jack ↙
查到此人!

程序运行结果如下（示例 2）：

```
输入5个人的名字：Mike Jack Lilly Browse Kevin ↙
输入被查找人名字：Leo ↙
查无此人！
```

在本例程序中，一个二维字符数组中存储5个人的名字，而存储每个名字的是一个一维的字符数组。在查找指定名字时，使用字符串比较函数strcmp进行查找匹配。数组name[5][10]的数据存储情况如图8-1所示。

name[0][0]

name[0]	M	i	k	e	\0					
name[1]	J	a	c	k	\0					
name[2]	L	i	l	l	y	\0				
name[3]	B	r	o	w	s	e	\0			
name[4]	K	e	v	i	n	\0				

图8-1 字符数组的数据存储情况

【例8-24】数组计数器：输入一行字符，用数组元素作为计数器来统计每个数字字符的个数，用下标为0的元素统计字符'0'的个数，用下标为1的元素统计字符'1'的个数，依次类推。

代码如下：

```
#include<stdio.h>
main()
{   int num[10]={0},i;
    char c;
    printf("请输入一行字符:");
    while((c=getchar())!='\n')
        if(c<='9'&&c>='0')
            num[c-48]+=1;
    for(i=0;i<10;i++)
        printf("字符%d有%d个\n",i,num[i]);
}
```

程序运行结果如下：

```
请输入一行字符:12abc34efg56hi78j090 ↙
字符0有2个
字符1有1个
字符2有1个
字符3有1个
字符4有1个
字符5有1个
字符6有1个
字符7有1个
字符8有1个
```

字符 9 有 1 个

注意：
数字字符 '0' 对应的 ASCII 码值为 48。

8.6 典型案例

8.6.1 案例 1：编程求一维数组的平均值

1. 案例描述

定义一个长度为 10 的数组 a，数据类型为整型，由用户输入每个元素的值，并求 10 个数组元素的平均值，最后输出平均值。运行结果示例如图 8-2 所示。

案例 1 编程求一级数组的平均值

```
please input ten integers:
98 78 87 56 66 69 98 87 95 48
ave=78.200000
请按任意键继续. . .
```

图 8-2 案例 1 运行结果示例

2. 案例代码

```
#include<stdio. h>
#define M 10
main()
{   int a[M],i,sum=0;
    double ave;
    printf("please input ten integers:\n");
    for(i=0;i<M;i++)
    {   scanf("% d",&a[i]);
        sum+=a[i];
    }
    ave=(double)sum/M;
    printf("ave=% ld\n",ave);
}
```

注意：
平均值 ave 定义为双精度型，为了确保平均值计算结果的正确性（即确保 sum/M 的运算结果为双精度型），既可以采用将 sum 定义为双精度型，也可以采用强制运算：(double)sum/M。

8.6.2 案例2：编程求二维数组主对角线元素的累加和

1. 案例描述

案例2 编程求二维数组主对角线元素的累加和

一个二维数组对应的矩阵如下，求该二维数组主对角线上元素的累加和，并输出该累加和。运行结果示例如图 8-3 所示。

1	2	3	4	8
2	1	2	2	3
3	2	1	2	4
4	2	2	1	7
9	5	4	8	3

图 8-3 案例2运行结果示例

2. 案例代码

```
#include<stdio.h>
main()
{   int a[5][5]={{1,2,3,4,8},{2,1,2,2,3},{3,2,1,2,4},{4,2,2,1,7},{9,5,4,8,3}};
    int i,j,sum=0;
    for(i=0;i<5;i++)
       for(j=0;j<5;j++)
            if(i==j)   sum+=a[i][j];
    printf("sum=%d\n",sum);
}
```

3. 案例分析

5 行 5 列二维数组对应的主对角线与次对角线如图 8-4 所示。

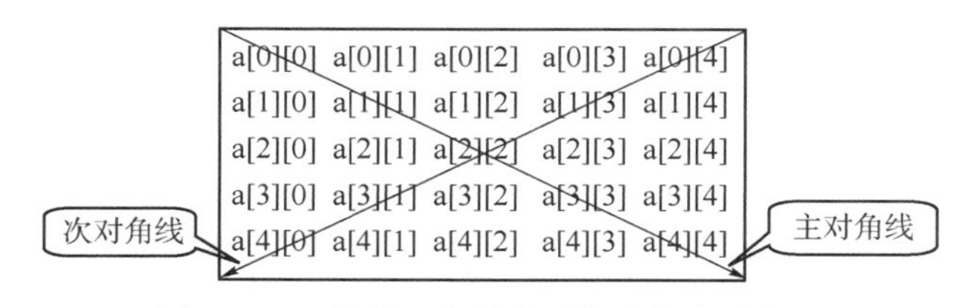

图 8-4 二维数组中的主对角线与次对角线

从图 8-4 中可以看出，主对角线与次对角线上的行下标与列下标有一定的关系。行下标用 i 表示，列下标用 j 表示时，它们的关系表达式如下：

主对角线：i==j

次对角线：i+j==4（如果行数、列数均为 M，则 i+j==M-1）

8.6.3　案例3：运用函数改变数组元素

1. 案例描述

定义函数fun，函数头部为fun(int s[ ],int n)，函数的功能是让数组s中奇数下标的数组元素值乘以10。主函数的功能：定义数组，即int a[ ] = {1,2,3,4,5}；输出变化前的数组a的元素；调用函数fun(a,5)，输出变化后的数组a的元素。运行结果示例如图8-5所示。

案例3　运用函数改变数组元素

图8-5　案例3运行结果示例

2. 案例代码

```
#include<stdio. h>
void fun(int s[],int n)
{   int i;
    for(i=0;i<n;i++)
        if(i% 2!=0)
            s[i] *=10;
}
void priarr(int s[],int n)
{   int i;
    for(i=0;i<n;i++)
        printf("% 2d ",s[i]);
    putchar('\n' );
}
main()
{   int a[]={1,2,3,4,5};
    printf("数组变化前的数据:");
    priarr(a,5);        //输出数组
    fun(a,5);
    printf("数组变化后的数据:");
    priarr(a,5);        //输出数组
}
```

3. 案例分析

（1）数组名作为函数形参时，数组长度为空，由另一形参表示数组长度，这是数组作为函数参数的常用形式。在该案例中，需要定义的函数头部为fun(int s[ ],int n)。其中，s为数组，长度为空，参数n表示该数组的长度。该函数的功能只是修改奇数下标的数组元素，并没有返回值，因此函数数据类型为void。

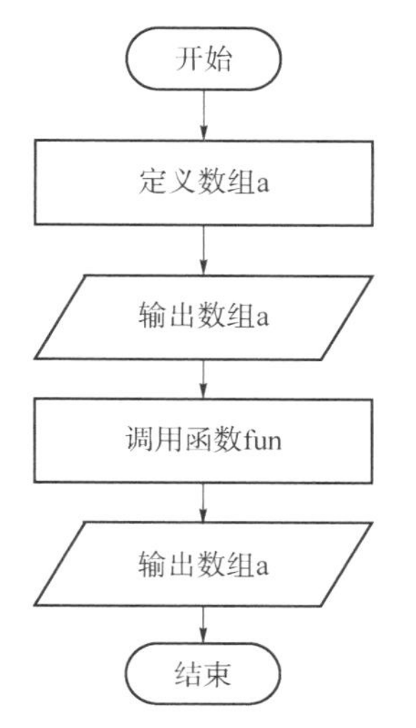

图8-6　案例3主函数流程图

（2）主函数完成四项操作，执行流程如图8-6所示。其中，输

出数组 a 重复操作两次，为了代码的简洁性，定义一个函数 priarr 实现输出数组 a 的操作任务。

8.6.4 案例 4：运用函数求数组的平均值

1. 案例描述

定义一个函数，函数功能是求数组的平均值。主函数功能是随机产生一个有 10 个元素的数组，其中的每个元素均为 100 以内的整数，调用函数并输出平均值（保留两位小数）。运行结果示例如图 8-7 所示。

案例 4 运用函数求数组的平均值

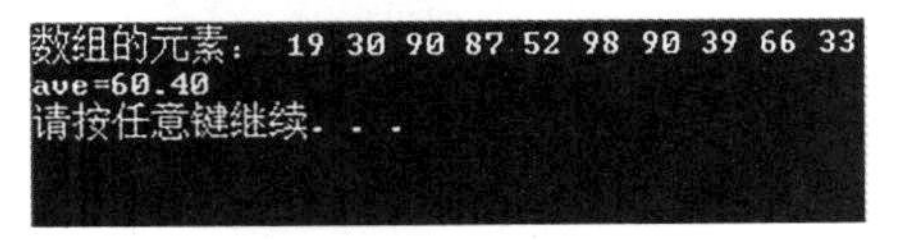

图 8-7 案例 4 运行结果示例

2. 案例代码

```
#include<stdio. h>
#include<stdlib. h>
#include<time. h>
double fun(int s[],int n)
{   int i;
    double sum=0,ave;
    for(i=0;i<n;i++)
        sum+=s[i];
    ave=sum/n;
return ave;
}
main()
{   int a[10],i;
    double ave;
    srand(time(NULL));
    for(i=0;i<10;i++)
        a[i]=rand()% 100;
    printf("数组的元素:");
    for(i=0;i<10;i++)
         printf("% 3d",a[i]);
    putchar('\n' );
    ave=fun(a,10);
    printf("ave=%. 2lf\n",ave);
}
```

3. 案例分析

案例的执行流程如图 8-8 所示。

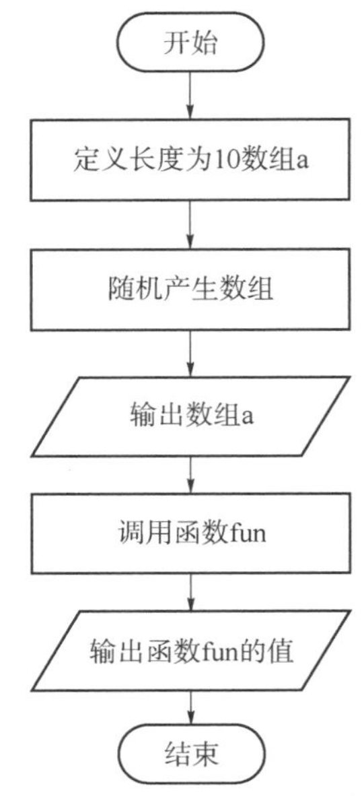

图 8-8 案例 4 主函数流程图

8.6.5 案例5：字符数组的处理

1. 案例描述

定义一个函数 proc，函数功能是将字符串中所有下标为奇数位置的字母转换为大写（若该位置上不是字母，则不转换）。运行结果示例如图 8-9 所示。

案例5 字符数组的处理

图 8-9 案例5运行结果示例

2. 案例代码

```
#include<stdio. h>
void proc(char a[]);
main()
{   char tt[81];
    printf("请输入80个字母以内的字符串:");
    gets(tt);
    proc(tt);
    printf("变化后的字符串为:");
    puts(tt);
}
void proc(char a[])
{   int i=1;
    while(a[i]!='\0' )
    {   if(a[i]>=' a' &&a[i]<=' z' )
            a[i]-=32;
        i+=2;
    }
}
```

3. 案例分析

（1）用字符数组 tt 表示字符串，字符串的输入与输出不用借助循环结构，只需要用字符串输入输出函数，即 gets(tt)与 puts(tt)。主函数的功能将变得很简单：定义字符数组→输入字符串→调用函数→输出字符串。

（2）proc 函数实现该案例的主要功能，字符数组作为函数参数的情况比较特殊，字符数组代表字符串，字符串以空字符 '\0' 作为结束符，字符串的长度不确定。因此，字符数组名作为函数形参时，数组长度为空即可。proc 函数的头部为：void proc(char a[ ])。

8.6.6 案例6：杨辉三角

1. 案例描述

杨辉三角又称贾宪三角，是由一个数字排列而成的三角形数表。请输出一个5行的直角形杨辉三角，运行结果示例如图8-10所示。

案例6 杨辉三角

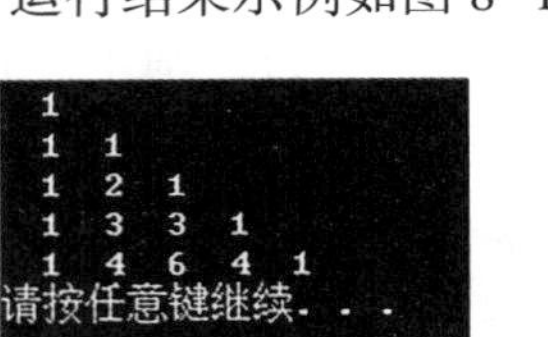

图8-10 案例6运行结果示例

2. 案例代码

```
#include <stdio. h>
main()
{   int a[5][5],i,j;
    for(i=0;i<5;i++)
      {    for(j=0; j<=i; j++)
          {   if(j==0 || i==j)
                  a[i][j]=1;
              else
                  a[i][j]=a[i-1][j-1]+a[i-1][j];
          }
      }
    for(i=0;i<5;i++)
    {   for(j=0; j<=i; j++)
            printf("% 3d",a[i][j]);
        printf("\n");
    }
}
```

3. 案例分析

要输出直角形杨辉三角，需要观察其图形规律：

（1）杨辉三角两端的数为1，即第一列的数为1，对角线位置的数为1。

（2）杨辉三角除了两端的数为1，其余的数都等于它上一行左边列和上一行同一列的两数之和。

4. 案例拓展

根据金字塔形杨辉三角的图形特点可知，三角形两条边的数字均为1，其余数字都是上一行左右两肩的数字之和，运行结果示例如图8-11所示。

图 8-11　案例 6 拓展运行结果示例

8.6.7　案例 7：信息加密处理

1. 案例描述

为了使电文保密，需要把电文明文通过加密方式变换成密文。加密规则为小写字母 z 变换为 a，大写字母 Z 变换为 A，其他字母变换为该字母 ASCII 码后 1 位的字母，其他非字母字符不变。运行结果示例如图 8-12 所示。

案例 7　信息加密处理

```
输入明文: there are zebras in the ZOO
输出密文: uifsf bsf afcsbt jo uif APP
请按任意键继续. . .
```

图 8-12　案例 7 运行结果示例

2. 案例代码

```
#include<stdio. h>
#include<string. h>
void f(char b[ ])
{   int i=0;
    while(b[i]!='\0' )
    {   if(b[i]=='z' )
            b[i]='a' ;
        else if(b[i]=='Z' )
            b[i]='A' ;
        else if((b[i]>='a' &&b[i]<'z' )||(b[i]>='A' &&b[i]<'Z' ))
            b[i]= b[i]+1;
        i++;
    }
}
main()
{   char a[50];
     printf("输入明文:");
     gets(a);
     f(a);
     printf("输出密文:%s\n",a);
}
```

3. 案例分析

程序中的电文是一个字符串，电文加密的规则分为以下 4 种情况：

（1）小写字母 z 直接变换为小写字母 a。

（2）大写字母 Z 直接变换为大写字母 A。

（3）小写字母 a~y 与大写字母 A~Y 变换为各自的后继字母，如 e 变换为 f、C 变换为 D。

（4）电文中的非字母字符保持不变。

8.7 本章小结

在本章的学习中，首先要掌握一维数组、二维数组、字符数组的定义和使用方法，接着要熟悉常用的字符串处理函数，最后还要掌握数组名作为函数参数的表示方法，以及数据传递方式。

1. 一维数组

一维数组的定义格式如下：

```
类型名 数组名[常量表达式]
```

对一维数组元素的引用方式如下：

```
数组名[下标]
```

一维数组的注意事项：

（1）数组名的命名规则与变量名的命名规则相同，但不能与其他变量名相同。

（2）在定义数组时，方括号中用常量表达式来表示数组元素的个数，不能使用变量。

（3）在引用数组时，下标可以是整型常量、整型变量或者整型表达式。下标从 0 开始计算，下标上限为数组元素个数减一。

（4）在定义数组（非字符数组）时，可以给数组中的各元素指定初值，但在执行语句中只能对单个数组元素赋值，不能对整个数组赋初值。

（5）对数组全部元素初始化时，可以不指定数组长度。如果指定了数组长度，那么赋值的个数不能超过数组长度。

（6）对数组部分元素初始化时，只能对前面的连续元素初始化，不能对不连续的部分元素或后面的连续元素初始化。

2. 二维数组

二维数组的定义格式如下：

```
类型名 数组名[常量表达式 1] [常量表达式 2]
```

对二维数组元素的引用方式如下：

```
数组名[下标 1][下标 2]
```

二维数组带有两个下标，可以看作由一维数组嵌套而成，每行可以当作一个一维数组。二维数组初始化时，可以省略第一维的长度，但不能省略第二维的长度。

3. 字符数组

字符数组是用来存放字符型数据或者字符串的数组，其定义和引用与其他类型的一维数组类似。如果用来存放字符串，就必须以字符 '\0' 作为字符串结束标志，且 '\0' 不计入字符串的实际长度。用函数 scanf 输入字符串时，第二个参数不需要加符号 &，直接使用数组名即可，但字符串中不能包含空格。

4. 字符串处理函数

（1）字符串输入函数——gets 函数。
（2）字符串输出函数——puts 函数。
（3）字符串连接函数——strcat 函数。
（4）字符串复制函数——strcpy 函数。
（5）求字符串长度函数——strlen 函数。
（6）字符串比较函数——strcmp 函数。

5. 数组作为函数参数的形式

1）数组元素作为实参使用

数组元素作为函数的实际参数时，与普通变量作为参数的用法是完全相同的，数据的传递方式为“值传递”，函数调用之后不会改变数组元素原来的值。

2）数组名作为函数的形参和实参使用

用数组名作为函数实参时，数据的传递方式是“地址传递”，它不是把所有数组元素的值传递给形参，而是把实参数组的首地址传给形参数组。这样，两个数组的首地址一样，占用同一段内存单元。因此，对形参数组元素值的改变也会引起实参数组对应元素值的改变。

8.8 习　　题

1. 阅读下列程序，并写出程序运行结果。

（1）以下程序的运行结果是________________。

```
#include<stdio. h>
#include<string. h>
main( )
{   char a[10]="ABCDEFG";
    a[4]=0;
    printf("% s,% d\n",a,strlen(a));
}
```

（2）以下程序的运行结果是________。

```
#include<stdio. h>
main( )
{   int a[2][2]={3,2,1,0};
    int i,j,num;
    for(i=0;i<2;i++)
        for(j=0;j<2;j++)
```

```
            a[i][j] *=2;
    num=a[0][0];
    for(i=0;i<2;i++)
      for(j=0; j<2; j++)
        if(a[i][j]>num)
          {num=a[i][j];}
    printf("% d\n",num);
}
```

（3）以下程序的运行结果是________________。

```
#include<stdio. h>
main( )
{   int k,n=0;
    char c,str[ ]= "teach";
    for(k=0; str[k];k++)
      {   c=str[k];
          switch(k)
          {   case 1: case 3: case5: putchar(c);
              printf("% d",++n); break;
              default: putchar(' N' );
          }
      }
}
```

（4）以下程序的运行结果是________。

```
#include<stdio. h>
main( )
{   int i,j,s=0,a[3][3];
    for(i=0;i<3;i++)
        for(j=0; j<=i; j++)
          a[i][j]=3 * i+j+1;
    for(i=0;i<3;i++)
        for(j=0; j<=i; j++)
            s+=a[i][j];
    printf("% d\n",s);
}
```

2. 补充下列程序

（1）设数组 a 的元素均为正整数，以下程序的功能是求 a 中奇数的个数和奇数的平均值。请将程序补充完整。

```
#include<stdio. h>
```

```
int main()
{   int a[10]={10,9,8,7,6,5,4,3,2,1};
    int k,s,i;
    float ave;
    for(i=0,k=s=0;i<10;________)
    {   if(______________)
            continue ;
        s+=________;
        k++;
    }
    if(k!=0)
    {   ave=s/k;
        printf("% d,% f\n",k,ave);
    }
}
```

（2）以下程序从数组中删除元素 a[3]，然后输出数组，请填空实现程序功能。

```
#include<stdio. h>
void main( )
{    int a[10]={0,11,22,100,33,44,55,66},len=8;
     int i;
     int ________ ;
     if(loc<len)
     {   for(i=loc;i<len;i++)
             ___________________;
         len--;
     }
     else
        printf("无此元素\n");
     for(i=0;i<len;i++)
        printf("% d,",________);
}
```

（3）按图 8-13 所示的数据规律，给数组的下三角置数，并按图中形式输出，请填空实现程序功能。

图 8-13 数组下三角数据

```
#include<stdio. h>
#define M 5
main()
{   int a[M][M]={____},i,j,k=0;
    for(j=0;j<M;j++)
      for(i=M-1;i>=j;i--)
           a[i][j]=________;
    for(i=0;i<M;i++)
```

```
    {   for(j=0;j<=i;j++)
            printf("%4d",________);
        printf("\n");
    }
}
```

8.9 综合实验

1. 寻找数组中奇数。

编写程序，定义常数 N，输入 N 个整数到数组 a[N]中，将该数组中的所有奇数放在另一个数组中并输出。运行结果示例如图 8-14 所示。

```
请输入10个数组元素：1 1 2 3 5 8 13 21 34 55
数组中的奇数有：1 1 3 5 13 21 55
请按任意键继续. . .
```

图 8-14 “寻找数组中奇数”运行结果示例

2. 数组计数器。

输入一行字符，用数组元素作为计数器来统计其中英文字母的个数（不区分大小写），用下标为 0 的元素统计字符' a' 与' A' 的个数，用下标为 1 的元素统计字符' b' 与' B' 的个数，依次类推。运行结果示例如图 8-15 所示。

图 8-15 “数组计数器”运行结果示例

3. 矩阵的转置与求和。

随机产生一个元素值在50以内的3×3整数矩阵，输出原矩阵的转置矩阵，再输出一个矩阵，其值是原矩阵与转置矩阵的和。运行结果示例如图8-16所示。

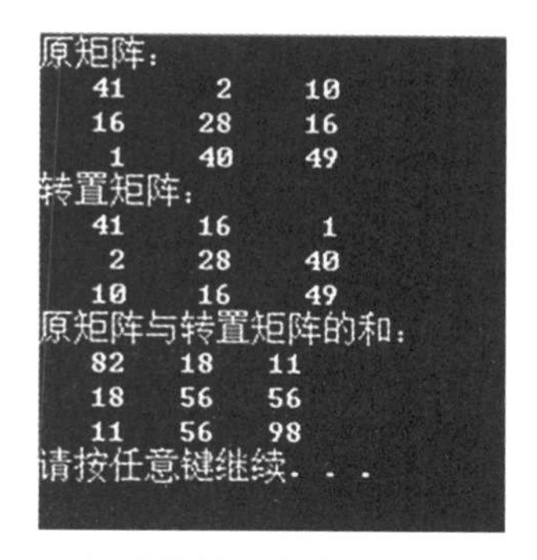

图8-16　“矩阵的转置与求和”运行结果示例

4. 求最值。

编写函数arraymax，求数组中的最大值。编写函数arraymin，求数组中的最小值。在主函数中分别调用这两个函数，求数组a[5]={9,7,3,4,6.5}的最大值和数组b[8]={70,20,5,45,89,90,78,56}的最小值并输出。运行结果示例如图8-17所示。

5. 寻找子串。

输入两个字符串，输出第二个字符串在第一个字符串中出现的次数，运用strcmp函数来实现。运行结果示例如图8-18所示。

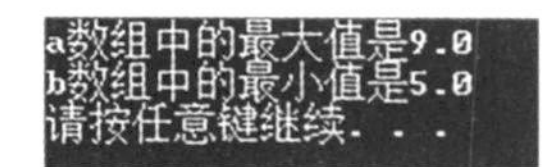

图8-17　“求最值”运行结果示例

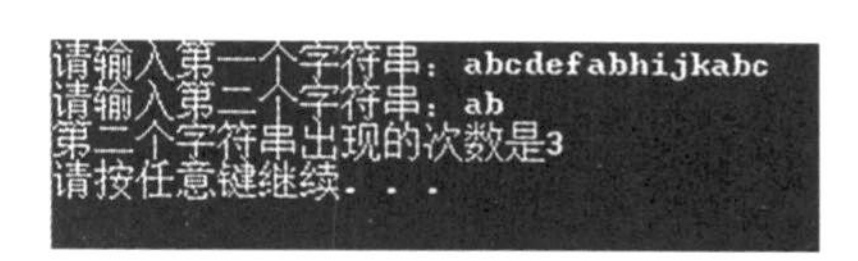

图8-18　“寻找子串”运行结果示例

6. 选大王游戏。

有n个人围成一圈，顺序排号。从第一个人开始报数，从1到M报数，凡报到M的人退出圈子，重复上述过程，游戏不断地进行，直到圈内只剩下一个人，这个人就是选出的大王，问最后的大王是原来的第几号。运行结果示例如图8-19所示。

7. 数字加密。

某公司采用公用电话传递数据，数据是四位的整数，在传递过程中是加密的。加密规则：每位数字都加上3，然后用和除以10的余数代替该数字，再将第一位和第四位交换、第二位和第三位交换。运行结果示例如图8-20所示。

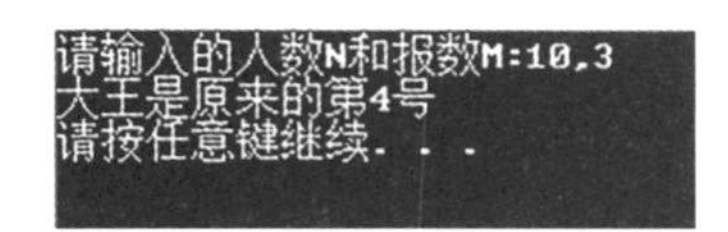

图8-19　“选大王游戏”运行结果示例

图8-20　“数字加密”运行结果示例

第 9 章　编译预处理

编译预处理是 C 语言的一个重要特点。在编译 C 语言程序时，先由编译预处理模块对源程序进行适当的处理，再对源程序进行正式编译。预编译处理的作用范围是从出现点到所在源程序的末尾。编译预处理功能是模块化程序设计的一个工具，合理地使用编译预处理功能，有利于程序的阅读、修改、移植和调试。在 C 语言中，凡是以“#”开头的命令行都称为编译预处理命令行。在前面章节中用到的#include、#define 就是编译预处理命令。本章主要介绍 C 语言提供的三种编译预处理命令：宏定义、文件包含和条件编译。

9.1　宏　定　义

C 语言的宏定义分为两种形式：不带参数的宏定义（无参宏）与带参数的宏定义（带参宏）。

1. 无参宏

无参宏是用一个简单的名字代替一个长的字符串。

无参宏的一般格式如下：

```
#define 符号常量名 字符串
```

其中，符号常量名又称为宏名，通常用大写字母表示，以区别于变量名。在程序中凡是遇到符号常量的位置，经过编译预处理后，都被替换为对应的字符串。符号常量名的有效范围为从定义命令之后到源文件结束，也可以用#undef 编译预处理命令来终止其作用域。

例如，圆周率 π 的宏定义如下：

```
#define PI 3.14159
```

在此命令后，编译预处理程序对源程序中的所有名为 PI 的位置，都用 3.14159 七个字符替换，这个过程也称为宏替换。

例如，数组的长度也通常用符号常量表示如下：

```
#define N 100
```

在此命令后，编译预处理程序对源程序中的所有名为 N（N 为数组长度）的位置，都用 100 这三个字符进行宏替换。相当于利用宏定义规定程序中数组的规模大小。

注意：

编译预处理命令行均以“#”号开始，每个命令行的结尾不得用“;”号，以区别于C语言中的定义、说明及执行语句。

【例9-1】将圆周率π定义为符号常量PI，输入半径，输出圆的周长和面积。

代码如下：

```
#include<stdio. h>
#define PI 3. 14159
main()
{    double l,s,r;
     printf("请输入半径:");
     scanf("% lf",&r);
     l=2 * PI * r;
     s=PI * r * r;
     printf("l=% f,s=% f\n",l,s);
}
```

在本例中，使用宏定义把PI定义为3. 14159，当需要调整圆周率的精度时，只需更改宏定义语句中PI后面的字符串，其他程序代码完全不用更改，很大程度上方便了程序的修改工作。

2. 带参宏

除了简单的宏定义外，C语言预处理程序还允许定义带参数的宏。

带参宏的一般格式如下：

#define 符号常量名(参数表) 字符串

例如：

#define S(r) PI * r * r

【例9-2】使用带参宏，输出圆的周长和面积。

代码如下：

```
#include<stdio. h>
#define PI 3. 14159
#define S(r) PI * r * r
#define L(r) 2 * PI * r
main()
{    double l,s,r;
     printf("请输入半径:");
     scanf("% lf",&r);
     l=L(r);
     s=S(r);
     printf("l=% f s=% f\n",l,s);
}
```

由于宏替换只做简单的字符串替换，因此若字符串中有运算符，建议将各参数及整个字符串表达式都用圆括号括起，否则宏替换后，由于运算符优先级的不同，结果可能会出现偏差。

例如：

```
#define PF1(x) x * x
#define PF2(x) (x) * (x)
#define PF3(x) ((x) * (x))
```

若有 a=2，b=0，则

c=PF1(a+a)/PF1(a-b)→c=2+2 * 2+2/2-0 * 2-0=7

c=PF2(a+a)/PF2(a-b)→c=(2+2) * (2+2)/(2-0) * (2-0)= 16

c=PF3(a+a)/PF3(a-b)→c=((2+2) * (2+2))/((2-0) * (2-0))= 4

9.2 文件包含

文件包含是指在一个文件中将另一个文件的全部内容包含进来。

文件包含的一般格式如下：

#include<文件名>

或者：

#include"文件名"

在编译预处理时，用包含文件中的内容来替换此命令行。其中，系统文件名用尖括号括起来，表示直接到指定的文件目录去寻找这些文件；用户文件名用双引号括起来，表示在当前目录寻找，如果找不到，就到包含文件目录中去寻找。

文件包含的#include 命令行通常写在所用源程序文件的开头，如图 9-1 所示（A、B 分别为 file1. c、file2. c 的程序段），因此包含文件又称头文件。

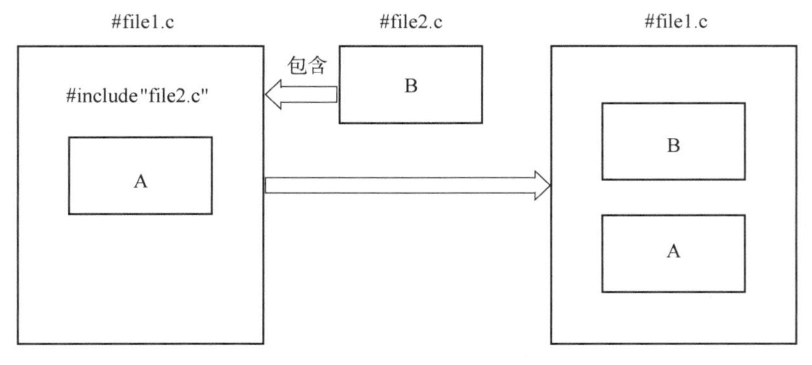

图 9-1　文件包含示意图

【例 9-3】文件包含示例。

源程序文件 file1. c 中的代码如下：

```
#include<stdio.h>
#include"file2.c"
main()
{   printf("%d\n", sum(1,100));
}
```

被包含的源程序文件 file2. c 中的代码如下：

```
int sum(int m,int n)
{   int i,sum=0;
    for(i=m;i<=n;i++)   sum+=i;
    return sum;
}
```

程序运行结果如下：

```
5050
```

在编译 file1. c 文件时，编译预处理程序用 file2. c 文件的所有文本来替换命令行“#include"file2. c"”。因此，在程序中调用 sum 函数，能够正确输出 1～100 的和。

前面章节中的程序在使用#include 命令时，都是调用库函数中的文件。引用不同的库函数时，在源文件中所包含的头文件也是不同的。C 语言提供的常用标准头文件如表 9-1 所示。

表 9-1 常用标准头文件

头文件	库函数
stdio. h	输入输出函数
stdlib. h	system 函数、随机函数和动态分配函数
math. h	数学函数
string. h	字符串函数
ctype. h	字符函数
time. h	日期和时间函数

文件包含的#include 命令行可以写在源程序的任意位置，但一般写在一个源程序文件的开头。其中，包含的头文件可以是系统文件，也可以是用户自定义文件，其后缀不一定都用“. h”。一般来说，“. h”头文件常用来存放宏定义、数据结构定义、函数说明等。

9.3 条件编译

条件编译是指预处理器根据条件编译指令，有条件地选择源程序代码中的一部分进行编译。

条件编译命令主要有#ifdef、#ifndef、#if 三种形式。

1. #ifdef 形式

#ifdef 形式的一般格式如下：

```
#ifdef 标识符
    程序段 1
[#else
    程序段 2]
#endif
```

#ifdef 形式说明：如果标识符已被#define 命令定义，则对程序段 1 进行编译，否则对程序段 2 进行编译。其中，#else 部分可以省略。

【例 9-4】标识符 UP 已定义，将输入的字符串转大写。

代码如下：

```
#include<stdio. h>
#include<string. h>
#define UP
main()
{   char s[128];
    gets(s);
    #ifdef UP
        strupr(s);
    #else
        strlwr(s);
    #endif
        puts(s);
}
```

2. #ifndef 形式

#ifndef 形式的一般格式如下：

```
#ifndef 标识符
    程序段 1
[#else
    程序段 2]
#endif
```

#ifndef 形式说明：如果标识符未被#define 命令定义，则对程序段 1 进行编译，否则对程序段 2 进行编译。同样，#else 部分可以省略。

【例 9-5】标识符 UP 未定义，将输入的字符串转小写。

代码如下：

```
#include<string. h>
#include<stdio. h>
main()
```

```
{   char s[128];
    gets(s);
    #ifndef UP
      strlwr(s);
    #else
      strupr(s);
    #endif
      puts(s);
}
```

3. #if 形式

（1）#if 形式的一般格式如下：

```
#if 表达式
    程序段 1
[#else
    程序段 2]
#endif
```

#if 形式说明：若#if 后的表达式的值为真（非 0），则对程序段 1 进行编译，否则对程序段 2 进行编译。同样，#else 部分可以省略。

（2）#if…#elif 形式的一般格式如下：

```
#if 表达式 1
    程序段 1
#elif 表达式 2
    程序段 2
…
#else
    程序段 n
#endif
```

#if…#elif 形式说明：这里的#elif 的含义是“#else if”。该形式中，若#if 后的表达式 1 的值为真（非 0），则对程序段 1 进行编译；若#elif 后的表达式 2 为真（非 0），则对程序段 2 进行编译，依次类推；若所有的表达式为假，则对程序段 n 进行编译。

注意：

#if 后的表达式不能是变量，只能是常量、常量表达式或者用#define 定义的标识符。

【例 9-6】根据标识符 INTTAG，确定字符以字符形式还是 ASCII 码值形式输出。

代码如下：

```
#include<stdio. h>
#define INTTAG 1
main( )
{   char ch;
    ch=getchar();
```

```
    #if INTTAG
        printf("% d",ch);
    #else
        puchar(ch);
    #endif
}
```

4. #undef 命令

#undef 预处理命令用来将已定义的标识符变为未定义的，即取消定义。

取消定义的一般格式如下：

#undef 标识符

例如：

#undef PI

若有程序段如下：

```
#define SIZE 10
int arr1[SIZE];
#undef SIZE
int arr2[SIZE];
```

声明数组 arr2 时，由于 SIZE 已被取消定义，因此该数组声明将发生错误。

9.4 典型案例

9.4.1 案例1：带参宏的应用

1. 案例描述

利用带参的宏定义，输出两个数中较大的数。

案例1　带参宏的应用

2. 案例代码

```
#include<stdio. h>
#define MAX(a,b) ((a)>(b)?(a):(b))
main()
{   int x,y,max;
    printf("input two numbers:");
    scanf("% d% d",&x,&y);
    max=MAX(x,y);
    printf("max=% d\n",max);
}
```

3. 案例分析

本案例中带参宏的应用，有点类似于函数。与函数不同的是，带参宏只是进行简单的字符串替换，无须考虑参数的类型和参数的返回值，因此可以用来代替功能比较简单的函数。本案例中的“MAX(a,b)”用条件表达式字符串“((a>b)?(a):(b))”代替，为了防止运算结果发生偏差，每个参数及整个表达式都要使用圆括号。

9.4.2 案例2：条件编译的应用

1. 案例描述

案例2 条件编译的应用

输入N个整数，并根据所设置的编译条件，输出其中的最大值或者最小值。运行结果示例如图9-2所示。

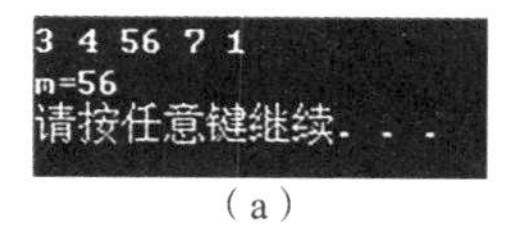

(a)

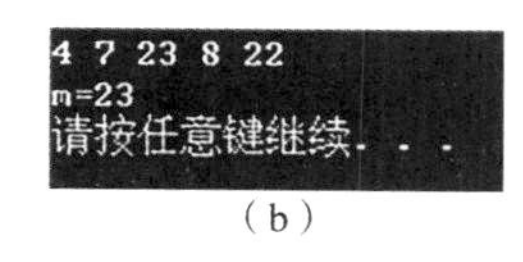

(b)

图9-2 案例2运行结果示例
(a) 将MAX定义为1时的运行结果；(b) 将MAX定义为0时的运行结果

2. 案例代码

```
#include<stdio. h>
#define MAX 1       //若#define MAX 0,将进行不同程序段的编译
#define N 5
main()
{   int i,m,arr[N];
    for(i=0;i<N;i++)   scanf("% d",&arr[i]);
    m=arr[0];
    for(i=0;i<N;i++)
    {    #if MAX
            if(m<arr[i])   m=arr[i];
         #else
            if(m>arr[i])   m=arr[i];
         #endif
    }
    printf("m=% d\n",m);
}
```

3. 案例分析

在本案例程序中，MAX为条件设置的开关，当定义其为非0（真）时，#if MAX后的语句“if(m<arr[i]) m=arr[i];”参加编译，此时求N个数中的最大值；当定义MAX为0（假）时，#else后的语句“if(m>arr[i]) m=arr[i];”参加编译，此时则求N个数中的最大值。

9.5 本章小结

在本章的学习中，要掌握无参宏与带参宏的宏定义方法，以及文件包含编译预处理命令。

1. 宏定义

无参宏的一般格式如下：

```
#define 符号常量名 字符串
```

带参宏的一般格式如下：

```
#define 符号常量名(参数表) 字符串
```

宏定义的注意事项：

（1）符号常量名也称为宏名，通常用大写字母表示；字符串中可以含任何字符，可以是常数、表达式、if 语句、函数等，字符串不用加上双引号，结尾也不必加上“;”，否则都算是字符串的内容部分。

（2）宏定义必须写在函数之外，其作用域为从宏定义命令开始，到有#undef 编译预处理命令的位置或者直到源程序结束。

（3）代码中的宏名如果被双引号包围，那么只是普通字符串的内容，预处理程序不会进行宏替换。

（4）宏定义允许嵌套，可以使用已经定义过的宏名，在宏展开时，由预处理程序进行层层替换。例如：

```
#define PI 3.14159          //定义宏
#define area(r) (PI * r * r) //嵌套定义宏
```

（5）带参宏定义中，参数不必指明数据类型，宏名和参数表外面的圆括号之间不能有空格。

（6）带参宏和函数的区别，可以参考表 9-2。

表 9-2　带参宏和函数的区别

对比项	带参宏	函数
处理时间	编译时	程序运行时
参数类型	无类型问题	需定义实参、形参和返回值类型
处理过程	不分配内存简单字符替换	分配内存先求实参值，再代入形参
程序长度	变长	不变
运行速度	不占用运行时间	调用和返回需占用时间

2. 文件包含

文件包含的一般格式如下：

```
#include<文件名>
```

或者：

```
#include"文件名"
```

在包含文件时，一般将系统文件名用尖括号括起来，而将用户文件名用双引号括起来。一个#include 命令只能包含一个头文件，多个头文件需要使用多个#include 命令。

3. 条件编译

条件编译是指预处理器根据条件编译指令，有条件地选择源程序代码中的一部分代码作为输出，送给编译器进行编译。主要是为了有选择性地执行相应操作，防止宏替换内容（如文件等）的重复包含。常见的条件编译指令如表 9-3 所示。

表 9-3　常见的条件编译指令

条件编译指令	说 明
#if	如果条件为真，则执行相应操作
#else	如果前面条件均为假，则执行相应操作
#elif	如果前面条件为假，而该条件为真，则执行相应操作（通常被认为是#else if）
#endif	结束相应的条件编译指令
#ifdef	如果该宏已定义，则执行相应操作
#ifndef	如果该宏未定义，则执行相应操作

9.6　习　题

1. 阅读下列程序，并写出程序运行结果。

（1）以下程序运行后输出的结果是________。

```
#include<stdio. h>
#define t 5
#define f(A,B) A>0?B:B+A
main ()
{    printf ("% d\n", f(3-t,t+3));
}
```

（2）以下程序运行后输出的结果是________。

```
#include<stdio. h>
#define N 1
#define M (N+1)
#define NUM (M+2) * M/4
void main ( )
{    int i;
```

```
    for(i=1;i<NUM;i++)    printf ("% d", i);
}
```

（3）以下程序运行后输出的结果是________。

```
#include<stdio. h>
#define f(x) x * x * x
main()
{     int a=2,b,c;
      b=f(a+1);
      c=f((a+1));
      printf ("% d,% d\n", b,c );
}
```

（4）以下程序运行后输出的结果是________。

```
#include<stdio. h>
#define LETTER 0
main()
{     char ch,str[20]="Txt File";
      int i=0;
      while((ch=str[i])!='\0' )
      {  i++;
         #if LETTER
              if(ch>=' a' &&ch<=' z' ) ch-=32;
         #else
              if(ch>=' A' &&ch<=' Z' ) ch+=32;
         #endif
         printf("% c",ch);
      }
      printf("\n");
}
```

2. 补充下列程序。

（1）下面的程序用带参宏实现判断整数 m 能否被 3 整除，填空完成程序。

```
#include<stdio. h>
#define DIVIDEDBY3(m) ________________
main()
{     int m;
      printf("Enter an integer:");
      scanf("% d",&m);
      if(________________)
           printf("% d can be divided by 3\n",m);
```

```
        else
            printf("%d cannot be divided by 3\n",m);
}
```

（2）下面的程序用条件编译实现成员模式的开启和关闭，填空完成程序。

```
#include<stdio.h>
#define MemberMode 1
main()
{   char ch;
    ________
    {   printf("Member Mode On. \n");
        printf("Are you a member?(Y/N):");
        ch=getchar();
        if(ch=='Y' || ch=='y')   printf("Welcome. ");
        else if(ch=='N' || ch=='n')   printf("Access denied. ");
        else printf("Enter error. ");
    }
    #else
        printf("Member Mode Off. ");
    ________
}
```

9.7 综合实验

1. 交换数组元素。

定义一个带参宏 swap(x,y)，用来实现 x 和 y 的交换。利用其交换一维整型数组 a[N] 和 b[N]的值。假设 N 为 5，运行结果示例如图 9-3 所示。

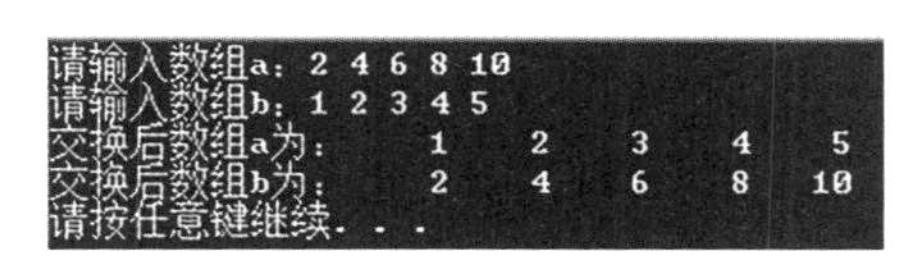

图 9-3 “交换数组元素”运行结果示例

2. 设置星号密码。

输入密码（一串字符），根据需要设置条件编译，输出密码原码，或者输出星号。运行结果示例如图 9-4 所示。

图 9-4 “设置星号密码”运行结果示例

第 10 章　指　　针

在 C 语言中，指针是一个重要概念，也是一种重要的数据类型，更是 C 语言的特色之一。运用指针可以更有效地使用复杂的数据结构，直接处理内存地址，实现函数间的数据传递，更灵活方便地操作数组和字符串。C 语言因为有了指针而更加灵活和高效，很多看似不可能的任务都是由指针完成的。对于初学者，使用好指针有一定的难度，如果对指针的使用不当，有可能导致程序失控，甚至系统崩溃。因此，正确掌握指针的概念、正确合理地使用指针是十分重要的。本章将介绍指针和指针变量的概念、指针变量的引用和运算，利用指针操作数组，利用指针操作字符串，指针与函数的关系、指针数组的定义和应用，指向指针的指针的定义和使用。

10.1　指针概述

C 语言中，一个变量实质上代表“内存中的某个存储单元”。

计算机的内存是以字节为单位的一片连续的存储空间，每一个字节都有一个编号，这个编号就称为内存地址。

同一数据类型的变量在内存中所对应的存储单元长度是固定的，变量的数据类型不同，其长度也不同。VC++ 6.0 或者 VC++ 2010 中，short int 型变量占 2 字节、int 型变量和 float 型变量占 4 字节、double 型变量占 8 字节、char 型变量占 1 字节。

若有定义“short int a,b; float x;”则变量 a、b、x 在内存中所占字节的地址示意图如图 10-1 所示。

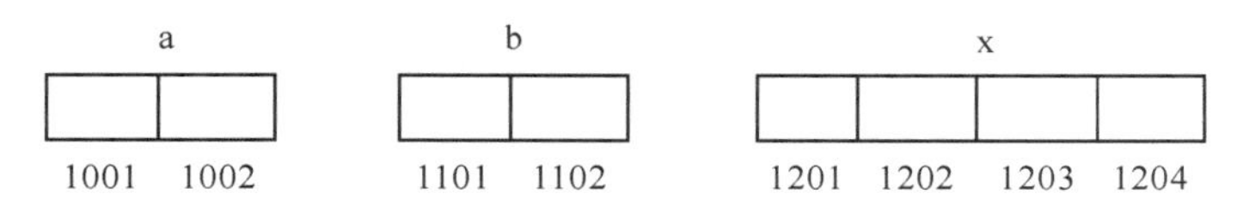

图 10-1　变量在内存中所占字节的地址示意图

在图 10-1 中，编号 1001 是变量 a 的地址（&a），编号 1101 是变量 b 的地址（&b），编号 1201 是变量 x 的地址（&x）。也就是说，每个存储单元的首字节的地址就是该存储单元的地址。

对变量进行存取操作，就是对某个地址的存储单元进行操作。因此，对变量的存取有两种方式。

（1）直接访问方式。例如，直接访问变量 a：

```
a=10;printf("% d",a);
```

（2）间接访问方式。通过地址来访问变量的方式，称为间接访问方式。例如，间接访问变量 a：用一个特殊的变量 pa 存放变量 a 的地址 &a，地址所指向的存储单元就是变量 a，地址与变量的指向关系如图 10-2 所示。指向关系是通过地址建立的，所以地址也称为指针。通过指针，可以方便地达到间接访问的目的。在图 10-2 中，变量 pa 很特殊，它存放的是 a 的地址，这种专门用来存放地址的变量称为“指针变量”。

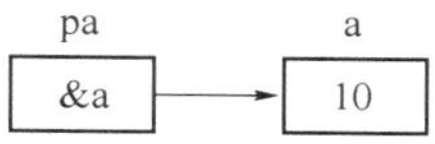

图 10-2 地址与变量的指向关系

10.2 指针变量

前面提到专门存放地址的变量称为指针变量。由于指针变量很特殊，因此其定义、引用及运算与简单变量的差异较大。

10.2.1 指针变量的定义

指针变量定义的一般格式：

```
数据类型 *指针变量名
```

其中，指针变量名前的星号 * 是一个说明符，用于说明该变量是指针变量，该星号不能省略。数据类型表示指针变量指向的变量的数据类型。

例如：

```
short int *pa, *pb;
float *px;
```

其中，指针变量 pa、pb 指向的数据类型为 short int 的存储单元，即变量 pa 和 pb 只能存放 short int 类型的变量地址，因此 short int 是指针变量 pa 和 pb 的基类型。

同理，指针变量 px 的基类型是 float，px 只能存放 float 类型的变量地址。

```
float x=1.5, *px, *py;
px=&x;
```

指针变量也可以进行初始化，以上两条代码可以改写如下：

```
float x=1.5, *px=&x, *py;
```

10.2.2 指针变量的引用

C 语言提供了两个与地址有关的运算符：取地址运算符（&）、间接访问运算符（*）。灵活利用这两个运算符，可以对指针进行引用。

1. 指针变量的赋值

利用指针变量进行间接访问之前，指针变量必须获得一个确定的地址值，才能指向该存储单元。

（1）通过取地址运算符（&）获得地址值。例如：

```
px=&x;
```

指针变量 px 获得变量 x 的地址值后，px 指向变量 x 的存储单元，指针变量 px 与变量 x 的指向关系如图 10-3 所示。取地址运算符（&）是单目运算符，其运算对象只能是变量或者数组元素，不能是表达式或者常量。

（2）通过指针变量获得地址值。例如：

```
py=px;
```

指针变量 px 赋值给指针变量 py，因此指针变量 py 也获得变量 x 的地址值，px 指向变量 x 的存储单元，指针变量 py 也指向变量 x 的存储单元。指针变量 px 与 py 同时指向变量 x，它们的指向关系如图 10-4 所示。

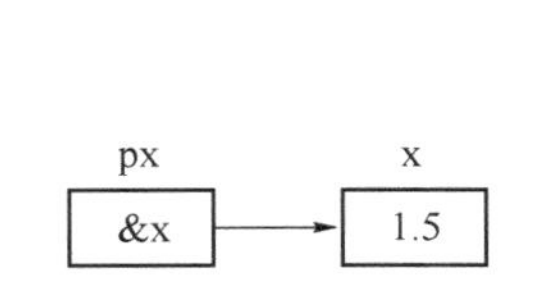

图 10-3　指针与变量的指向关系

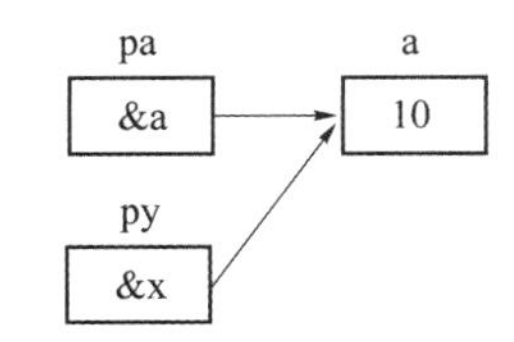

图 10-4　两个指针与变量的指向关系

（3）给指针变量赋空值。

当一个指针变量没有指向特定的对象时，可以让指针变量为空值。例如：

```
px=NULL;
```

等价于：

```
px=0;
px='\0';
```

注意：

在语句“px=0;”中，指针变量 px 并不是指向地址为 0 的存储单元，而是表示该指针没有指向，为空指针。

2. 间接访问

间接访问运算符（*）也是单目运算，运算对象只能是指针变量或者地址。当指针变量获得一个确定的地址值后，指针变量指向该地址的存储单元。利用间接访问运算符（*），就可以通过指针变量引用存储单元对应的变量。

例如：

```
int i=10, * p1=&i;
 * p1=20;
printf("% d",i);
```

当执行“p1=&i”后，指针变量获得变量 i 的地址，它们的指向关系如图 10-5 所示。

* p1 表示通过指针变量 p1 来间接访问 p1 所指向的存储单元（变量 i），即 * p1 表示指

针变量 p1 所指向的变量 i。因此，执行“p1=&i”后，*p1 与变量 i 表示同一个存储单元对应的变量，一个是间接访问，一个是直接访问，它们是等价的，当执行“*p1=20;”后，p1 所指向的存储单元值变为 20，即变量 i 的值变为 20。此时，间接访问表达式 *p1 与变量 i 的等价关系如图 10-6 所示。

图 10-5　指针变量 p1 与变量 i 的指向关系　　图 10-6　间接访问 *p1 与变量 i 的等价关系

当指针变量获得地址值后，指针的指向关系建立，利用间接访问运算符（*），就可以通过指针来访问指针所指向的对象。

注意：

在 C 语言代码中出现的（*）符号主要有三种情况：

（1）间接访问运算符（*）。其是单目运算符，运算对象只能是地址值，可以是指针变量，如“*p1”，也可以是地址表达式，如“*(&i)”。

（2）乘法算术运算符（*）。其是双目运算符，运算对象可以是变量、表达式和常量等。例如，a*b，5*3，(a+5)*(b+3)。

（3）指针变量定义语句中的一个说明符。以“int *p1;”为例，此定义语句中的 * 只是一个说明符，并不是运算符号。

【例 10-1】编写程序：定义指针变量 p，指向字符型数据；定义字符型变量 a，实现通过指针 p 间接访问变量 a。

代码如下：

```
#include<stdio.h>
main()
{   char a='#', *p;
    p=&a;
    *p='$';
    printf("a=%c\n",a);
}
```

程序运行结果如下：

```
a=$
```

【例 10-2】编写程序，定义两个指针变量，分别指向两个整型变量，交换指针。

代码如下：

```
#include<stdio.h>
main()
{   int a=7,b=8,*p,*q,*r;
```

```
    p=&a;q=&b;
    r=p; p=q; q=r;
    printf("% d,% d,% d,% d\n", * p, * q,a,b);
}
```

程序运行结果如下：

```
8,7,7,8
```

【例 10-3】编写程序，定义两个整型变量 a 与 b，定义一个指针变量 p，并利用指针实现交换变量 a 与 b 的值。

代码如下：

```
#include<stdio. h>
main()
{   int a=5,b=10, * p=&a;
    printf("交换前:a=% d,b=% d\n",a,b);
     * p=a+b;
    b= * p-b;
    a= * p-b;
    printf("交换后:a=% d,b=% d\n",a,b);
}
```

程序运行结果如下：

```
交换前:a=5,b=10
交换后:a=10,b=5
```

10.2.3 指针变量的运算

指针变量能够进行移动与比较运算。

1. 指针移动

指针移动是对指针变量加（或减）一个整数，或者通过赋值运算，使指针变量指向相邻的存储单元。指针移动一般有两种运算：①指针与整数的加减运算；②指针变量的增量、减量。

只有当指针指向连续的存储单元时，指针的移动才有意义。指向连续的存储单元的两个指针可以进行相减的运算。

例如：

```
int a[5]={10,20,30,40,50}, * p, * q;
p=&a[0];            //p 指向存储单元 a[0]
q=p+2;              //q 指向存储单元 a[2]
q++;                //q 指向存储单元 a[3]
```

```
q++;                //q 指向存储单元 a[4]
q--;                //q 指向存储单元 a[3]
p++;                //p 指向存储单元 a[1]
```

指针变量 p 与 q 的移动过程如图 10-7 所示。

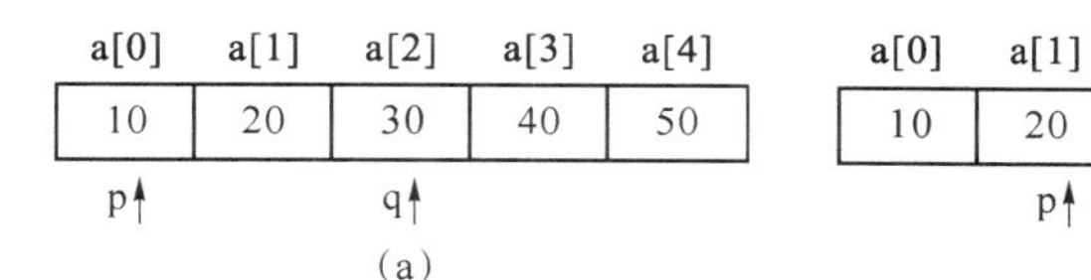

图 10-7 指针变量的移动

(a) 指针变量 p、q 初始位置；(b) 指针变量 p、q 移动后位置

2. 指针比较

在关系表达式中，可以对两个指向同一数据类型的指针变量进行比较。

例如：

```
if(p<=q)
    p++;
```

指针也可以和空值进行比较，表示指针是否为空指针。

例如：

```
if(p==0&&q!=0)
    p=q;
```

【例 10-4】 阅读以下程序，并写出程序的运行结果。

代码如下：

```
#include<stdio. h>
main()
{   int a[5]={10,20,30,40,50}, * p, * q;
    p=&a[0]; q=&a[4];
    printf("% d,% d,% d\n", * p, * q,q-p);
    p++; q--;
    printf("% d,% d,% d\n", * p, * q,q-p);
    ( * p)++; ( * q)--;
    printf("% d,% d,% d\n", * p, * q,q-p);
}
```

程序运行结果如下：

```
10,50,4
20,40,2
21,39,2
```

【例 10-5】 编程实现一个简单的文字加密程序。加密规则：将单词的第一个字母移到该单词的末尾。例如，“word” 加密后输出为 “ordw”。

代码如下：

```
#include<stdio. h>
main()
{    char s[5]={' w' ,' o' ,' r' ,' d' ,'\0' }, * p;
     p=&s[1];
     printf("加密后的单词:\n");
     while( * p!='\0' )
     {    printf("% c", * p);
          p++;
     }
     printf("% c\n",s[0]);
}
```

程序运行结果如下：

```
加密后的单词:
ordw
```

10. 3　指针与数组

一个数组在内存中占用连续的存储空间，而指针善于处理连续的存储单元，因此指针与数组之间的关系十分密切。

10. 3. 1　指针与一维数组

一维数组数组名就是地址值，因此，一维数组与指针关系密切，不仅可以通过数组名引用一维数组，还可以通过指针变量引用一维数组。

1. 数组的指针

数组在内存的起始地址（首地址）称为数组的指针。

例如：

```
int a[5]={10,20,30,40,50};
```

数组的第 0 个元素 a[0]的地址 &a[0]，是首地址。

在 C 语言中，数组名是数组的指针，数组名也表示首地址。

注意：

虽然数组名表示首地址，但它只是一个地址常量。不能作为指针变量来使用。例如，以下用法都是不合法的：

```
a++;
a=&a[0];
```

在第8章中，利用下标法对一维数组进行引用：a[0]、a[1]、a[2]、a[3]、a[4]。除了下标法，还可以利用指针来引用一维数组，有两种方法：一种是通过数组的指针（数组名）来引用一维数组；另一种是通过指针变量来引用一维数组。

2. 通过数组的指针引用一维数组元素

数组名就是数组的指针，数组名表示数组的首地址。

数组名a指向一维数组第0个元素a[0]，a+1指向第1个元素a[1]，……，a+4指向第4个元素a[4]。数组的指针与一维数组的指向关系如图10-8所示：

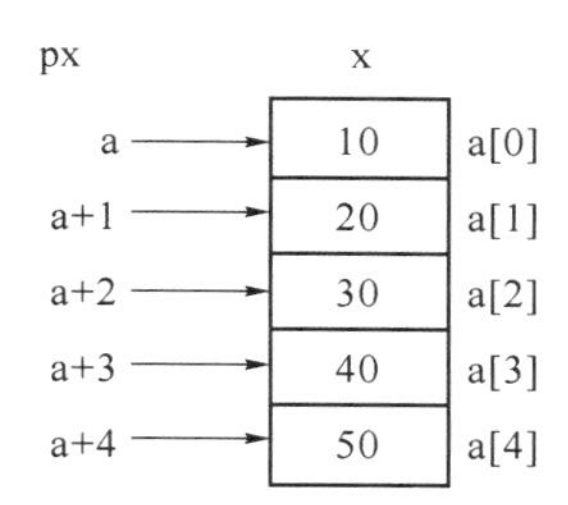

图10-8　数组的指针与一维数组的指向关系

从图10-8所示的指向关系可以看出：通过a、a+1、a+2、a+3、a+4可以间接访问数组的元素，分别为 * a、 * (a+1)、 * (a+2)、 * (a+3)、 * (a+4)。

若数组元素为a[i]，则通过数组的指针引用方式为“ * (a+i)”。

3. 通过指针变量引用一维数组元素

可以定义一个指针变量，指向数组的第0个元素，从而通过该指针变量对一维数组实现引用。例如：

```
int *p;
p=a;          //指针变量指向数组a的第0个元素
```

同样，p、p+1、p+2、p+3、p+4分别指向数组的元素a[0]、a[1]、a[2]、a[3]、a[4]。

因此，既可以通过下标法，也可以通过间接访问运算符（ * ）来引用数组a中的第i个元素。

（1）下标法：用p[i]引用a[i]。

（2）通过间接访问运算符（ * ）：用 * (p+i)引用a[i]。

注意：

若有语句“int a[5], * p=a,i;”，则对数组元素的引用方法有：①a[i]；② * (a+i)；③p[i]；④ * (p+i)。

这里的数组名a与指针变量p的引用方式类似，但是a与p的区别很大，a是地址常量，表示首地址，p是指针变量。例如：

```
a++; //不合法
p++; //合法
```

【例10-6】编写程序，从键盘输入10个整数赋值给数组各个元素，通过指针操作找出10个元素中的最小值并输出。

代码如下：

```
#include<stdio. h>
#define N 10
main()
{   int a[N], * p=a,min;
    int i;
    printf("请输入10个整数:\n");
```

```
    for(i=0;i<10;i++)
    {   scanf("%d",p+i);
    }
    min= *p;
    for(i=0;i<10;i++)
    {   if(*(p+i)<min) min= *(p+i);
    }
    printf("数组元素最小值:%d\n",min);
}
```

程序运行结果如下：

```
请输入 10 个整数:
1 2 95 84 14 23 58 -1 47 0↙
数组元素最小值: -1
```

【例 10-7】编写程序，从键盘输入 10 个整数赋值给数组各个元素，通过指针操作计算 10 个元素中的平均数并输出。

代码如下：

```
#include<stdio.h>
#define N 10
main()
{   int a[N], *p,sum=0;
    double ave;
    printf("请输入 10 个整数:\n");
    for(p=a;p<a+10;p++)
    {   scanf("%d",p);
        sum+= *p;
    }
    ave=(double)sum/10;
    printf("数组元素平均数:%lf\n",ave);
}
```

程序运行结果如下：

```
请输入 10 个整数:
25 9 89 5 -6 2 1 0 41 100↙
数组元素平均数: 26.600000
```

10.3.2 指针与二维数组

定义一个二维数组：

```
int a[3][4]={{10,11,12,13},{20,21,22,23},{30,31,32,33}};
```

其中，a 为二维数组名，该二维数组由 3 行 4 列组成，共有 12 个元素。

（1）从嵌套的角度：第 8 章中提到过，二维数组可以看成由若干个一维数组组成，将一行看成一个一维数组。二维数组 a 可以看成由 3 个一维数组组成，可形象地表示为：a[3][4]={a[0],a[1],a[2]}，a[0]表示第 0 行一维数组，a[1]表示第 1 行一维数组，a[2]表示第 2 行一维数组，它们分别由 4 个元素组成。a[0]、a[1]、a[2]代表三个一维数组名，数组名是数组的首地址，因此它们也可以代表二维数组每行第 0 个元素的地址。

（2）从二维数组的角度：a 是二维数组的首地址，也可以看成第 0 行元素的首地址，a+1 是第 1 行元素的首地址，a+2 是第 2 行元素的首地址。

虽然 a[0]、a[1]、a[2]与 a、a+1、a+2 的地址值相同，但是它们的基类型不同，a[0]、a[1]、a[2]的基类型为每行元素的数据类型，a、a+1、a+2 的基类型为行（即长度为 4 的一维数组）。

二维数组与指针的指向关系如图 10-9 所示。

从图 10-9 中可以看出，a 与 a[0]、a+1 与 a[1]、a+2 与 a[2]是指向的关系。因此，等价关系有：＊a 与 a[0]、＊(a+1)与 a[1]、＊(a+2)与 a[2]。

二维数组中第 i 行第 j 列元素的地址及值的常见表示方法有三种，如表 10-1 所示。

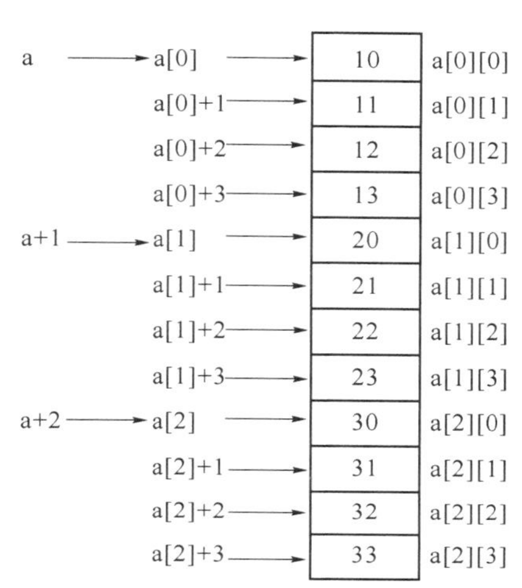

图 10-9　二维数组与指针的指向关系

表 10-1　指针与二维数组

a[i][j]元素的地址	a[i][j]元素的值
&a[i][j]	a[i][j]
a[i]+j	＊(a[i]+j)
＊(a+i)+j	＊(＊(a+i)+j)

二维数组 a 除了可以通过下标法，还可以通过间接访问运算符（＊）来引用第 i 行第 j 列的元素。间接访问方法引用二维数组中的元素应遵循的规则：先移动基类型为行的指针指向对应的一维数组，再移动指针指向该行对应列的元素。例如，要引用数组 a 中的 a[1][2]元素，先移动基类型为行的指针 a+1 到第 2 行（第 1 行为首行），通过＊(a+1)指向第 2 行首地址（此时基类型变为数组元素），再移动该指针＊(a+1)+2 到本行第 3 列（第 1 列为首列），最后通过＊(＊(a+1)+2)引用第 2 行第 3 列元素（a[1][2]）。

【例 10-8】编写程序，定义一个 3×3 矩阵，运用指针将所有元素以矩阵的形式输出。

代码如下：

```
#include<stdio. h>
#define M 3
#define N 3
main()
```

```
{   int a[M][N]={10,20,30,40,50,60,70,80,90};
    int i,j;
    for(i=0;i<M;i++)
    {   for(j=0; j<N; j++)
        {   printf("%-3d", *(*(a+i)+j));
        }
        printf("\n");
    }
}
```

程序运行结果如下：

```
10 20 30
40 50 60
70 80 90
```

10.3.3 行指针

指向二维数组某行的指针变量，称为行指针。行指针定义的一般格式：

数据类型 (*指针变量名)[常量表达式]

例如：

```
int a[3][4];          //定义数组
int(*prt)[4];         //定义行指针
```

其中，对于“(*prt)[4]”，*号先与 prt 结合，说明 prt 是一个指针变量，然后再与说明符 [4] 结合，说明指针变量 prt 的基类型是一个包含有 4 个整型元素的数组。在此，prt 的基类型与 a 的基类型相同。可以有：

```
prt=a;
```

因此，也可以用行指针 prt 引用二维数组 a 的元素。利用行指针 prt 表示二维数组 a 的对应关系如表 10-2 所示。

表 10-2 行指针与二维数组

行指针 prt	二维数组 a
prt[i][j]	a[i][j]
*(prt[i]+j)	*(a[i]+j)
((prt+i)+j)	*(*(a+i)+j)

【例 10-9】编写程序，定义一个 3×3 矩阵，通过行指针操作使得矩阵主对角线上的元素值为 1，其他元素值为 0，并按矩阵方式输出所有元素。

代码如下：

```
#include<stdio.h>
#define M 3
```

```
#define N 3
main()
{   int a[M][N]={0},(*p)[3];
    int i,j;
    p=a;
    for(i=0;i<M;i++)
    {   for(j=0;j<N;j++)
        {   if(i==j)   p[i][j]=1;
            printf("%-2d",p[i][j]);
        }
        printf("\n");
    }
}
```

程序运行结果如下：

```
1 0 0
0 1 0
0 0 1
```

10.4 指针与字符串

第 8 章中提到字符数组可以存放字符串，而数组可以用指针进行访问，因此字符串也可以用指针进行访问。

一个字符串是从其首字母开始到空字符结束。利用字符串以空字符 '\0' 作为结束符的特点，只要知道一个字符串的首地址，就能找到该字符串的所有字符。因此，字符串的首地址可以表示该字符串。

对字符串的引用可采用两种形式——字符数组、字符指针变量。

1. 字符数组

例如：

```
char s[]="student";
```

字符数组名表示字符串的首地址，它可以表示字符串。字符数组名 s 既可以表示字符串"student"第 0 个字符 's' 的地址，也可以表示从首字母开始到结束符 '\0' 之间的整个字符串"student"。

例如：

```
puts(&s[0]);        //输出字符串"student"
puts(s);            //输出字符串"student"
puts(s+1);          //输出字符串"tudent"
```

【例 10-10】 请阅读以下程序，写出程序的运行结果。

```
#include<stdio.h>
```

```
#define M 80
main()
{   char a[M]="Bill is my teacher. ";
    printf("% c\n", * a);
    printf("% s\n",a);
    ++ * a;
    printf("% c\n", * a);
    printf("% s\n",a);
    printf("% s\n",a+8);
}
```

程序运行结果如下：

```
B
Bill is my teacher.
C
Cill is my teacher.
my teacher.
```

2. 字符指针变量

例如：

```
char  * str="student";
```

在定义字符指针变量的同时，存放字符串的存储单元起始地址被赋给指针变量。指针变量 str 指向字符串"student"的第 0 个字符's'，因此，指针变量 str 是字符串"student"的首地址，它可以表示字符串"student"。

例如：

```
puts(str);          //输出字符串"student"
str++;
puts(str);          //输出字符串"tudent"
```

> **注意：**
>
> 字符数组名与字符指针变量都可以表示字符串，它们各有自己的优势。
>
> （1）由于数组名是地址常量，因此不能对其赋值，而字符指针变量可以被赋值。例如：
>
> ```
> s="teacher";     //不合法语句,s 为数组名
> str="teacher";   //合法的语句,str 为字符指针变量
> ```
>
> （2）字符数组在编译时，分配固定的内存单元，有确定的地址值；字符指针变量在定义时，未指向具体字符数据，其值未确定。

【例 10-11】编写程序，从键盘上输入一个字符串，通过指针操作统计该字符串所包含的字符个数。

代码如下：

```
#include<stdio.h>
#define M 80
main()
{   char a[M], * p;
    int len=0;
    printf("请输入一个字符串:");
    gets(a);
    p=a;
    while( * p!='\0' )
    {   len++;
        p++;
    }
    printf("字符串长度:%d\n",len);
}
```

程序运行结果如下:

```
请输入一个字符串:I am a student ↙
字符串长度:14
```

【例10-12】编写程序，从键盘上输入一个字符串，通过指针操作删除该字符串的首字母，组成一个新字符串并输出。

代码如下:

```
#include<stdio.h>
#define M 80
main()
{   char a[M], * p;
    printf("请输入一个字符串:");
    gets(a);
    p=a;
    while( * p!='\0' )
    {   * p= * (p+1);
        p++;
    }
    printf("新字符串:%s\n",a);
}
```

程序运行结果如下:

```
请输入一个字符串:Hello ↙
新字符串:ello
```

【例10-13】编写程序，从键盘上输入一个字符串，输入一个整数n，通过指针操作将字符串中第 n 个字符开始的剩余字符复制到另一个字符数组中并输出。

代码如下：

```
#include<stdio. h>
#define M 80
main()
{    char a[M],b[M], * p, * q;
     int n;
     printf("请输入一个字符串:");
     scanf("% s",a);
     printf("请输入一个整数:");
     scanf("% d",&n);
     p=a+n-1;
     q=b;
     while( * p!='\0' )
     {    * q= * p;
          p++;
          q++;
     }
      * q='\0' ;
     printf("复制得到的新字符串:% s\n",b);
}
```

程序运行结果如下：

```
请输入一个字符串:I am a student ↙
请输入一个整数:8 ↙
复制得到的新字符串:student
```

10.5 指针数组

用指向同一数据类型的指针构成一个数组，该数组就是指针数组。指针数组中的每个元素都是指针变量。

指针数组定义的一般格式：

数据类型 *数组名[常量表达式];

例如：

int *p[3];

其中[ ]的优先级高于 * 号，因此 p 首先与[ ]结合，构成 p[3]。这说明 p 是一个数组，它包含 3 个元素，分别为 p[0]、p[1]、p[2]。“int *”则说明数组 p 的每个元素都是整型指针。

指针数组既可以引用二维数组，也可以引用字符串数组。

1. 指针数组引用二维数组

例如：

```
int a[3][4],i;
for(i=0;i<3;i++)    p[i]=a[i];
```

因此，也可以用指针数组 p 来引用二维数组 a 的元素。利用指针数组 p 表示二维数组 a 的对应关系示例如表 10-3 所示。

表 10-3 指针数组与二维数组的对应关系示例

指针数组 p	二维数组 a
p[i][j]	a[i][j]
*(p[i]+j)	*(a[i]+j)
((p+i)+j)	*(*(a+i)+j)

2. 指针数组引用字符串数组

数组中的每个元素都是一个字符串，该数组就是字符串数组。利用 C 语言中数据构造的特点，很容易实现这一数据结构。主要有以下两种实现方法：

1）二维字符数组

例如：

```
char name[3][5]={"Li","Wu","Wang"};
```

各字符串在内存中的存储情况如图 10-10 所示。

2）指针数组

例如：

```
char *pname[3] ={"Li","Wu","Wang"};
```

各字符串在内存中的存储情况如图 10-11 所示。

	[0]	[1]	[2]	[3]	[4]
name[0]	L	i	\0		
name[1]	W	u	\0		
name[2]	W	a	n	g	\0

图 10-10 二维字符数组与字符串数组关系

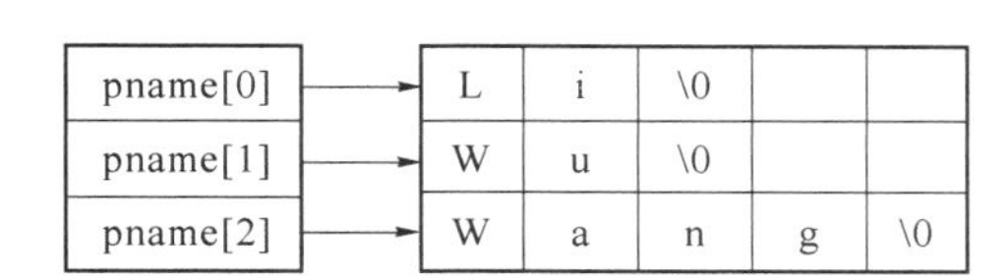

图 10-11 指针数组与字符串数组关系

【例 10-14】编写程序，实现字符串排序。

代码如下：

```
#include<stdio. h>
#include<string. h>
#define M 6
#define N 80
main()
{   char a[M][N]={"Shirelle","Childers","Ewell","Xena","Elrick","Janna"}, *p[6];
    int i,j,k;
```

```
        char t[N];
        for(i=0;i<M;i++)
        {   p[i]=a[i];
        }
        for(i=0;i<M-1;i++)
        {   k=i;
            for(j=i+1;j<M;j++)
            {   if(strcmp(p[k],p[j])>0)   k=j;
            }
            if(k!=i)
            {   strcpy(t,p[k]);
                strcpy(p[k],p[i]);
                strcpy(p[i],t);
            }
        }
        for(i=0;i<M;i++)
        {   puts(a[i]);
        }
    }
```

程序运行结果如下：

```
Childers
Elrick
Ewell
Janna
Shirelle
Xena
```

10.6 指针与函数

指针变量与间接访问极大地改变了函数的数据传递与结果返回方式。函数通过指针变量可以访问主调函数中所指向的存储单元，更为便捷地实现主调函数与被调函数之间的数据交换。

10.6.1 指针变量作为函数的参数

第 7 章函数中讨论过，当简单变量作为函数参数时，数据传递方式是值传递。函数在调用时，形参的变化不会引起实参的变化。在函数中，处理后的数据虽然可以通过 return 语句返回，但其局限性是调用一次函数只能返回一个数据。

当指针变量作为函数参数时，数据传递方式是地址传递。其特点是通过传送地址值，可以在被调用函数中对调用函数中的变量进行引用，从而可以通过形参改变对应实参的值。

若函数的形参为指针类型，则调用该函数时，对应的实参必须是基类型相同的地址值或者是已指向某个存储单元的指针变量。

1. 形参为指针变量，实参为地址值

例如：

```
#include<stdio.h>
void fun(int  * x)          //形参为指针变量
{
     * x+=5;
}
void main()
{   int a=0;
    printf("(1)a=% d\n",a);
    fun(&a);                //实参为地址值
    printf("(2)a=% d\n",a);
}
```

2. 形参为指针变量，实参为指针变量

例如：

```
#include<stdio.h>
void fun(int  * x)          //形参为指针变量
{
     * x+=5;
}
void main()
{   int a=0, * p=&a;
    printf("(1)a=% d\n",a);
    fun(p);                 //实参为指针变量
    printf("(2)a=% d\n",a);
}
```

【例 10-15】编写程序，定义函数 swap，该函数能够实现交换调用函数中两个变量的数据；主函数中定义两个变量并赋初值，输出两个变量的原值，调用函数并输出这两个变量的新值。

代码如下：

```
#include<stdio.h>
void swap(int  * ,int  * );
main( )
{   int x=30, y=20, * p, * q;
```

```
    printf("交换前:x=%d y=%d\n", x, y );
    p=&x;q=&y;
    swap(p,q);
    printf ("交换后:x=%d y=%d\n", x, y );
}
void swap(int  * a,int  * b)
{   int t;
    t= * a;
     * a= * b;
     * b=t;
}
```

程序运行结果如下：

```
交换前:x=30 y=20
交换后:x=20 y=30
```

在第 7 章中介绍过函数参数传递方式，当参数是简单变量时，调用函数与被调用函数之间的数据传递方式是值传递，数据只能从实参单向传递给形参。

例如，执行以下程序代码，交换前与交换后的数据没有变化。

```
#include<stdio. h>
void swap(int,int);
main( )
{   int x=30, y=20;
    printf("交换前:x=%d y=%d\n",x,y );
    swap(x,y);
    printf("交换后:x=%d y=%d\n",x,y );
}
void swap(int a,int b)
{   int t;
    t=a;a=b;b=t;
}
```

程序运行结果如下：

```
交换前: x=30 y=20
交换后: x=30 y=320
```

与“值传递”不同的是，当参数是指针变量时，调用函数与被调用函数之间的数据传递方式是“地址传递”，在被调用函数中可以实现对调用函数中的变量进行引用，从而可以通过形参来改变对应实参的值。在本例中，函数形参为指针变量“void swap(int * a,int * b)”；在主函数中，调用语句中的实参分别为 x、y 变量的地址“swap(&x,&y)”，此时，swap 函数中的两个形参分别指向主函数中的变量 x 与 y；在函数体中，利用间接访问运算符，通过指针变量对主函数中的变量 x、y 的值进行交换“t= * a; * a= * b; * b=t;”。

注意：

当参数是指针时，虽然函数之间的数据传递方式是地址传递，但要想通过形参来改变对应实参的值，就必须使用间接访问运算符，否则也无法改变对应实参的值。例如，执行如下 swap 函数体中的代码段，只是交换两个指针变量，将无法实现主函数中两个数据的交换。

```
int  * t;            //t 为指针变量
t=a;a=b;b=t;
```

10.6.2 数组名作为函数的参数

在第 8 章中介绍过，数组名作为函数参数时，实参是数组名，对应函数（fun）首部中的形参有三种形式：fun(int b[ ])、fun(int b[M])、fun(int b[ ],int n)。

数组名作为函数参数时，数据的传递方式是地址传递，实参数组与形参数组共用存储区域。调用函数时，实际传送给函数的是数组的起始地址，即指针。因此，实参可以是数组名或指向数组的指针变量。被调函数的形参既可以说明为以上三种的数组形式，也可以说明为指针变量。因此，数组名作为函数形参有第四种形式：fun(int * p)。

【例 10-16】编写程序，定义 10 个数的数组，利用函数实现数组元素逆序存放。

代码如下：

```
#include<stdio. h>
#define N 10
void fun(int  * b)
{   int begin,end,t;
    begin=0;
    end=N-1;
    while(begin<end)
    {   t=b[begin];
        b[begin]=b[end];
        b[end]=t;
        begin++;
        end--;
    }
}
main()
{   int a[N]={10,20,30,40,50,60,70,80,90,100},i;
    for(i=0;i<N;i++)
    {   printf("% 5d",a[i]);
    }
    printf("\n");
```

```
    fun(a);
    for(i=0;i<N;i++)
    {   printf("%5d",a[i]);
    }
    printf("\n");
}
```

程序运行结果如下：

```
  10   20   30   40   50   60   70   80   90  100
 100   90   80   70   60   50   40   30   20   10
```

10.6.3 函数的返回值为指针

函数的类型是由其返回值的类型来标识的。如果函数返回值的类型是指针，那么这个函数的类型是指针型函数。它的一般格式如下：

```
数据类型 *函数名(参数表)
{
  说明部分;
  执行部分;
}
```

【例 10-17】编写程序，求两个数的较小值。

代码如下：

```
#include<stdio.h>
int *fun(int *a,int *b)
{   if(*a<*b) return a;
    return b;
}
main()
{   int *p,x,y;
    printf("Enter two numbers:");
    scanf("%d%d",&x,&y);
    p=fun(&x,&y);
    printf("min=%d\n",*p);
}
```

程序运行结果如下：

```
Enter two numbers:25 36↙
min=25
```

10.7 指向指针的指针

指针变量本身是一种变量，因此在内存中有相应的存储单元，也可以用一个特殊的变量来存放指针变量的地址。这种用来存放指针变量地址的变量称为指向指针的指针变量，简称指向指针的指针，俗称二级指针。

指向指针的指针定义的一般格式如下：

```
数据类型 ** 指针变量名;
```

例如：

```
int **p, *s, k =20;
s=&k;
p=&s;
```

其中，s 是一级指针，当执行“s =&k;”后，s 获得整型变量 k 的地址，一级指针 s 指向简单变量 k；p 是二级指针，当执行“p =&s;”后，p 获得一级指针 s 的地址，二级指针 p 指向一级指针 s。二级指针 p、一级指针 s 及简单变量 k 之间的关系如图 10-12 所示。

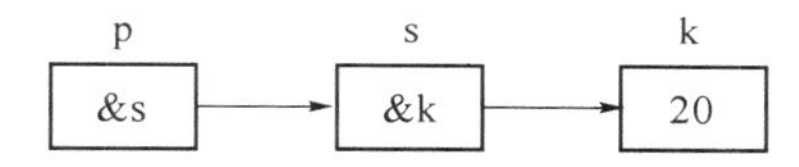

图 10-12 二级指针、一级指针与简单变量的指向关系

通过一级指针间接访问最终对象时，使用一个间接运算符（*）；通过二级指针间接访问最终对象时，必须使用两个间接运算符（**）。

例如：

```
*s=30;          //s 指向的 k 的值变为 30
**p=40;         //p 指向的 s 指向的 k 的值变为 40
```

运算符 * 的结合性是从右至左，结合间接访问运算符，*p 表示 p 指向的对象 s，*s 表示 s 指向的对象 k，因此，有这样的推导关系：**p→*(*p)→*s→k，等价关系如表 10-4 所示。

表 10-4 二级指针、一级指针的间接访问

变量名	说明	等价于
k	整型变量	*s、**p
s	一级指针	*p
p	二级指针	—

【例 10-18】阅读程序，并写出程序的运行结果。

代码如下：

```
#include<stdio. h>
main( )
{    int n=0;
     * p=&n;                    //一级指针 p 指向整型变量 n
     * * q=&p;                  //二级指针 q 指向一级指针 p
     * p=5;
     * * q=8;
    printf("n=% d\n",n);
}
```

程序运行结果如下：

```
n=8
```

10.8 典型案例

10.8.1 案例 1：指针与数组的应用

1. 案例描述

案例 1 指针与数组的应用

定义函数 void fun(int ＊pa,int n)。函数实现利用指针访问的方法，将指针指向的数组中能同时被 3 和 5 整除的元素置 0。在主函数中定义数组 int a[N]={10,20,30,40,50,60}，N 为符号常量，输出数组，然后调用 fun 函数，输出新的数组。运行结果示例如图 10-13 所示。

图 10-13 案例 1 运行结果示例

2. 案例代码

```
#include<stdio. h>
#define N 6
void fun(int * pa,int n)
{    int i;
     for(i=0;i<n;i++)
          if(pa[i]% 15==0)    pa[i]=0;
}
void priarr(int * pa,int n)
```

```
{   int i;
    for(i=0;i<n;i++)
        printf("% 3d",pa[i]);
    putchar('\n' );
}
main( )
{   int a[N]={10,20,30,40,50,60};
    printf("原数组:");
    priarr(a,N);
    fun(a,N);
    printf("新数组:");
    priarr(a,N);
}
```

3. 案例分析

1）定义函数 fun(int *pa,int n)

指针变量 pa 作为形参，指向主调函数中数组 a，利用指针变量 pa 可以对主函数中的数组进行操作。形参 n 为指针变量 pa 所指向的数组的长度。

2）定义函数 priarr(int *pa,int n)

主函数中数组输出两次，因此定义一个函数实现数组输出，该函数可以被多次调用实现多次数组输出功能，使得程序结构更好、代码更简洁。两个形参的使用方法同 1）。

3）主函数

主函数主要实现数组输出、调用函数等。在本案例中，主函数中代码的执行顺序为：定义数组 a →调用函数 priarr →调用函数 fun →调用函数 priarr。

10.8.2 案例 2：利用指针修改字符串内容

1. 案例描述

编写程序，程序的功能是：利用指针定义字符串，输入字符串，将该字符串中的数字字符改成逗号，其他字符不变，重新输出新字符串。运行结果示例如图 10-14 所示。

案例 2　利用指针修改字符串内容

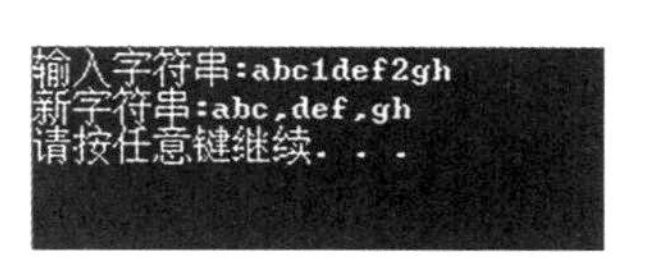

图 10-14　案例 2 运行结果示例

2. 案例代码

```
#include<stdio. h>
#define N 100
```

```
main( )
{   char s[N], * p=s,i=0;
    printf("输入字符串:");
    gets(p);
    while(p[i]!='\0' )
    {   if(p[i]>=' 0' &&p[i]<=' 9' )   p[i]=' ,' ;
        i++;
    }
    printf("新字符串:");
    puts(p);
}
```

3. 案例分析

（1）由于指针变量定义时其未指向具体字符数据，因此其值未确定。为了避免出现内存错误，在利用指针变量引用字符串时，往往先定义字符数组存放字符串，再利用指针变量指向该字符数组，实现指针对字符串的引用。例如，字符串定义语句“char s[N], * p=s;”。

（2）字符串其实是一个一维的字符数组，因此利用指针变量引用字符串，与指针变量引用一维数组类似。利用指针变量 p 引用字符串中第 i 个字符的主要形式有 p[i]或者 *(p+i)。

（3）对字符串的处理与第 8 章中对字符串的处理一样，通常用 while 语句来实现操作，循环条件表达式为“p[i]!= '\0' ”。

10.8.3 案例 3：利用指针移动字符串前导符

1. 案例描述

编写程序，程序的功能是：利用指针将字符串中的前导符号(连续的 * 号）移动到该字符串的尾部，并重新输出移动后的新字符串。运行结果示例如图 10-15 所示。

案例 3　利用指针移动字符串前导

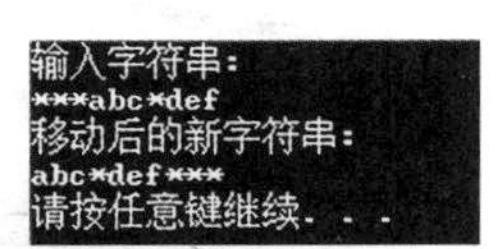

图 10-15　案例 3 运行结果示例

2. 案例代码

```
#include<stdio. h>
#include<string. h>
#define N 100
main()
{   char s[N],a[N];
    char  * p=s;
    printf("输入字符串:\n");
```

```
        gets(s);
        while(*p=='*')p++;
        strcpy(a,p);
        *p='\0';
        strcat(a,s);
        strcpy(s,a);
        printf("移动后的新字符串:\n");
        puts(s);
    }
```

3. 案例分析

(1) 定义字符串：定义两个字符数组 s[N]与 a[N]，其中字符数组 s 存放原字符串，字符数组 a 作为临时数组（存放中间数据）。

(2) 定位到非前导字符的首位：定义指针变量 p 用作遍历字符串的工具，通过指针 p 找到字符串 s 中首个非“*”号的字符。

(3) 移动前导字符：灵活利用字符串处理函数，达到将字符串中的前导符号（连续的“*”号）移动到该字符串尾部的目的。在使用字符串处理函数的过程中，要特别考虑字符串结束标志。例如，要想将前导部分连续的“*”号作为一个独立的字符串，就必须在其后面添加一个空字符'\0'。

4. 案例拓展

结合指针与字符串的特性，利用指针将字符串尾部的符号（连续的“*”号）移动到该字符串的前面，作为前导字符。运行结果示例如图 10-16 所示。

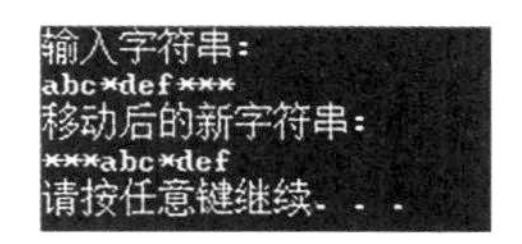

图 10-16　案例 3 拓展运行结果示例

10.8.4　案例 4：利用指针传递数据

1. 案例描述

定义一个函数 proc(int a,int b,int *c)，该函数实现将两个两位数的正整数 a、b 合并为一个整数，赋值给 c 数。合并的方式：将 a 数的十位数和个位数依次放在 c 数的个位和十位，b 数的十位数和个位数依次放在 c 数的百位和千位。主函数中输入两个数 a、b，调用函数，最终输出 c 数。运行结果示例如图 10-17 所示。

案例 4　利用指针传递数据

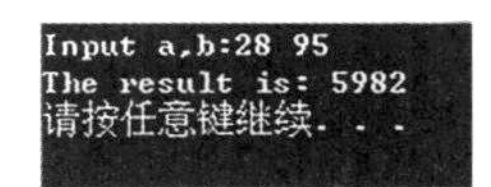

图 10-17　案例 4 运行结果示例

2. 案例代码

```
#include <stdio. h>
void proc(int a,int b,int  * c)
{
    * c=(a/10)+(a% 10) * 10+(b/10) * 100+(b% 10) * 1000;
}
main()
{    int a,b,c;
     printf("Input a,b:");
     scanf("% d% d",&a,&b);
     proc(a,b,&c);
     printf("The result is: % d\n",c);
}
```

3. 案例分析

在该函数中，数据整合过程主要涉及两个表达式的计算：求整数 x（两位数）的个位数表达式“x%10”；求整数 x（两位数）的十位数表达式“x/10”。整合以后的 c 数需要传递回调用函数，常用的办法有两种：一种是利用 return 语句，另一种是利用指针。本案例要求利用指针方法。

10.8.5　案例5：指针与函数的综合应用

1. 案例描述

案例5　指针与函数的综合应用

定义一个函数 proc(int m,int * a,int * n)，该函数求出 1～m（含 m）能被 7 或者 11 整除的所有整数，并将其放在数组 a 中，数组 a 指向调用函数中的数组，其长度通过指针 n 传回调用函数。主函数定义数组 arr 及数组长度 n，调用函数，输出数组。运行结果示例如图 10-18 所示。

```
7   11  14  21  22  28  33  35  42  44  49  55  56  63  66  70
请按任意键继续. . .
```

图 10-18　案例5运行结果示例

2. 案例代码

```
#include<stdio. h>
#define N 100
void proc(int m,int  * a,int  * n)
{   int i,k=0;
```

```
    for(i=1;i<=m;i++)
        if(i%7==0||i%11==0)
        {   a[k]=i;
            k++;
        }
        *n=k;

}
void main()
{   int arr[N]={1,2},n,k;
    proc(70,arr,&n);
    for(k=0;k<n;k++)   printf("%-4d",arr[k]);
    printf("\n");
}
```

10.8.6 案例6：二级指针的应用

1. 案例描述

请比较以下两段案例代码的运行结果，并分析其原理。

案例6 二级指针的应用

2. 案例代码

（1）案例代码一：

```
#include<stdio.h>
void fun(char *p)
{
    p="hi";
}
main()
{   char *s="abc";
    fun(s);
    puts(s);
}
```

程序运行结果如下：

```
abc
```

（2）案例代码二：

```
#include<stdio.h>
void fun(char **p)
```

```
{
    *p="hi";
}
main()
{   char *s="abc";
    fun(&s);
    puts(s);
}
```

程序运行结果如下：

```
hi
```

3. 案例分析

对两段案例代码及运行结果进行对比可发现：

（1）第一段案例代码的形参是一级指针 p，实参是一级指针 s（指向字符串"abc"），当调用函数 fun(s)时，二者共用存储空间，但当形参指向另一个字符串"hi"时，形参指向另一个存储空间，形参与实参失去指向关系。此时，形参的数据丢失，实参保持原值。

（2）第二段案例代码的形参是二级指针 p，实参是一级指针的地址 &s（指向字符串"abc"），当调用函数 fun(&s)时，二级指针 p 指向 s 的存储空间，*p="hi"相当于二级指针 p 指向的存储空间的数据更改为字符串"hi"。通过间接访问符，被调函数中的二级指针对主函数中的一级指针 s 进行引用，实现改变实参的值。

10.9 本章小结

在本章学习中，首先要掌握指针变量的定义、引用及运算，其次要掌握指针与数组、指针与字符串的关系、指针数组的定义和使用，学会通过指针引用一维和二维数组中的元素以及使用字符指针变量，最后要掌握指针与函数的关系、指向指针的定义和使用。

1. 指针变量

指针变量定义的一般格式：

```
数据类型 *指针变量名
```

指针变量的注意事项：

（1）学会用图示法来分析指针变量，理解地址与存储单元的关系。

（2）指针变量是专门用来存放地址的，对于简单变量，可以先通过取地址运算符 & 获得地址值，再赋值给指针变量。

（3）把一个指针变量赋值给另一个指针变量后，它们指向了同一个存储单元，两个变量关联在一起；而简单变量之间赋值是直接把值传给另一个变量，它们是没有关联的。

（4）取地址运算符 & 的运算对象只能是变量或者数组元素，表示取地址；间接访问运算符 * 的运算对象只能是指针变量或者地址，表示取数据。

（5）指针与整数的加减运算实际上是对指针进行移动，而不是对存储单元的值进行运算。

（6）空指针可以用 NULL、0 或者 '\0' 表示。

（7）指针变量可以相互比较，也可以直接和空值比较，所比较的是地址值。

2. 指针与数组的注意事项

（1）数组名是一个地址常量，不能被赋值，不能进行自增或者自减运算。

（2）可以通过数组的指针或者指针变量来引用一维数组元素，一般先对指针进行偏移运算，再用间接访问运算符 * 取出元素的值。例如，要引用一维数组 a 中第 2 个元素 a[1] 的值，可以通过 *(a+1) 来引用。

（3）二维数组的数组名也是一个行指针，指向一维数组的首地址。因此，要引用二维数组中的元素，就必须先移动行指针指向对应的一维数组，再移动指针指向对应列的元素。例如，要引用二维数组 a 中的元素 a[2][3]，应先通过 *(a+2) 把指针移动到第 3 行一维数组的首地址的位置，再通过 *(*(a+2) +3) 把指针移动到一维数组的第 4 列元素的位置，取出元素的值。

3. 指针与字符串

用字符数组名表示字符串时，不能对数组名进行赋值，但是可以对字符数组中的字符进行修改；用字符指针变量表示字符串时，可以对指针变量进行赋值，但不能修改字符串的值。

4. 指针数组

指针数组定义的一般格式：

```
数据类型 *数组名[常量表达式];
```

在指针数组中的所有元素保存的都是指针，通常也可以使用一维的指针数组来引用二维数组或者字符串数组中的元素，引用方法与二维数组类似，要特别注意与行指针的区别。例如，“int (*p)[4];”定义了行指针 p，是一个指针型变量，可以直接被赋值，只占用 4 字节的存储空间；“int *p[4];”定义了指针数组 p，为地址常量，不能直接被赋值，占用 16 字节的存储空间。

5. 指针与函数的注意事项

（1）指针变量或者数组名作为函数参数时，数据传递方式是地址传递，形参和实参指向同一存储单元，因此对存储单元值的修改会相互影响。

（2）指针型函数的返回值为指针。注意，在函数中，return 语句返回的数据必须是一个地址。

6. 指向指针的指针

指向指针的指针定义的一般格式：

```
数据类型 **指针变量名;
```

指向指针的指针也称为二级指针，存放的是一级指针的地址，而一级指针存放的是简单变量的地址，因此要通过二级指针间接访问最终对象时，必须使用两个间接运算符（**）。

7. 概念总结

指针数据类型的重要概念总结如表 10-5 所示。

表 10-5　指针数据类型的重要概念总结

定　义	含　义
int　* p;	p 为指向整型数据的指针变量
int　** p;	p 是一个二级指针，它指向一个指向整型数据的指针变量的指针
int　* p[N];	p 为指针数组，它由 N 个指向整型数据的指针元素组成
int (* p)[N];	p 为指向含 N 个元素的一维数组的指针变量，也称为行指针
int　* p();	p 为指针型函数，返回值为指向整型数据的指针

10.10　习　　题

1. 阅读下列程序，并写出程序运行结果。

（1）以下程序运行后输出的结果是__________________。

```
#include<stdio. h>
main()
{   int a[5]={10,20,30,40,50}, * p, * s,k=2;
    p=&a[1];
    s=p+3;
    s-=2;
    printf("% d,% d,% d,% d\n", * p, * s, * (s+k),s-p);
}
```

（2）以下程序运行后输出的结果是__________________。

```
#include<stdio. h>
int main( )
{   int x[]={1,2,3,4,5,6,7,8,9,10,11,12,13,14,15,16}, * p[4],i;
    for(i=0;i<4;i++)
       {  p[i]=&x[2 * i+1];
          printf("% d,",p[i][0]);
       }
    printf("\n");
    return 0;
}
```

（3）当从键盘输入：abc<回车>123<回车>，以下程序输出的结果是________。

```
#include<stdio. h>
void main( )
```

```
{   char a[20],b[20], * p=a, * q=b;
    gets(a);
    gets(b);
    while( * p++);
      p--;
    while( * q)
     * p++= * q++;
    * p='\0';
    puts(a);
}
```

（4）以下程序运行后输出的结果是________。

```
#include<stdio. h>
#define N 5
int fun(char  * s,char a,int n)
{   int j;
     *s=a; j=n;
    while(a<s[j]) j--;
    return j;
 }
 main( )
 {  char s[N+1];int k;
    for(k=1;k<=N;k++)
          s[k]=' A' +k+1;
    printf("% d\n",fun(s,' E' ,N));
 }
```

（5）以下程序运行后输出的结果是________。

```
#include<stdio. h>
void swap(int  * a,int  * b)
{   int t;
    t= * a; * a= * b; * b=t;
}
main( )
{   int x=3,y=5, * p=&x, * q=&y;
    swap(p,q);
    printf("% d,% d\n", * p, * q);
}
```

（6）以下程序运行后输出的结果是________。

```
#include<stdio. h>
```

```
void fun(char  * c,int d)
{    * c= * c+1;d=d+1;
      printf("% c,% c,", * c,d);
}
main( )
{    char a=' A' ,b=' a' ;
      fun(&b,a);
      printf("% c,% c\n",a,b);
}
```

2. 补充下列程序。

（1）定义一个包含 10 个元素的数组，输入数组元素后，将每个元素与对应下标相乘后输出该数组。

```
#include<stdio. h>
void main()
{   int a[10],i;
    int  * p;
    for(__________;p<a+10;p++)
        scanf("% d",p);
    for(i=0,p=a;i<10;i++,p++)
        * p= * p * ____;
    for(p=a;p<a+10;p++)
        printf("% 5d",______);
}
```

（2）编写函数，对具有 5 个元素的字符型数组，从下标为 3 的数组元素开始，全部设置“#”，保持前 3 个元素的内容不变。

```
#include "stdlib. h"
#define M 5
void set(char * , int);
void arrout(char * , int);
main()
{   char c[M] ={ ' A' , ' B' , ' C' ,'  D' , ' E' };
    set(&c[3], M-3);
    arrout(______, M);
}
void set(char  * a,int n)
{   int i;
    for(i=0;i <____; i++)
        __________=' #' ;
}
void arrout(char  * a,int n)
{   int i;
    for(i=0;i<n;i++) printf("% c", a[i]);
```

```
    printf("\n");
}
```

（3）下面程序的功能是：输入一个字符串，将字符串逆序输出。例如，输入“ABCD”，则输出“DCBA”。

```
#include<stdio. h>
int main()
{   char a[20], * p, * q,t;
        ____________;
     q=a;
    while(________)
     q++;
     q--;
   p=a;
while(p<q)
 {   t= * p; * p= * q; * q=t;
      p++;
     __________;
  }
    puts(a);
    return 0;
}
```

（4）以下 proc 函数的功能是：将字符数组 str 中字符下标为奇数的小写字母转换成对应的大写字母，结果仍保存在原字符数组中。例如，输入 abcdefg，输出 aBcDeFg。

```
#include<stdio. h>
#define M 80
void proc(char * str)
{     int i=0;
          while(____________)
      {   if(i%2!=0)
                str[i]-=______;
          ________;
      }
}
void main()
{    char str[M];
     printf("Enter the string:\n");
     gets(str);
     proc(str);
     printf("The new string:\n");
     puts(str);
}
```

10.11 综合实验

1. 数字排序。

利用指针操作的方法，编程实现以下功能：输入 3 个整数，按从小到大的顺序输出。运行结果示例如图 10-19 所示。

图 10-19 “数字排序”运行结果示例

2. 查找元素。

已知主函数中定义“int a[ ] = {1,2,3,4,5,3,8,1};”，编写 search 函数，从键盘上输入一个整数 n，查找与 n 相同的第一个数组元素，如果存在，则输出其下标值，如果不存在，则返回一个负数，并输出对应的提示信息。search 函数定义为：int search(int *a,int m,int n)，参数 a 是指向某一数组首地址的指针，m 是该数组中元素的个数，n 是被查找的数。运行结果示例如图 10-20 所示。

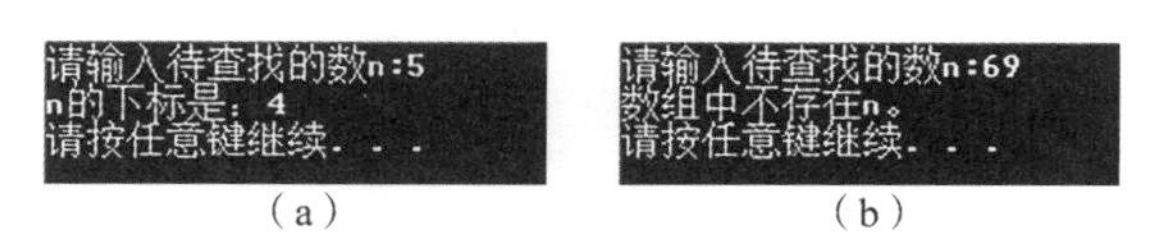

图 10-20 “查找元素”运行结果示例

（a）输入有效值的运行结果示例；（b）输入无效值的运行结果示例

3. 判断回文字符串。

编写函数 fun，该函数的功能是判断字符串是否为回文，若是，则函数返回 1，主函数中输出“YES!”，否则返回 0，主函数中输出“NO!”。回文是指顺读和逆读都一样的字符串。运行结果示例如图 10-21 所示。

图 10-21 “判断回文字符串”运行结果示例

（a）输入回文字符串的运行结果示例；（b）输入非回文字符串的运行结果示例

4. 依次输出数字字符。

定义一个字符数组，利用指针操作的方法，将字符数组中的数字字符依次输出。运行结果示例如图 10-22 所示。

5. 循环右移。

编写一个函数，利用指针作为游标，实现一维数组元素的循环右移。主函数中输入循环右移的次数，调用函数，输出新数组。运行结果示例如图 10-23 所示。

```
请输入字符串:abcde1abc23de4567
数字字符有:1234567
请按任意键继续. . .
```

图 10-22　“依次输出数字字符”运行结果示例

```
请输入数组元素的个数: 8
请输入数组元素: 10 20 30 40 50 60 70 80
请输入循环右移的次数: 3
新数组:  60 70 80 10 20 30 40 50
请按任意键继续. . .
```

图 10-23　“循环右移”运行结果示例

6. 计算子串出现的次数。

计算字符串中子串出现的次数，运用指针操作的方法实现。运行结果示例如图 10-24 所示。

```
请输入两个字符串
abcdxyiefgxyhiab
xy
子串出现的次数: 2
请按任意键继续. . .
```

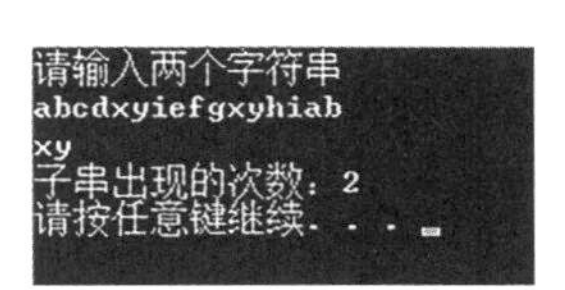

图 10-24　“计算子串出现的次数”运行结果示例

7. 删除前导星号。

编写一个程序，将字符串中的前导 * 号全部删除，中间和后面的 * 号不删除。运行结果示例如图 10-25 所示。

要求：

(1) 在主函数中输入字符串，调用函数，输出新字符串。

(2) 在被调函数“void fun(char *str)”中完成删除。

```
请输入字符串:****A*BC*DEF*G***
输出删除后的字符串:A*BC*DEF*G***
请按任意键继续. . .
```

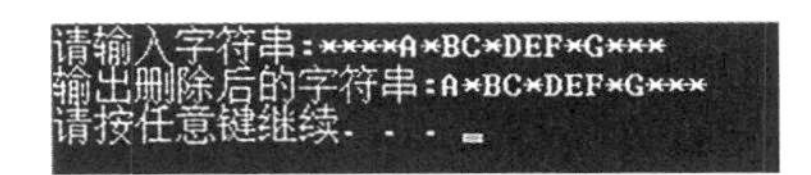

图 10-25　“删除前导星号”运行结果示例

8. 寻找最大值。

已知主函数中定义“int a[]={1,3,2,19,0};”，在主函数中调用 f 函数，找出数组 a 中的最大数并输出。f 函数定义为“int *f(int *p,int n);”，其功能是找出从 p 地址开始的 n 个整型数据中的最大值。运行结果示例如图 10-26 所示。

```
max=19
请按任意键继续. . .
```

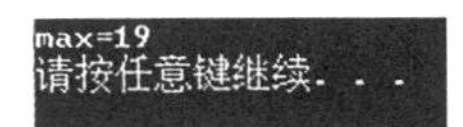

图 10-26　“寻找最大值”运行结果示例

第 11 章　构造数据类型

C 语言提供了丰富的基本数据类型（如整型、实型和字符型），以及由基本类型派生出的类型（如指针和数组）。基本数据类型可以用来定义简单变量，但在实际应用中的数据往往结构复杂，需要把不同类型的数据作为一个整体来存储。C 语言允许用户根据具体问题，利用已有的基本数据类型构造组合的数据类型，结构体、共用体和枚举就是由用户构造的三种数据类型。本章主要介绍结构体、共用体、枚举型的定义及使用方法，结构体与函数、指针的关系，链表及其基本操作，以及 typedef 的作用与使用方法。

11.1　结　构　体

C 语言程序要解决实际问题，首先要用 C 语言支持的数据类型描述问题所涉及的对象，但有的对象不能用单一的数据类型表示，需要组合多种数据类型。例如，常用的日期可以用三部分描述——年（year）、月（month）、日（day），每一部分均为整型数据，可以把这三个成员组成一个整体，取名为 date，这就是一个最简单的结构体。基于学生成绩管理问题，学生属性包括学号、姓名、性别、出生日期、总评成绩等，其中学号与姓名是字符串，性别是字符型，出生日期是 date 结构体，总评成绩是实型。将这五个成员组成一个名为 student 的整体，就构成了一个稍复杂的结构体。C 语言中允许把一类对象的各个属性特征组合在一起，抽象成一个新的数据类型，这就是结构体类型，简称结构体。

11.1.1　结构体定义

结构体由不同数据类型的数据组成，组成结构体的每个成员称为该结构体的成员项。在程序中使用结构体时，首先要对结构体的组成进行描述，称为对结构体的定义。其一般定义格式如下：

```
struct 结构体名
{
  数据类型 1 成员名 1;
```

```
    数据类型2 成员名2;
            ⋮
    数据类型n 成员名n;
};
```

其中，struct是关键字，结构体名由用户定义，二者组成了定义结构体数据类型的标识符。花括号中是对各个成员的说明，成员名由用户定义，如果多个成员为同类型，可以像说明多个相同数据类型的普通变量那样，将成员之间用逗号隔开。结构体名与成员名均要符合标识符的命名规则。结构体中的成员可以和程序中的其他变量同名，不同结构体中的成员也可以同名。注意：在整个定义的结尾处必须有一个分号，表示结构体定义结束。

例如，定义一个日期的结构体：

```
struct date
{   int year;
    int month;
    int day;
};
```

根据结构体定义的格式，如果多个成员为相同数据类型，可以只用一条定义语句。例如，上述日期的结构体类型也可以说明如下：

```
struct date
{   int year,month,day;
};
```

结构体成员说明中的数据类型既可以是基本数据类型，也可以是指针与数组，还可以是结构体类型。当结构体中的一个（或多个）成员是其他结构体类型的变量时，称为结构体的嵌套定义。

例如，定义学生成绩管理问题中的学生对象：

```
struct student
{   char num[60];             //学号
    char name[60];            //姓名
    char sex;                 //性别
    struct date birthday;     //出生日期
    double total;             //总评成绩
};
```

以上定义中，birthday成员的数据类型是struct date，是一个已经定义过的结构体类型。如果没有事先定义这一结构体，则学生对象的结构体定义如下：

```
struct student
{   char num[60];
    char name[60];
    char sex;
    struct date
    {   int year;
        int month;
        int day;
    }birthday;
```

```
    double total;
};
```

结构体的定义描述了该结构体的组成情况，结构体仅说明一种特定的构造数据类型，编译程序并没有分配任何存储空间，真正占有存储空间的是具有相应结构类型的简单变量、数组及动态存储单元等。因此，在使用结构体简单变量、数组或指针变量之前，必须对其进行定义。

11.1.2 结构体变量

在C语言中，在使用结构体变量时，要先对其进行定义。定义结构体变量常用3种方式。

1. 先定义结构体后定义变量

先定义结构体后定义变量，一般格式如下：

```
struct 结构体名
{
  数据类型1 成员名1;
  数据类型2 成员名2;
          ⋮
  数据类型n 成员名n;
};
struct 结构体名 变量名;
```

例如，学生成绩管理问题中，学生包括学号、姓名、性别、出生日期、总评成绩五个成员，然后定义 zhang 和 wang 两个学生实体。采用先定义结构体，后定义变量的方式如下：

```
struct student                    //先定义结构体
{   char num[60];
    char name[60];
    char sex;
    struct date birthday;
    double total;
};
struct student zhang,wang;        //后定义变量
```

其中，student 不是变量名，而是与 struct 关键字组合作为所定义的结构体类型的标识符。zhang 与 wang 才是结构体变量。

2. 定义有名结构体的同时定义变量

定义有名结构体的同时定义变量，一般格式如下：

```
struct 结构体名
{
  数据类型1 成员名1;
  数据类型2 成员名2;
          ⋮
```

```
  数据类型n 成员名n;
}变量名;
```

例如，志愿者管理问题中，志愿者包括编号、姓名、年龄、职业四个成员，然后定义10个志愿者。采用定义有名结构体的同时定义变量，方式如下：

```
struct volunteer
{   int num;                //编号
    char name[60];          //姓名
    int age;                //年龄
    char vocation[20];      //职业
}v[10];                     //定义 struct volunteer 结构体同时定义了数组 v
```

由于以上定义中的结构体名为 volunteer，因此在后面的程序中，可以用 struct volunteer 去定义其他结构体变量。

3. 定义无名结构体的同时定义变量

定义无名结构体的同时定义变量，一般格式如下：

```
struct
{
  数据类型1 成员名1;
  数据类型2 成员名2;
        ⋮
  数据类型n 成员名n;
}变量名;
```

例如，超市管理问题中，商品包括编号、名称、单价三个成员，然后定义两个指针变量。采用定义无名结构体的同时定义变量，方式如下：

```
struct
{   char code[20];          //商品编号
    char name[20];          //商品名称
    double price;           //商品单价
} * goods1, * goods2;       //定义结构体的同时定义了两个指针变量
```

在结构体定义中，结构体名是可选项，如果结构体名省略不写，则在后面的程序段中无法用该结构体类型去定义其他结构体变量。

11.1.3 结构体变量的应用

在定义一个结构体变量后，就可以对其进行处理了。

1. 结构体变量的初始化

用户可以在定义结构体变量时为结构体变量赋初值。赋初值时，将该结构体类型中各个成员对应的初值依次放在一对花括号内，并注意初值与结构体成员的数据类型保持一致。

1）给结构体变量初始化

定义结构体的同时定义变量，其结构体变量初始化的过程如下：

```
struct volunteer
```

```
{   int num;
    char name[60];
    int age;
    char vocation[20];
}v1={1,"李平",26,"医生"};
```

先定义结构体后定义变量，其结构体变量赋初值的过程如下：

```
struct volunteer
{   int num;
    char name[60];
    int age;
    char vocation[20];
};
struct volunteer v1={1,"李平",26,"医生"};
```

2）给结构体数组赋初值

结构体数组赋初值与第 8 章中数组的赋初值的规则相同，由于每个数组元素都是一个结构体，因此通常将其成员的值依次放在一对花括号中，以便区分各个元素。

例如：

```
struct volunteer
{   int num;
    char name[60];
    int age;
    char vocation[20];
}v[3]={{1,"李平",26,"医生"},{1,"张宏",19,"学生"},{1,"王海",38,"教师"}};
```

2. 相同类型结构体变量之间的整体赋值

C 语言中允许相同类型的结构体变量之间进行整体赋值。

例如：

```
struct volunteer v2;
v2=v[0];
```

完成整体赋值后，v2 变量的所有成员与 v 数组首元素相应的成员值一致。

3. 结构体变量成员的引用

对结构体变量整体赋值只能发生在两个相同类型的结构体变量之间，而更为常见的是，引用结构体变量中的成员，其与引用基本数据类型一样灵活。引用结构体变量成员的格式如下：

```
结构体变量名.成员名
```

其中，“.”是成员运算符，用于指定结构体变量中的成员，它在所有运算符中优先级别最高。

例如：

```
struct date
{   int year;
    int month;
    int day;
};
struct student
```

```
{   char num[60];
    char name[60];
    char sex;
    struct date birthday;
    double total;
}zhang;
zhang.total=85.5;                    //对 zhang 变量中的总评成绩成员赋值
printf("%.2lf",zhang.total);         //输出 zhang 变量中的总评成绩成员值
```

如果结构体成员中嵌套另一个结构体，则必须逐级引用找到最低级的成员。

例如：

```
zhang.birthday.year=2004;            //对 zhang 变量的出生日期的年赋值
```

【例 11-1】假设有 A、B 两个学生的学号、姓名、性别、出生日期、总评成绩的记录信息。编写程序，输出其中总评成绩高的学生信息。

代码如下：

```
#include<stdio.h>
struct date
{   int year;
    int month;
    int day;
};
struct student
{   char num[60];
    char name[60];
    char sex;
    struct date birthday;
    double total;
};
main()
{   struct student a={"163224201","li hong",'M',2004,9,15,85.5},b={"163224202","zhang chen",'F',2004,11,
10,93};
    if(a.total>b.total)  printf("A 学生成绩更高\n ");
    else if(a.total<b.total)  printf("B 学生成绩更高\n ");
    else printf("两个学生成绩相同\n");
}
```

【例 11-2】编写程序，定义一个含商品编号、名称、单价的结构体类型，输入 3 条商品记录，计算并输出 3 个商品的平均单价。

代码如下：

```
#include<stdio.h>
struct goods
{   char code[20];
```

```
        char name[20];
        double price;
};
main()
{   struct goods arr[3];
    int i;
    double sum=0,ave;
    for(i=0;i<3;i++)
    {   printf("please input code:");scanf("% s",&arr[i]. code);
        printf("please input name:");scanf("% s",&arr[i]. name);
        printf("please input price:");scanf("% lf",&arr[i]. price);
        sum+=arr[i]. price;
    }
    ave=sum/3;
    printf("ave=%. 2lf\n",ave);
}
```

程序运行结果如下：

```
please input code:XF2201001 ↙
please input name:洗面奶 ↙
please input price:158 ↙
please input code:XF2201002 ↙
please input name:保湿面膜 ↙
please input price:80 ↙
please input code:XF2201003 ↙
please input name: 面霜 ↙
please input price:264 ↙
ave=167. 33
```

11. 2　结构体与函数

由于相同类型的结构体变量之间可以整体赋值，因此可以用结构体变量作为函数参数，用于函数之间的传递数据。同时，函数的返回值也可以是结构体变量。

11. 2. 1　结构体变量作函数的参数

结构体变量作函数的参数，其传递方式与简单变量作函数参数完全相同，都是采用值传递的方式。形参结构体变量中各成员值的改变，对相应实参结构体变量不产生任何影响。

【例 11-3】编写函数，修改学生的性别、出生日期、总评成绩的记录信息。

代码如下：

```
#include<stdio. h>
struct date
{   int year;
    int month;
    int day;
};
struct student
{   char num[60];
    char name[60];
    char sex;
    struct date birthday;
    double total;
};
void fun(struct student a);
main()
{   struct student a={"163224201","li hong",' M' ,2004,9,15,85. 5};
    printf("原学生信息：\n");
    printf("学号:% s\n",a. num);
    printf("姓名:% s\n",a. name);
    printf("性别:% c\n",a. sex);
    printf("出生日期:% d-% d-% d\n",a. birthday . year ,a. birthday . month ,a. birthday . day);
    printf("总评成绩：%. 2lf\n",a. total);
    fun(a);
    printf("现学生信息：\n");
    printf("学号:% s\n",a. num);
    printf("姓名:% s\n",a. name);
    printf("性别:% c\n",a. sex);
    printf("出生日期:% d-% d-% d\n",a. birthday . year ,a. birthday . month ,a. birthday . day);
    printf("总评成绩：%. 2lf\n",a. total);
    }
void fun(struct student a)
{   a. sex=' F' ;
    a. birthday. year=2004;
    a. birthday. month=11;
    a. birthday. day=10;
    a. total=93;
}
```

程序运行结果如下：

```
原学生信息：
学号：163224201
```

姓名：li hong
性别：M
出生日期：2004-9-15
总评成绩：85.50
现学生信息：
学号：163224201
姓名：li hong
性别：M
出生日期：2004-9-15
总评成绩：85.50

结构体变量作为函数参数采用值传递方式，函数内部修改形参结构体变量各成员的值，其对应的实参结构体变量值保持不变，函数调用前的原学生信息与函数调用后现学生信息没有产生变化。

11.2.2 结构体数组作函数的参数

结构体数组作为函数参数，与第8章中将数组名作为函数参数的处理方式完全相同，采用地址传递的方式，把结构体数组的存储首地址作为实参，与形参结构体数组共用存储空间，形参结构体数组元素中各成员值的改变，对相应的实参结构体数组产生影响。

【例11-4】编写程序，定义一个含商品编号、名称、单价的结构体类型，提供5条商品记录，输出高于平均单价的商品记录。

代码如下：

```
#include<stdio. h>
#define N 5
struct goods
{   char code[20];
    char name[20];
    double price;
};
int fun(struct goods [],struct goods []);
main()
{   struct goods a[N]={{"XF2201001","洗面奶",158},{"XF2201002","保湿面膜",80},{"XF2201003","面霜",
264},{"XF2201004","眼霜",269},{"XF2201005","精华水",399}};
    struct goods b[N];
    int i,n;
    n=fun(a,b);
    printf("高于平均单价的商品信息如下:\n");
    for(i=0;i<n;i++)
    {   printf("编号:%s ",b[i]. code);
        printf("名称:%s ",b[i]. name);
```

```
        printf("价格:%.2lf\n",b[i].price);
    }
}
int fun(struct goods a[],struct goods b[])
{   int i,j=0;
    double sum=0,ave;
    for(i=0;i<N;i++)sum+=a[i].price;
    ave=sum/5;
    for(i=0;i<N;i++)
        if(a[i].price>ave)b[j++]=a[i];
    return j;
}
```

程序运行结果如下：

```
高于平均单价的商品信息如下：
编号：XF2201003 名称：面霜 价格：264.00
编号：XF2201004 名称：眼霜 价格：269.00
编号：XF2201005 名称：精华水 价格：399.00
```

11.2.3　结构体变量作为函数的返回值

结构体变量也可以作为函数的返回值。当函数返回值是结构体类型数据时，需要将函数返回值类型定义为结构体类型。

【例 11-5】编写函数修改学生的性别、出生日期、总评成绩的记录信息。并将修改的数据通过返回值返回主函数。

代码如下：

```
#include<stdio.h>
struct date
{   int year;
    int month;
    int day;
};
struct student
{   char num[60];
    char name[60];
    char sex;
    struct date birthday;
    double total;
};
struct student fun(struct student a);
main()
```

```
{   struct student a={"163224201","li hong",'M',2004,9,15,85.5};
    printf("原学生信息:\n");
    printf("学号:%s\n",a.num);
    printf("姓名:%s\n",a.name);
    printf("性别:%c\n",a.sex);
    printf("出生日期:%d-%d-%d\n",a.birthday.year,a.birthday.month,a.birthday.day);
    printf("总评成绩:%.2lf\n",a.total);
    a=fun(a);
    printf("现学生信息:\n");
    printf("学号:%s\n",a.num);
    printf("姓名:%s\n",a.name);
    printf("性别:%c\n",a.sex);
    printf("出生日期:%d-%d-%d\n",a.birthday.year,a.birthday.month,a.birthday.day);
    printf("总评成绩:%.2lf\n",a.total);
}
struct student fun(struct student a)
{   a.sex='F';
    a.birthday.year=2004;
    a.birthday.month=11;
    a.birthday.day=10;
    a.total=93;
    return a;
}
```

程序运行结果如下：

```
原学生信息:
学号: 163224201
姓名: li hong
性别: M
出生日期: 2004-9-15
总评成绩: 85.50
现学生信息:
学号: 163224201
姓名: li hong
性别: F
出生日期: 2004-11-10
总评成绩: 93.00
```

当结构体变量作为函数的返回值时，其值整体返回主函数，调用函数后，主函数内部变量 a 获得函数值，通过返回值实现了实参与形参之间的数据传递。因此在运行结果中，函数调用后的现学生信息是修改以后的学生信息。

11.3　结构体与指针

结构体变量被定义后，编译时就为其在内存中分配一片连续的单元。该内存单元的起始地址就称为该结构体变量的指针。可以定义一个指针变量，用来存放这个地址。当一个指针变量获得一个结构体变量的起始地址时，它们建立指向关系，称该指针变量指向这个结构体变量。结构体指针变量既可以指向结构体变量，也可以指向结构体数组。通常，结构体指针变量简称结构体指针。结构体指针与第 10 章介绍过的指针用法一样，按照 C 语言的地址运算规则处理。

11.3.1　结构体变量指针

定义结构体指针的格式如下：

```
struct 结构体名 *结构体指针变量名
```

例如：

```
struct person
{    char name[20];
     int age;
};
struct person *p,x1;
p=&x1;
```

当完成结构体指针 p 的赋值后，可以用该指针引用结构体变量 x1 的成员。结构体变量 x1 引用其成员的方式有 3 种：x1.age、(*p).age、p->age。其中，“->”是一个组合运算符，由减号与大于号组成，它们之间不得有空格，C 语言把它们作为单个运算符使用，该运算符称为指向结构体成员运算符。利用指针间接访问成员的表达式为(*p).age，而利用指针引用成员的表达式“p->age”更为常见。指向结构体成员运算符的一般引用格式如下：

```
结构体指针变量名->结构体成员名
```

由于“->”运算符优先级别最高，因此“p->age+1”相当于“(p->age)+1”,“p->age++”相当于“(p->age)++”。

例如：

```
x1.age=18;
printf("%d\n",p->age+1);
p->age++;
printf("%d\n",p->age);
```

以上程序段中的第一个输出结果为 19，输出项（成员值+1）；第二个输出结果也为 19，输出项（成员值），在输出语句之前已经通过语句“p->age++;”语句让成员值本身增 1。

【例 11-6】利用结构体指针访问结构体变量成员。

代码如下：

```
#include<stdio.h>
struct person
{   char name[20];
    int age;
};
main()
{   struct person  *p,x1;
    p=&x1;
    printf("请输入姓名:");
    scanf("%s",p->name);
    printf("请输入年龄:");
    scanf("%d",&p->age);
    printf("输出人员信息:\n");
    printf("姓名:%s 年龄:%d \n",p->name,p->age);
}
```

11.3.2 结构体数组指针

数组与指针关系密切。同样，结构体数组与结构体指针也紧密相关。当结构体指针获得结构体数组名或首地址时，该指针指向结构体数组，因此该指针称为结构体数组指针。程序中既可以利用数组下标访问数组元素，又可以通过指针操作来存取数组元素。

例如：

```
struct person
{   char name[20];
    int age;
};
struct person  *p,classes[5];
p=classes;                    //或者 p=&classes[0];
```

使用结构体数组指针时，应该注意以下两点：

（1）结构体指针 p 的基类型为结构体，因此 p 只能指向数组中的一个元素，不能直接指向数组元素的成员。

（2）当执行 p=classes 时，指针 p 指向 classes 数组的首元素，当执行 p++后，指针 p 指向下一个元素。

【例 11-7】利用结构体指针访问结构体数组成员。

代码如下：

```
#include<stdio.h>
struct person
{   char name[20];
    int age;
};
main()
```

```
{   struct person  *p,classes[5]={{"li",18},{"zhang",19},{"wang",20},{"lin",23},{"wu",21}};
    int i;p=classes;
    printf("输出人员信息:\n");
    for(;p<classes+5;p++)
    {  printf("姓名:%-10s 年龄:%d \n",p->name,p->age);
    }
}
```

11.4 链　　表

链表由结点组成，每一个结点独立分配存储单元，结点之间通过指针建立相互关系。如果有批量数据需要处理，可以使用第8章介绍的数组来存储。由于数组长度是固定的，其空间是连续的，因此对于不固定长度的列表，应尽可能用最大长度的数组来描述，但这容易造成空间浪费。使用链表，可以避免这样的浪费。链表是一种常用的能够实现动态分配存储空间的数据结构，可根据需要在内存中开辟存储单元，链表结点个数可按需增减，适合处理数据类型相同、结点个数未知的数据，各结点在内存中的地址不一定连续。为了表示结点之间的逻辑关系，每个结点既要存储数据，也要存储其后继结点的地址。因此链表中的结点数据类型为结构体类型。

11.4.1 链表概述

链表是将若干结点按照一定规则连接起来的表。链表连接的规则：前一个结点指向下一个结点；只有通过前一个结点才能找到下一个结点。前一个结点称为前驱结点，后一个结点称为后继结点。因此，每个结点都应包含两方面的内容：

（1）数据域。根据需要来确定由多少个成员组成，它存放的是需要处理的数据。

（2）指针域。该部分存放的是一个结点的地址，也就是指向其他结点的指针。每一结点可以包含多个地址。这里只讨论包含一个地址的情况。链表中每个结点是数据类型相同的结构体变量，该结点中的指针指向的结点结构体类型与本结点结构体类型相同，即指针的基类型就是本结构体类型。

例如：

```
struct node
{   double data;
    struct node  *next;
};
```

如果链表中的结点只包含一个地址，该链表称为单链表。如果链表中的结点包含两个地址，则该链表称为双链表。单链表的结构如图11-1所示。

单链表中有首结点、头指针和尾结点等相关内容，相关概念如下：

（1）首结点。首结点是链表中的第一个结点，例如，图11-1中地址值为1001的存储单元。

（2）头指针。头指针是指向链表首结点的指针，它存储的是第一个结点的地址，与第一个结点有指向关系。例如，图 11-1 中的 head 就是头指针。

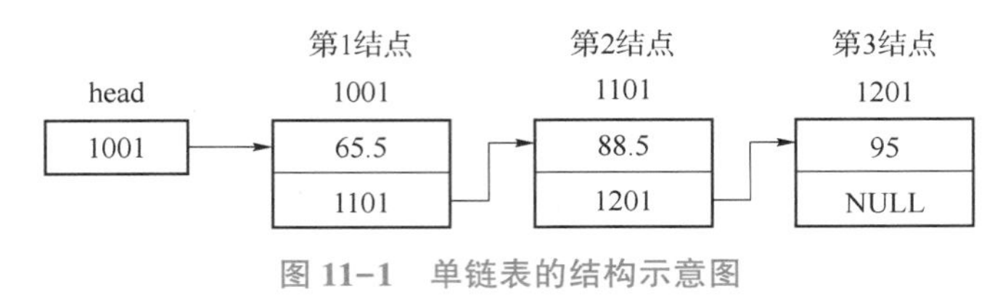

图 11-1　单链表的结构示意图

（3）尾结点。尾结点是链表的最后一个结点，该结点指针没有指向其他结点，其指针域为空 NULL，作为链表结束的标志。

11.4.2　链表的基本操作

链表的基本操作包括：链表的建立、输出、查找、插入和删除等。

1. 动态创建结点

链表能够实现动态分配存储空间，链表中的每个存储单元都由动态存储分配获得，链表中，每个结点都是独立的，只能靠指针维系结点之间的连接关系。如果某个结点的指针"断开"，后续结点将无法找到。

1）存储单元的分配和释放函数

（1）malloc 函数。

函数 malloc 的声明如下：

```
void *malloc(unsigned size);
```

该函数的功能是在存储器中分配一组地址连续的、长度为 size 的存储单元。如果分配成功，则函数返回值是该存储单元的起始地址。如果分配不成功，则返回值为 NULL。函数返回值"void *"表示函数返回值是所分配的存储单元地址。

（2）free 函数。

函数 free 的声明如下：

```
void free(void *p);
```

该函数的功能是释放以 p 值为起始地址的存储单元。利用 malloc 函数动态分配的存储单元，可以通过 free 函数释放其空间。

malloc 函数与 free 函数均为库函数，均声明在头文件"stdlib. h"中，因此在调用库函数之前无须声明，通过编译预处理命令"#include<stdlib. h>"包含该头文件即可。

2）创建结点

创建结点分为两步，一是分配结点所需的存储单元的长度（字节数），如 sizeof(struct node)；二是将这一组存储单元的起始地址强制转换为与所分配结点相同基类型的指针，如 (struct node *)malloc(sizeof(struct node))。创建结点过程如下：

```
struct node *p;
p=(struct node *)malloc(sizeof(struct node));
```

完成结点创建后，结构体指针变量 p 获得新结点的地址，相当于指针变量 p 指向新结点，可以通过 p 来访问新结点，用表达式 p->data 访问新结点数据域，用表达式 p->next 访问新结点指针域。

2. 链表的建立

建立单链表的主要操作步骤如下：

第 1 步，创建一个只有首结点的空链表。

例如：

```
struct node  * head, * p;
head=(struct node  * )malloc(sizeof(struct node));
head->next=NULL;
p=head;
```

其中，head 是头指针，另外定义一个指针 p，在后续程序中就可借助它指向新结点。

第 2 步，读取数据。可以通过输入语句或者赋值语句等方式获取结点数据域内容。

例如：

```
double x;
scanf("% lf",&x);
```

第 3 步，动态创建新结点。通过 malloc 函数创建新结点的存储单元，并定义新指针指向该结点。

例如：

```
struct node  * q;
q=(struct node  * )malloc(sizeof(struct node));
```

其中，指针变量 q 获得新结点的地址，相当于指针变量 q 指向新结点。

第 4 步，数据存入新结点的数据域。将前面读取的数据赋值给新结点的数据域。

例如：

```
q->data=x;
```

第 5 步，新结点插入到链表中。借助另一个指针变量（如前面定义的指针变量 p），完成插入新结点。

例如：

```
p->next=q;             //前驱结点与新结点建立连接
p=q;                   //指针变量 p 移动到新结点
```

重复上述操作第 1 步~第 5 步，直至输入结束。链表的尾结点的指针域通常设置为 NULL，因此最后要赋值链表结束标志，如 p->next=NULL。这样，对链表进行查找时，遇到指针域为 NULL 值的结点，就表示链表遍历结束。因此，在这里 p 指针也称为尾指针。

以上创建单链表的方法也称为尾插法。还有一种创建单链表的方法是头插法，每次将新结点插入到最前面，如果插入的元素在链表中是正序，那么在插入元素时需要逆序输入。头插法不需要尾指针。

【例 11-8】编写函数，函数功能：实现建立如图 11-1 所示的带有头指针的单链表。结点数据域中的数值从键盘输入，以-1 作为输入结束标志。链表的头指针由函数值返回。

代码如下：

```
#include<stdio. h>
#include<stdlib. h>
```

```
struct node
{   double data;
    struct node  * next;
};
struct node  * creat()
{   double x;
    struct node  * head, * p, * q;
    head=p=(struct node  * )malloc(sizeof(struct node));
    scanf("% lf",&x);
    while(x!=-1)
    {   q=(struct node  * )malloc(sizeof(struct node));
        q->data=x; p->next=q; p=q;
        scanf("% lf",&x);
    }
    p->next=NULL;
    return head;
}
main()
{   struct node  * head;
    head=creat();
}
```

3. 链表的输出

顺序访问链表中各结点的数据域，也称为链表的遍历。通常，在遍历链表的同时输出链表的内容。

【例 11-9】 编写函数，函数功能：实现顺序输出单链表的数据域内容。

代码如下：

```
void outlist(struct node  * head)
{   struct node  * p;
    p=head ;                          //指针变量 p 从头开始遍历
    printf("head");
    while(p->next!=NULL)
    {   p=p->next ;                   //指针变量 p 移动到下一个结点
        printf("->% 6. 2lf",p->data); //输出结点的数据域值
    }
    printf("\n");
}
```

4. 链表的查找

链表的查找可以按数据域值来查找，也可以按结点序号来查找。这里主要讨论按照结点序号查找。

【例 11-10】 编写函数，函数功能：实现在单链表中查找序号为 i 的结点，如果找到该

结点，则返回该结点的地址，否则返回 NULL。

代码如下：

```
struct node  * search(struct node  * head,int i)
{   int j=0;
    struct node  * p;
    p=head;
    while(p->next!=NULL&&j<i)
    {   p=p->next;
        j++;
    }
    if(i==j)return p;
    else return NULL;
}
```

5. 链表的插入

在单链表中插入结点，首先要确定插入的位置，该位置称为标记结点，可以将结点插入在标记结点之前，也可以将结点插入在标记结点之后。这里讨论结点插入标记结点之后的情况，图 11-2 示意了将结点插入标记结点之后各指针的指向。

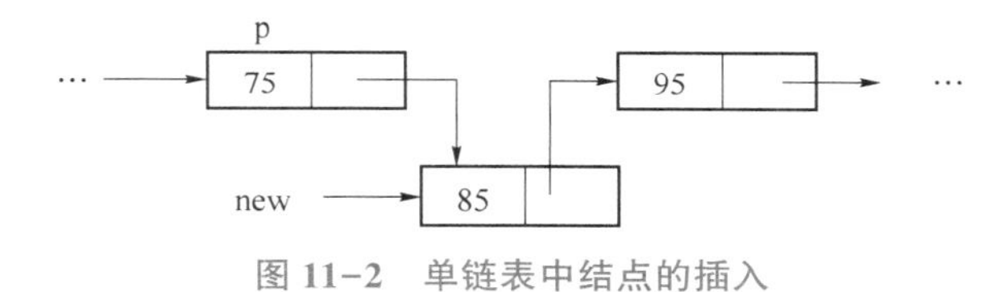

图 11-2　单链表中结点的插入

指针 p 指向标记结点，指针 new 指向新结点，如果将新结点插入在标记结点之后。插入的具体步骤如下：

第 1 步，新结点指针域指向标记结点的下一个结点。

例如：

```
new1->next=p->next;
```

第 2 步，标记结点指针域指向新结点。

例如：

```
p->next=new1;
```

【例 11-11】编写函数，函数功能：实现单链表中值为 x 的结点之后插入值为 y 的新结点，如果值为 x 的结点不存在，则插在表尾。

代码如下：

```
struct node  * insert(struct node  * head,int x,int y)
{   int j=0;
    struct node  * p, * new1;
    new1=(struct node  * )malloc(sizeof(struct node));
    new1->data=y;
```

```
    p=head;
    while(p->next!=NULL&&p->data!=x)
    {p=p->next;}
    new1->next=p->next;
    p->next=new1;
    return head;
}
```

6. 链表的删除

删除单链表中的结点，既可以删除首结点，也可以删除尾结点，还可以删除其他任一结点。这里主要讨论删除后者。图 11-3 示意了结点的删除操作。

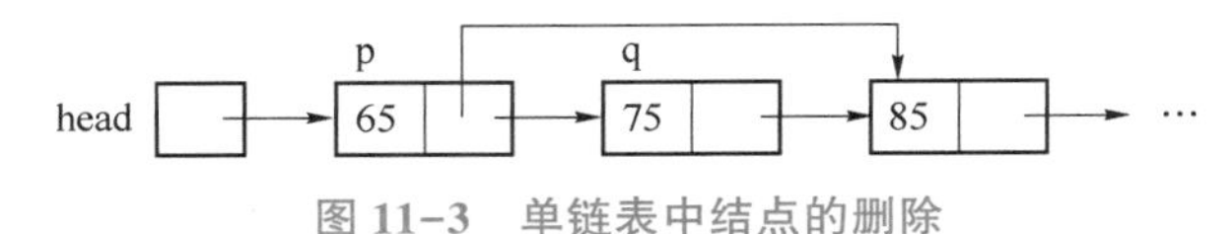

图 11-3　单链表中结点的删除

为了删除链表中某个结点，首先要找到待删除结点的前驱结点。删除的具体步骤如下：

第 1 步，前驱结点的指针域指向待删除结点的后继结点。

例如：

```
p->next=q->next;
```

第 2 步，释放待删除结点。

例如：

```
free(q);
```

【例 11-12】编写函数，函数功能是实现删除单链表中值为 x 的结点。

代码如下：

```
struct node *del(struct node *head,int x)
{   struct node *p, *q;
    p=head;
    q=p->next;
    while(p->next!=NULL&&q->data!=x)
    {   p=p->next;
        q=p->next;
    }
    p->next=q->next;
    free(q);
    return head;
}
```

11.5　共　用　体

共用体与结构体相似，都是由多种不同的基本数据类型组合而成的复合数据类型；所不同的是，共用体中的成员共享存储单元，即不同成员绑定同一组存储单元。这一特性使得共用体成员与结构体成员在赋值和引用方面存在较大的不同。

共用体与结构体类型的定义格式类似，其一般格式如下：

```
union 共用体名
{
  数据类型 1 成员名 1;
  数据类型 2 成员名 2;
          ⋮
  数据类型 n 成员名 n;
};
```

可以看出，共用体与结构体的定义在形式上非常相似，只是关键字变为 union。同样，在定义共用体变量时，既可以将类型定义与变量定义分开，也可以在定义类型的同时定义变量。

（1）先定义共用体后定义变量。例如：

```
union data
{   int a;
    double b;
    char c;
};
union data d1;
```

（2）定义共用体的同时定义变量，其中共用体名可以省略。例如：

```
union
{   int a;
    double b;
    char c;
}d2, * p;
```

在定义共用体后，对其中成员的引用与结构体成员的引用一样，有以下三种方式：

（1）共用体变量名.成员名，如 d1. a。

（2）（ * 共用体指针变量名）.成员名，如(* p). b。

（3）共用体指针变量名->成员名，如 p->c。

共用体与结构体在内存分配上有本质区别。在处理结构体变量时，C 编译系统按照各个成员所需存储区的总和来分配存储单元；在处理共用体变量时，C 编译系统按照成员中所需存储区的最大值来分配存储单元。例如，本节已定义的共用体变量 d1，系统为其分配的内存空间为 8 字节（其中双精度型成员的空间最大为 8 字节）。由于共用体变量中的所有成员共享存储空间，因此变量中的所有成员的首地址相同。成员 a、成员 b 与成员 c 的共享存储空间如图 11-4 所示。

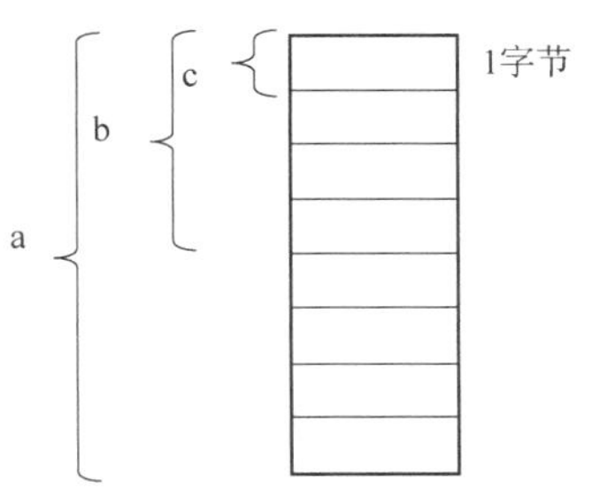

图 11-4　共用体成员共享存储空间

在引用共用体变量成员时，最后存入的成员值是有效的，其他成员数据虽然存放在同一组存储单元内，但是系统会根据各自成员类型得出不同的解释结果。

例如：

```
d1. a=7500;d1. b=26. 3;d1. c=' A' ;
```

其中，只有最后的 d1. c 的值' A' 是有效的，d1. a 与 d1. b 的赋值无效。

因为共用体变量的存储特性，所以共用体变量不能作为函数参数，在定义共用体变量时也不能对整体进行初始化，只能对第一个成员进行初始化。

例如：

union data d1={1543};

上述赋值初值相当于对第 1 个成员进行赋值操作，即

d1. a=1543;

【例 11-13】阅读程序，并写出运行结果。

代码如下：

```
#include<stdio. h>
main()
{   union data
    {   int a;
        float b;
        char c;
    };
    union data d1;
    d1. a=65;
    printf("d1. a=% d,d1. b=%. 1lf,d1. c=% c\n",d1. a,d1. b,d1. c);
}
```

程序运行结果如下：

```
d1. a=65,d1. b=0. 0,d1. c=A
```

本例中定义的共用体有三个成员，它们共享同一组存储单元，因此它们的首地址相同。对成员 a 赋值 65 时，成员 a 的值 65 是有效的，共用体变量 d1（4 字节）的存储单元的内容为 00000000 00000000 00000000 01000001，成员 c 绑定其中的低字节，该存储单元内容为 01000001，对应的是字符 ' A' 。虽然成员 a（整型）与成员 b（单精度型）绑定的存储空间都是 4 字节，但整数与实数的存储方式不同，因此系统对数据的解释结果也不同。由于实数型在内存中存储由符号位、指数位和尾数三部分组成，系统解释结果是 0. 0，因此将 d1 存储单元中存储的内容作为单精度型 b 成员的数据时，其输出结果是 0. 0。

11.6 枚举类型

程序设计通常先对数据抽象化，然后用数据结构描述数据之间的相互联系，抽象化的数据使得程序可读性降低。因此，让数据的值包含更多数据信息，是提高程序可读性的有效途径。枚举类型数据就是将变量的值逐一列举，是一种尽量包含更多数据信息的数据类型。在实际问题中，有些变量的取值被限定在一个有限的范围内。例如，一个星期有 7 天；一年有 12 个月；一副扑克牌有 4 个花色，每个花色有 13 个数字；等等。将把这些变量说明为整

型、字符型或者其他数据类型都不合适，为此 C 语言提供了枚举类型。

枚举类型的定义与结构体、共用体的定义形式相似，一般格式如下：

```
enum 枚举名{枚举值列表};
```

其中，enum 是枚举类型的关键字。枚举值列表与结构体和共用体的成员列表大不相同，每个枚举值对应一个整型的符号常量，枚举是一个有名字的整型常量的集合，枚举值之间用逗号间隔，第一个枚举值对应的整数值默认为 0，其他枚举值依次以步长 1 递增。

例如，可将扑克牌面上的数字定义一个枚举类型：

```
enum poker{ace,two,three,four,five,six,seven,eight,nine,ten, jack,queen,king};
```

在系统默认情况下，枚举值 ace 对应整数 0，two 对应整数 1，依次类推。每个枚举值对应的整数值也可以由用户定义，例如：

```
enum poker{ace=1,two,three,four,five,six,seven,eight,nine,ten, jack,queen,king};
```

其中，枚举值 ace 对应整数 1，two 对应整数 2，依次类推。

枚举变量与结构体、共用体变量的定义格式一样。主要有以下两种方式：

（1）先定义枚举类型后定义变量。

例如：

```
enum poker{ace,two,three,four,five,six,seven,eight,nine,ten, jack,queen,king};
enum poker num;
```

（2）定义枚举类型的同时定义变量。

例如：

```
enum poker{ace,two,three,four,five,six,seven,eight,nine,ten, jack,queen,king}num;
```

其中，poker 也可以省略不写。

枚举类型有以下几点值得注意：

（1）每个枚举值是一个符号常量，不是字符串。例如，“num="ace";”的写法是错误的，正确的写法为“num=ace;”。

（2）枚举变量只能是取枚举值列表中的合法值。例如，“num=3”这种赋值表达式是错误的。C 语言中允许将一个整数值类型强制转换成枚举型，然后赋值给枚举变量。

例如：

```
enum poker{ace,two,three,four,five,six,seven,eight,nine,ten, jack,queen,king};
enum poker num;
num=(enum poker)3;
```

相当于：

```
num=four;
```

（3）枚举值是符号常量而不是变量，因此不能对枚举值进行赋值运算。例如，“queen=12;”的写法是错误的。

（4）枚举变量通常与 switch 语句结合使用，把枚举值与对应的整数值进行转换后输入输出。

【例 11-14】 键盘输入一个整数，显示与该整数对应的枚举值的英文名。

代码如下：

```
#include<stdio. h>
main()
{   enum poker{red=1,yellow,blue,green,black,white};
```

```
    enum poker num;
    int i;
    printf("please input a number(1-6):");
    scanf("% d",&i);
    num=(enum poker)i;
    switch(num)
    {
    case red:printf("Red\n");break;
    case yellow:printf("Yellow\n");break;
    case blue:printf("Blue\n");break;
    case green:printf("Green\n");break;
    case black:printf("Black\n");break;
    case white:printf("White\n");break;
    default:printf("Input Error!\n");
    }
}
```

程序运行结果如下:

```
please input a number(1-6):5 ↙
Black
```

11.7 typedef 类型声明

为了提高程序的可读性，变量名通常反映变量在程序中的用途，如果能够使得数据类型的取名也能够反映这一数据类型在程序中的用途，无疑能更好地提高程序可读性。用typedef声明数据类型新的名称能够实现这一目标。

typedef不能声明新的数据类型，而是用新的类型名代替已有的类型名。它的一般格式如下:

typedef 原类型名 新类型名;

其中，typedef是关键字，原类型名可以是系统提供的标准类型名，也可以是用户自定义的其他数据类型，如结构体、共用体和枚举等数据类型。

例如:

```
typedef int INTEGER;
INTEGER b;
```

此后，INTEGER就可以替代int进行变量的定义。

又如:

```
struct student
{   char num[60];
    char name[60];
    char sex;
```

```
    struct date
    {   int year;
        int month;
        int day;
    };
}
typedef struct student STU;
STU student1,student2;
```

此后，STU 就可以替代结构体类型 struct student 进行变量定义。

对 typedef 声明新类型名的两点说明：

（1）typedef 可用于声明新的类型名，不能用于变量的定义。

（2）typedef 是对已经存在的类型声明新的类型名，而不是创造新的类型。

11.8　典型案例

11.8.1　案例 1：结构体的应用

1. 案例描述

学生成绩管理问题中，学生的记录由学号和成绩组成，16 名学生的数据在主函数已存入结构体数组。请编写函数 proc，其功能是：把分数最低的学生数据放在新数组中，并返回新数组的长度，输出新数组。运行结果示例如图 11-5 所示。

案例 1　结构体的应用

图 11-5　案例 1 运行结果示例

2. 案例代码

```
#include<stdio. h>
#define M 16
struct student
{   char num[10];
    int score;
};
int proc(struct student *a,struct student *b)
{   int min,i,j=0;
    min=a[0]. score;
```

```
    for(i=0;i<M;i++)
    {   if(a[i]. score<min) min=a[i]. score;
    }
    for(i=0;i<M;i++)
    {   if(a[i]. score==min) b[j++]=a[i];
    }
    return j;
}
main()
{   struct student stu[M]={{"GA005",82},{"GA003",75},
    {"GA002",85},{"GA004",78},{"GA001",95},
    {"GA007",62},{"GA008",60},{"GA006",85},
    {"GA015",83},{"GA013",94},{"GA012",78},
    {"GA014",97},{"GA011",60},{"GA017",65},
    {"GA018",60},{"GA016",74}},h[M];
    int i,n;
    n=proc(stu,h);
    printf("The %d lowest score:\n",n);
    for(i=0;i<n;i++)
    printf("%s%4d\n",h[i]. num,h[i]. score);
}
```

11.8.2 案例 2：链表的应用

1. 案例描述

学生成绩管理问题中，8 名学生的成绩已在主函数中放入带头指针的链表结构中，head 指向链表的带头结点。请编写函数 proc，找出学生链表中成绩的最高分，并由函数值返回。运行结果示例如图 11-6 所示。

案例 2 链表的应用

```
head-> 0->56->89->76->95->91->68->75
max=  95.0
请按任意键继续. . .
```

图 11-6 案例 2 运行结果示例

2. 案例代码

```
#include<stdio. h>
#define M 8
#include<stdlib.h>
struct node
{   double score;
    struct node  *next;
};
typedef struct node STREC;
```

```
double proc(STREC *head)
{   double max;
    STREC *p;
    p=head;
    max=p->next->score;
    while(p->next!=NULL)
    {   p=p->next;
        if(p->score>max)max=p->score;
    }
    return max;
}
STREC *creat(double *s)
{   STREC *head, *p, *q;
    int i=0;
    head=p=(STREC *)malloc(sizeof(STREC));
    p->score=0;
    while(i<M)
    {   q=(STREC *)malloc(sizeof(STREC));
        q->score=s[i];
        i++;
        p->next=q;
        p=q;
    }
    p->next=NULL;
    return head;
}
void outlist(STREC *head)
{   STREC *p;
    p=head;
    printf("head");
    do
    {   printf("->%2.0f",p->score);
        p=p->next ;
    }while(p->next!=NULL);
    printf("\n");
}
void main()
{   double stu[M]={56,89,76,95,91,68,75,85},max;
    STREC *head;
    head=creat(stu);
    outlist(head);
    max=proc(head);
    printf("max=%6.1f\n",max);
}
```

11.9 本章小结

在本章学习中，要理解用户构造的结构体、共用体和枚举三种数据类型的含义、定义及使用方法，理解 typedef 类型声明的作用与使用方法，掌握结构体的综合应用，掌握链表操作的基本方法。

1. 结构体

（1）结构体由不同的数据类型组成，组成结构体的每个成员称为该结构体的成员项。在程序中使用结构体时，首先要对结构体的组成进行描述，这称为对结构体的定义。结构体定义的一般格式如下：

```
struct 结构体名
{
  数据类型 1 成员名 1;
  数据类型 2 成员名 2;
          ⋮
  数据类型 n 成员名 n;
};
```

其中，struct 为关键字，其后是说明的结构体名，这两者组成了定义结构体数据类型的标识符。结构体成员说明中的数据类型也可是结构体类型，又称结构体的嵌套定义。

（2）定义结构体变量的常用方法有 3 种：①先定义结构体，再定义结构体变量。运用此方法时，关键字 struct 和结构体名必须同时出现。②在定义结构体的同时定义结构体变量。这样既定义了结构体类型，又定义了结构体变量。这两种方法所达到的效果是一样的。③省略结构体类型定义变量，又称无名结构体类型定义变量，在关键字 struct 与“{”之间没有结构体名。对于这种没有结构体名类型，不采用先定义结构体类型、再定义结构体变量的方式，而采用定义结构体类型的同时定义结构体变量。

（3）对结构体成员的引用，有 3 种方法：结构体变量名．成员名、（*结构体指针变量名）．成员名、结构体指针变量名->成员名。

2. 结构体与函数的关系

（1）结构体变量作为函数参数的传递方式与简单变量作为函数参数的传递方式完全相同，即采用值传递的方式，形参结构体变量中各成员值的改变对相应实参结构变量不产生任何影响。

（2）结构体变量也可以作为函数的返回值。这在函数定义时，需要说明返回值的类型为相应的结构体类型。

3. 结构体与指针

结构体指针变量存放结构体变量的地址，当一个指针变量获得一个结构体变量的起始地址时，它们建立起指向关系。结构体指针既可以指向结构体变量，也可以指向结构体数组。结构体指针与第 10 章介绍过的指针用法基本一致。

4. 链表

（1）链表是将若干数据项按一定规则连接的表。链表中的每个数据称为一个结点，即链表是由称为结点的元素组成的，结点的多少根据需要确定。每个结点都应包括数据部分、指针部分的内容。

数据部分：该部分可以根据需要决定由多少个成员组成，它存放的是需要处理的数据。

指针部分：该部分存放的是一个结点的地址，链表中的每个结点通过指针连接。

（2）对链表的基本操作包括：

①建立链表是指从无到有地建立一个链表，即往空链表中依次插入一个结点，并保持结点之间的前驱和后继的关系。

②输出操作是对给定的链表进行遍历，并输出各结点数据值。

③查找操作是指在给定的链表中，查找具有检索条件的结点。

④插入操作是指在某两个结点之间插入一个新的结点。

⑤删除操作是指在给定的链表中删除某个特定的结点，也就是插入的逆过程。

5. 共用体

为了便于管理，可以把不同数据类型的变量放在足够大的同一存储区域，这就用到了共用类型。共用类型也是一种数据类型，一般定义格式如下：

```
union 共用体名
{
  数据类型 1 成员名 1;
  数据类型 2 成员名 2;
          ⋮
  数据类型 n 成员名 n;
};
```

可以看出，共用体与结构体的定义在形式上非常相似，只是关键字变为了 union，union 就是定义共用体的标识符。共用体变量的使用与结构体也类似。

尽管共用体与结构体的形式相同，但是它们在内存分配上是有本质区别的：在处理结构体变量时，C 编译系统按照其各个成员所需存储区的总和来分配存储单元；而在处理共用体变量时，C 编译系统是按照其占用存储区最大的成员来分配存储单元的。

6. 枚举类型

所谓枚举就是将变量的值一一列举，而变量的值只限于在列举的值的范围内。枚举是一个有名字的整型常量的集合，该类型变量只能是集合中列举出的所有合法值。

7. typedef 类型声明

C 语言允许用 typedef 说明一种新的数据类型名，关键字 typedef 用于给已有类型重新定义新的类型名。注意：只是定义新类型名，而不是定义一个新的类型。

11.10 习 题

1. 阅读程序，并写出程序运行结果。

（1）以下程序的运行结果是____________________。

```
#include<stdio. h>
```

```
struct tree
{   int x;
    char * s;
}t;
int func(struct tree t)
{   t. x=10;t. s="computer";
    return(0);
}
main()
{   t. x=1;t. s="minicomputer";
    func(t);
    printf("% d,% s\n",t. x,t. s);
}
```

（2）以下程序的运行结果是________。

```
#include<stdio. h>
struct STU
{   char name[10];
    int num;
    int Score;};
main( )
{   struct STU s[5]={{"YangSan",20041,703},{"LiSiguo",20042,580},{"WangYin",20043,680},{"SunDan",
20044,550},{"PengHua",20045,537}}, * p[5], * t;
    int i,j;
    for(i=0;i<5;i++)   p[i]=&s[i];
    for(i=0;i<4;i++)
        for(j=i+1;j<5;j++)
            if(p[i]->Score>p[j]->Score)
                {   t=p[i];p[i]=p[j];p[j]=t;   }
    printf("% d   % d\n",s[0]. Score,p[0]->Score);
}
```

（3）以下程序的运行结果是________。

```
#include<stdio. h>
struct STU
{   char num[10];
    float score[3];
}
main()
{   struct STU s[3]={{"20021",90,95,85},{"20022",95,80,75},{"20023",100,95,90}}, * p=s;
    int i;
    float sum=0;
    for(i=0;i<3;i++)
        sum=sum+p->score[i];
```

```
    printf("% 6. 2f\n",sum);
}
```

（4）以下程序的运行结果是____________。

```
#include<stdio. h>
#include<string. h>
typedef struct student
{   char name[10];
    long sno;
    float score;
}STU;
main( )
{   STU a={"Zhangsan",2001,95},b={"Shangxian",2002,90},c={"Anhua",2003,95},d, * p=&d;d=a;
    if(strcmp(a. name,b. name)>0)    d=b;
    if(strcmp(c. name,d. name)>0)    d=c;
    printf("% ld,% s\n",d. sno,p->name);
}
```

（5）以下程序的运行结果是________。

```
#include<stdlib. h>
#include<stdio. h>
struct NODE
{   int num;
    struct NODE  * next;
};
main( )
{   struct NODE  * p, * q, * r;
    int sum=0;
    p=(struct NODE  * )malloc(sizeof(struct NODE));
    q=(struct NODE  * )malloc(sizeof(struct NODE));
    r=(struct NODE  * )malloc(sizeof(struct NODE));
    p->num=1;q->num=2;r->num=3;
    p->next=q;q->next=r;r->next=NULL;
    sum+=q->next->num;sum+=p->num;
    printf("% d\n",sum);
}
```

2. 补充下列程序。

（1）此程序中，函数 fun 的功能是：将形参 std 所指结构体数组中年龄最大者的数据作为函数值返回，并在 main 函数中输出。

```
#include<stdio. h>
typedef struct
{   char name[10];
```

```
    int age;
}STD;
STD fun(STD std[], int n)
{   STD max; int i;
    max=________;
    for(i=1;i<n;i++)
        if(max. age<________________)   max=std[i];
    return ________;
}
main()
{   STD std[5] ={"aaa", 17,"bbb",16,"ccc",18,"ddd",17,"eee",15};
    STD max;
    max=fun(std,5);
    printf ("The result: \n");
    printf ("Name:% s,Age:% d\n",max. name ,max. age);
}
```

（2）此程序中，人员的记录由编号和出生年、月、日组成，N名人员的数据已在主函数中存入结构体数组std中，且编号唯一。函数fun的功能是：找出指定编号人员的数据，作为函数值返回，由主函数输出；若指定编号不存在，则返回数据中的编号为空串。

```
#include<stdio. h>
#include<string. h>
#define N 8
typedef struct
{   char num[10];
    int year,month,day;
}STU;
__________ fun(STU  *std,char  *num)
{   int i;
    STU a={" ",9999,99,99};
    for(i=0;i<N;i++)
        if(strcmp(________________,num) ==0)
            return ________;
    return a;
}
main()
{   STU std[N]={{"111111",1984,2,15},{"222222",1983,9,21},{"333333",1984,9,1},{"444444",1983,7,15},
{"555555",1984,9,28},{"666666",1983,11,15},{"777777",1983,6,22},{"888888",1984,8,19}},p;
    char n[10]="666666";
    p=fun(std,n);
    if(p. num[0]==0)
      printf("\nNot found !\n");
    else   printf ("Succeed !\n ");
    printf ("% s % d-% d-% d\n",p. num,p. year,p. month,p. day);
    }
```

（3）在此程序的主函数中，已给出由结构体构成的链表结点 a、b、c，各结点的数据域中均存入字符，函数 fun( )的作用是：将 a、b、c 三个结点链接成一个单向链表，并输出链表结点中的数据。

```
#include<stdio. h >
typedef struct list
{   char data;
    struct list  * next;
}Q;
void fun(Q  * pa,Q  * pb,Q  * pc)
{   Q  * p;
    pa->next=________;
    pb->next=pc;
    p=pa;
    while(p)
    {   printf("% c",________);
        p=________;
    }
    printf("\n");
}
main()
{   Q a,b,c;
    a. data=' E' ;b. data=' F' ;c. data  =' G' ;c. next  =NULL;
    fun(&a,&b,&c);
}
```

11.11　综 合 实 验

1. 查找指定范围学生记录。

学生的记录由学号和成绩组成，N 名学生的数据已放入主函数的结构体数组中。编写函数，查找指定分数范围的学生数据并放在新数组中，查找的学生人数由函数值返回。程序的运行结果示例如图 11-7 所示。

```
Enter 2 integer numbers low & heigh: 80 100
The student's data between 80--100:
GA005    85
GA004    85
GA001    96
GA006    87
GA015    85
GA013    94
GA014    91
GA011    90
请按任意键继续. . .
```

图 11-7　“查找指定范围学生记录”运行结果示例

2. 按学号查找学生记录。

学生的记录由学号和成绩组成，N 名学生的数据已放入主函数的结构体数组中。编写函数，查找指定学号的学生数据，查找到的学生记录由函数值返回；未找到的学生记录中的成绩用-1 表示并输出提示。程序的运行结果示例如图 11-8 所示。

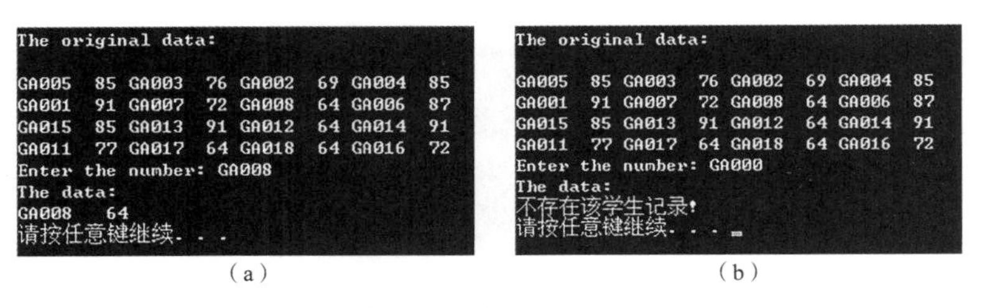

The original data:
GA005 85 GA003 76 GA002 69 GA004 85
GA001 91 GA007 72 GA008 64 GA006 87
GA015 85 GA013 91 GA012 64 GA014 91
GA011 77 GA017 64 GA018 64 GA016 72
Enter the number: GA008
The data:
GA008 64
请按任意键继续. . .

（a）

The original data:
GA005 85 GA003 76 GA002 69 GA004 85
GA001 91 GA007 72 GA008 64 GA006 87
GA015 85 GA013 91 GA012 64 GA014 91
GA011 77 GA017 64 GA018 64 GA016 72
Enter the number: GA000
The data:
不存在该学生记录!
请按任意键继续. . .

（b）

图 11-8　“按学号查找学生记录”运行结果示例

（a）找到学生记录的运行结果；（b）未找到学生记录的运行结果

3. 学生记录按成绩排序。

学生的记录由学号和成绩组成，N 名学生的数据已放入主函数的结构体数组中。编写函数，将学生记录按成绩降序排序，主函数中输出排序前后的学生记录。程序的运行结果示例如图 11-9 所示。

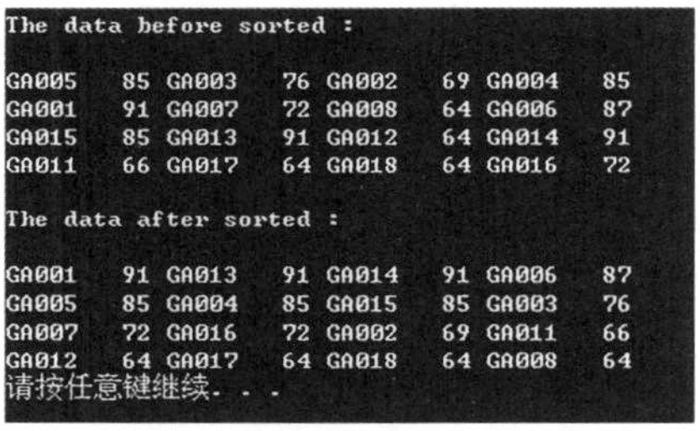

The data before sorted :
GA005 85 GA003 76 GA002 69 GA004 85
GA001 91 GA007 72 GA008 64 GA006 87
GA015 85 GA013 91 GA012 64 GA014 91
GA011 66 GA017 64 GA018 64 GA016 72
The data after sorted :
GA001 91 GA013 91 GA014 91 GA006 87
GA005 85 GA004 85 GA015 85 GA003 76
GA007 72 GA016 72 GA002 69 GA011 66
GA012 64 GA017 64 GA018 64 GA008 64
请按任意键继续. . .

图 11-9　“学生记录按成绩排序”运行结果示例

4. 求链表结点最大值。

给定数据的数组，将数组元素数据作为结点创建带头指针的单链表，并求链表中数值最大的结点。程序的运行结果示例如图 11-10 所示。

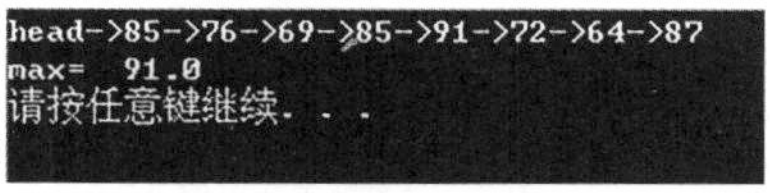

head->85->76->69->85->91->72->64->87
max= 91.0
请按任意键继续. . .

图 11-10　“求链表结点最大值”运行结果示例

5. 求链表结点平均值。

给定数据的数组，将数组元素数据作为结点创建带头指针的单链表，并求链表中所有结点的平均值。程序的运行结果示例如图 11-11 所示。

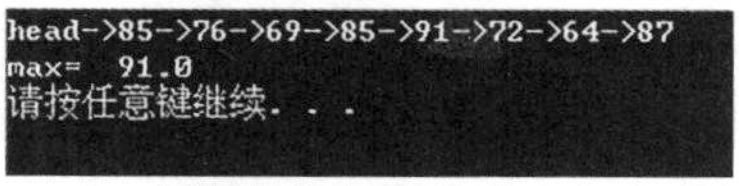

head->85->76->69->85->91->72->64->87
max= 91.0
请按任意键继续. . .

图 11-11　“求链表结点平均值”运行结果示例

第12章　文　件

在C语言程序中，常规的输入输出操作、数据处理都是在内存中进行的。一旦程序结束或退出，数据就会丢失。为了保存这些数据，可以将它们以文件的形式存储，当程序需要这些数据时，再以文件的形式将数据从外存中读入进行处理，这就是文件操作。C语言中的文件操作可以帮助应用程序从事先编辑好的指定文件读入，从而实现数据的一次输入、多次使用。同样，当有大量数据输出时，可以将其输出到指定的文件，并且任何时候都可以查看结果文件。尤其在数据量较大、数据存储要求较高的场合，应用程序总要使用文件操作功能。本章将介绍文件的概念，文件类型指针的定义和引用，文件的打开、关闭和读写，文件定位，文件出错检测。

12.1　文件概述

文件是外部存储介质上的一组相关数据的有序集合，每个文件都有一个唯一的文件名，用户程序利用文件名来访问文件。广义上，操作系统将每个与主机相连的输入输出设备都看作文件。

在C语言中，文件是一个字节流或二进制流，也就是说，对于输入输出的数据，都按数据流的形式进行处理。输入输出数据流的开始和结束仅受程序控制，而不受物理符号（如回车换行符）控制，这就增加了处理的灵活性，这种文件称为流式文件。C语言程序运行时，就默认打开了3个流，分别是标准输入流stdin（对应键盘）、标准输出流stdout（对应屏幕）和标准错误流stderr（对应屏幕）。

1. 文件的存储形式

如果将文件以数据的组织形式进行分类，文件可以分为文本文件和二进制文件两种。

文本文件又称ASCII文件，存放的是每个字符对应的ASCII码。存储时，每字节存放一个字符的ASCII码；显示时，文本文件可以按字符显示。

二进制文件，顾名思义，就是将数据转换成二进制形式后存储的文件。显示时，需要进行转换，不能直接显示字符。

图12-1给出了整数456在不同文件形式中的存储方式。

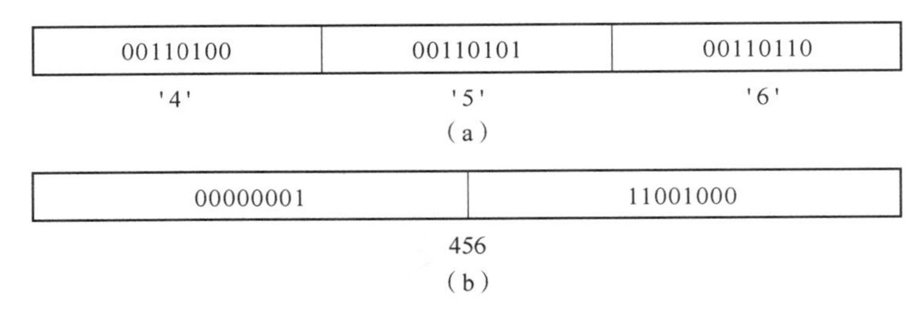

图 12-1　整数 456 的不同存储方式

（a）文本文件形式；（b）二进制文件形式

文本文件存储量大、速度慢，便于对字符操作。而二进制文件存储量小、速度快、便于存放中间结果。在进行程序设计时，要综合考虑时间、空间和用途进行选择。

2. 文件缓冲区

标准 C 语言采用缓冲文件系统，其原理为：对程序中的每个文件在内存开辟一个缓冲区。从磁盘文件输入的数据先送到输入缓冲区，再从缓冲区依次将数据送给接收变量。向磁盘文件输出数据时，将程序数据区中变量或表达式的值送到输出缓冲区，待装满缓冲区后一起输出给磁盘文件。如图 12-2 所示。

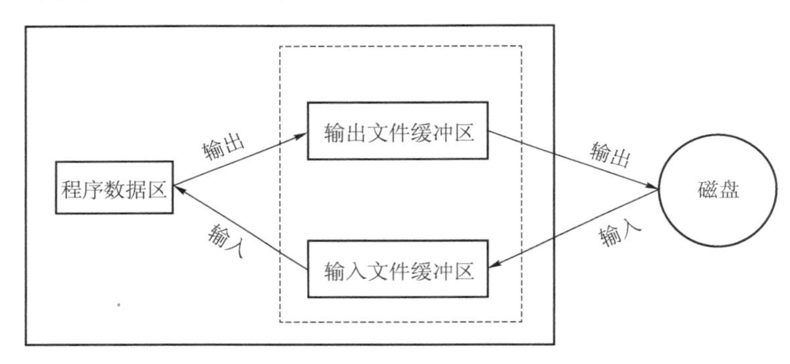

图 12-2　文件缓冲区示意图

使用缓冲区可以一次性输入或输出一批数据，减少对磁盘的实际读写次数，缩短执行时间。

12.2　文件类型指针

缓冲文件系统中，对文件进行操作需要使用文件指针。文件指针实际上是指向一个结构体类型的指针，这个结构体中包含：与该文件对应的缓冲区的位置、文件当前的读写位置、文件操作的方式、文件的存储类型、是否出错等一系列文件相关信息。系统已将该结构体在 stdio. h 中定义，并命名为 FILE，可以直接作为类型名进行使用。

以下是 FILE 结构体类型在头文件 stdio. h 中的定义：

```
typedef struct
{   short level;                //缓冲区满/空程度
    unsigned flags;             //文件状态标志
```

```
    char fd;                    //文件描述符
    unsigned char hold;         //若无缓冲区就不读取字符
    short bsize;                //缓冲区大小
    unsigned char * buffer;     //数据传送缓冲区位置
    unsigned char * curp;       //当前读写位置
    unsigned istemp;            //临时文件指示
    short token;                //用于有效性检测
}FILE;                          //结构体类型名 FILE
```

有了 FILE 结构体类型后，可以设置一个指向该结构体变量的指针变量，通过它来访问结构体变量。例如：

```
FILE * fp;
```

文件打开时，系统自动建立文件结构体，并返回指向它的指针，程序通过这个指针获得文件信息，从而访问文件。文件关闭后，它的文件结构体将被释放。

12.3 文件的基本操作

文件的基本操作包括打开文件、读文件、写文件、关闭文件等。对文件进行操作，应遵循“先打开，后读写，最后关闭”的原则，避免数据访问错误或者数据丢失的情况。

12.3.1 文件的打开

所谓“打开文件”，就是在程序和操作系统之间建立联系，程序把所要操作文件的一些信息通知操作系统。这些信息中除包括文件名外，还要指出文件操作方式是读还是写。实质上，打开文件表示为指定文件在内存中分配一段 FILE 结构的存储单元，并将该结构的指针返回给用户程序，此后用户程序就可以用此 FILE 指针来实现对文件的操作。

打开文件用 fopen 函数实现。函数原型：

```
FILE * fopen(const char * filename, const char * mode);
```

功能：按指定方式打开文件。

返回值：正常打开，其值为指向文件结构体的指针；打开失败，其值为 NULL。

调用示例：

```
FILE * fp;
fp=fopen("datefile. dat","r");
```

其中，文件名（filename）可以是绝对路径或者相对路径格式。使用路径字符串时要特别注意，必须把每个反斜杠转义。例如：

```
fp=fopen (" c:\\cfile\\datefile. dat","r");
```

文件的打开方式（mode）比较丰富，打开方式规定了是进行输入操作还是输出操作、是二进制存储还是文本存储、是建立新文件还是追加在文件末尾等，具体的操作含义如表 12-1 所示。

表 12-1　文件的打开方式

文件使用方式	含义
"r"（只读）	以只读方式打开一个文本文件
"w"（只写）	以只写方式打开一个文本文件
"a"（追加）	打开文本文件，向尾部追加数据
"rb"（只读）	以只读方式打开一个二进制文件
"wb"（只写）	以只写方式打开一个二进制文件
"ab"（追加）	打开二进制文件，向尾部追加数据
"r+"（读写）	以读写方式打开一个已存在的文本文件
"w+"（读写）	以读写方式建立一个新的文本文件
"a+"（读写）	以读写方式打开一个文本文件，追加数据
"rb+"（读写）	以读写方式打开一个二进制文件
"wb+"（读写）	以读写方式建立一个新的二进制文件
"ab+"（读写）	以读写方式打开一个二进制文件，追加数据

注意：

（1）用含有"r"的方式打开的文件必须是已经存在的文件，否则出错。

（2）用含有"w"的方式打开的文件可以存在，也可以不存在。

（3）用含有"a"的方式打开的文件必须是已经存在的文件，打开时，位置指针将移到文件末尾。

打开文件后，紧跟的通常是文件读写动作。如果打开文件失败，接下来的读写也无法顺利进行。因此，常在 fopen( )后进行错误判断及处理。打开文件通常使用如下代码结构：

```
FILE *fp;
if((fp=fopen("cfile.dat","r"))==NULL)
    {   printf("File open error!\n");
        exit(0);
}
```

也就是说，先检查打开的操作是否成功，如果失败就在终端上进行提示，并用 exit 函数退出程序。在使用 exit 函数前，应先包含头文件 stdlib. h。

12.3.2　文件的关闭

程序对文件的读写操作完成后，必须关闭文件。这是因为，对打开的文件进行写入时，若文件缓冲区的空间未被写入的内容填满，这些内容将不会自动写入打开的文件，从而导致内容丢失。只有对打开的文件进行关闭操作后，停留在文件缓冲区的内容才能写入文件。

所谓“关闭文件”，其实就是断开文件指针变量和文件之间的联系，使原来的指针变量不再指向该文件，就无法通过此指针变量来访问该文件，也就无法进行读写操作。

关闭文件用 fclose 函数实现。函数原型：

```
int fclose(FILE * fp);
```

功能：关闭 fp 指向的文件，释放文件结构体和文件指针。

返回值：正常关闭，其值为 0；出错，其值为非 0。

调用示例：

```
fclose(fp);
```

12.3.3　文件的读写

文件打开后，接下来的操作一般是读取文件的内容，或是向文件里写入内容。C 语言提供了多种用于文件读写的函数。

1. 文件字符读写函数 fgetc 和 fputc

（1） fgetc 函数从指定的文件中读取一个字符。

函数原型：

```
int fgetc(FILE * fp);
```

功能：从 fp 指向的文件中读取一个字符。

返回值：正常读取时，返回读取的字符；读到文件尾或出错时，其值为 EOF(-1)。

调用示例：

```
ch=fgetc(fp);
```

注意：

从指定的文件中读取一个字符，该文件必须以只读或者读写方式打开。

（2） fputc 函数向指定的文件中写入一个字符。

函数原型：

```
int fputc(int ch, FILE * fp);
```

功能：把一字符 ch 写入 fp 指向的文件中。

返回值：正常写入，返回 ch；写入出错，其值为 EOF （-1）。

调用示例：

```
fputc(ch,fp);
```

【例 12-1】 显示从文件 file1. txt 中读入的一个字符，再将该字符写入文件尾部。

代码如下：

```
#include<stdio. h>
#include<stdlib. h>
main()
{   FILE * fp;
    char ch;
    if((fp=fopen("file1. txt","r"))==NULL)
    {   printf("Cannot open this file!\n");
        exit(0);
```

```
    }
    ch=fgetc(fp);
    putchar(ch);
    fclose(fp);
    if((fp=fopen("file1. txt","a"))==NULL)
    {   printf("Cannot open this file! \n");
        exit(0);
    }
    fputc(ch,fp);
    fclose(fp);
}
```

2. 文件字符串读写函数 fgets 和 fputs

（1）fgets 函数从指定的文件中读取一个字符串。

函数原型：

```
char * fgets(char * str,int n,FILE * fp);
```

功能：从文件指针 fp 所指向的文件中读取 n-1 个字符，加上字符串结束标志 '\0'，存入 str 指向的字符数组中。

返回值：读取正常，返回 str 指针；读取出错，返回空指针 NULL。

调用示例：

```
fgets(str,n,fp);
```

注意：

如果在读入 n-1 个字符前遇到换行符或文件结束符 EOF，就将遇到的换行符作为一个字符处理，然后加上字符串结束标志 '\0'。

（2）fputs 函数向指定的文件中写入一个字符串。

函数原型：

```
int fputs(char * str,FILE * fp);
```

功能：将字符数组 str 中的字符串（不包括字符串结束标志'\0'）输出到指针 fp 所指向的文件。

返回值：写入正常，返回 0；写入出错，返回非 0 值。

调用示例：

```
fputs(str,fp);
```

【例 12-2】从键盘上输入字符串写入新文件 file2. txt 中，然后再从该文件中读出该字符串。

代码如下：

```
#include<stdio. h>
#include<stdlib. h>
main()
{   FILE * fp;
    char string[81];
```

```
    gets(string);
    if((fp=fopen("file2. txt", "w"))==NULL)
    {   printf("Cannot open this file!\n");
        exit(0);
    }
    fputs(string,fp);
    fclose(fp);
    if((fp=fopen("file2. txt", "r"))==NULL)
    {   printf("Cannot open this file!\n");
        exit(0);
    }
    fgets(string,81,fp);
    puts(string);
    fclose(fp);
}
```

3. 数据块读写函数 fread 与 fwrite

（1）fread 函数从指定的文件中读取一组数据。

函数原型：

```
int fread(void *buffer, int size, int count, FILE *fp);
```

功能：在 fp 关联的文件中读取 count 次 size 长度（共 count×size 大小）的数据存放到由 buffer 指向的内存区域中。

返回值：读取正常时，返回读取的项数；读取出错时，返回 0。

调用示例：

```
fread(buffer,size,count,fp);
```

（2）fwrite 函数将一组数据写入指定的文件。

函数原型：

```
int fwirte(void *buffer,int size, int count, FILE *fp);
```

功能：从 buffer 指向的内存中取出 count 次 size 长度（共 count×size 大小）的数据输出到 fp 关联的文件中。

返回值：写入正常时，返回输出的项数；写入出错时，返回 0。

调用示例：

```
fwrite(buffer,size,count,fp);
```

【例 12-3】在二进制文件中写入 5 组数据，然后再读出前 3 组。

代码如下：

```
#include<stdio. h>
#include<stdlib. h>
main()
{   FILE *fp;
    int i;
    char a[5] = {'A','B','C','D','E'},b[3]={0};
    if((fp=fopen("file3. dat","wb"))==NULL)
```

```
    {   printf("Cannot open this file!\n");
        exit(0);
    }
    fwrite(a, sizeof(char),5, fp);
    printf("Data written. \n");
    fclose(fp);
    if((fp=fopen("file3. dat", "rb"))==NULL)
    {   printf("Cannot open this file!\n");
        exit(0);
    }
    fread(b,sizeof(char),3, fp);
    printf("First 3 groups:");
    for(i=0;i<3;i++)
        printf("% c",b[i]);
    fclose(fp);
}
```

程序运行结果如下：

```
Data written.
First 3 groups:ABC
```

注意：

一般 fread 和 fwrite 函数用于二进制文件的读写，因为它们按照数据块的长度来处理输入输出；也可以用于文本模式打开的文件，但由于二进制和文本字符之间存在转换，因此可能出现数据读写错误的情况。

4. 格式化读写函数 fscanf 和 fprintf

在实际应用中，程序有时需要按照规定的格式对文件进行读写。

（1）fscanf 函数按规定的格式从文件中读取数据。

函数原型：

```
int fscanf(FILE *fp,const char * format[,address,…])
```

功能：从 fp 关联的文件中读取数据，按格式控制字符串 format 所指定的数据格式，输入 address 地址列表中相应项指定的内存单元。

返回值：读取成功时，返回读取的参数的个数；读取失败时，返回 EOF(-1)。

调用示例：

```
fscanf(fp,"% d,% f",&x,&y);        //若文件中有 3,4. 5,则将 3 读入 x,4. 5 读入 y
```

（2）fprintf 函数按规定的格式向文件中写入数据。

函数原型：

```
int fprintf(FILE * fp, const char * format[, argument,…])
```

功能：把 argument 参数列表中存储单元的值按 format 指定的格式写入 fp 关联的文件。

返回值：写入成功时，返回输出的参数的个数；写入失败时，返回 EOF(-1)。

调用示例：

```
fprintf(fp,"%d,%6.2f",x,y);                //将 x 和 y 中的内容按%d,%6.2f 的格式写入 fp 文件
```

【例 12-4】按格式输入时间到文件中。

代码如下：

```
#include<stdio.h>
#include<stdlib.h>
main()
{   char *s="Current time:\n";
    int i=6,j=50;
    FILE *fp;
    fp=fopen("file4.txt","w");
    if((fp=fopen("file4.txt","w"))==NULL)
    {   printf("Cannot open this file!\n");
        exit(0);
    }
    fprintf(fp,"%s%d%c%d",s,i,':',j);
    fclose(fp);
}
```

程序运行结束后，file4.txt 文件里的内容：

```
Current time:
6:50
```

注意：

fscanf 和 fprintf 函数与 scanf 和 printf 函数的功能相似，都是格式化读写函数。它们的区别在于，fscanf 函数和 fprintf 函数的读写对象是磁盘文件，而 scanf 和 printf 函数的读写对象是键盘和显示器等终端。

12.4　文件的定位

前文涉及的文件读写都是顺序读写，即从文件的开头按数据的物理顺序逐个读写。为了对读写进行控制，系统为每个文件设置了一个文件位置指针，它指向将要读写的数据位置。当对文件进行顺序读写时，每读写完一个数据，该位置指针就自动移到下一个数据位置。

但在实际读写文件时，常常希望能直接读写任意位置的某个数据，而不是按物理顺序逐个读写。因此，可以将文件位置指针移动到目标位置，实现随机读写。

实现随机读写的关键是要按要求移动位置指针，即进行文件的定位。C 语言为文件定位提供了一些相关函数。

1. rewind 函数

函数原型：

void rewind(FILE ＊fp);

功能：将文件位置指针重置到文件开头。

返回值：无。

调用示例：

rewind(fp);

2. fseek 函数

函数原型：

int fseek(FILE ＊fp,long offset,int origin);

功能：将 fp 关联文件中的文件位置指针，以起始点 origin 为基准移动 offset 个字节。若 offset 为负数，则表示向后移动（向文件头方向移动）；否则，表示向前移动（向文件尾方向移动）。origin 为起始点，表示从何处开始移动，origin 的取值可以用符号表示，也可以用数字表示，如表 12-2 所示。

表 12-2　起始点表示方法

起始点位置	符号表示	数字表示
文件开始	SEEK_SET	0
文件当前位置	SEEK_CUR	1
文件末尾	SEEK_END	2

返回值：执行成功，返回 0；执行失败，返回非 0 值。

调用示例：

```
fseek(fp,100L,SEEK_SET);   //文件指针从文件开始处向前移动 100 字节
fseek(fp,60L,1);           //文件指针从当前位置向前移动 60 字节
fseek(fp,-10L,2);          //文件指针从文件末尾处向后移动 10 字节
```

3. ftell 函数

函数原型：

long ftell(FILE ＊fp);

功能：获取文件位置指针的当前位置。该位置用相对于文件头的位移量表示。

返回值：若执行成功，则返回相对于文件头的位移量；若执行失败，则返回-1L。

调用示例：

len = ftell(fp);

【例 12-5】将指定字符串输入文件，通过文件位置指针的定位，先读出后 4 个字符，再读出前 4 个字符。

代码如下：

```
#include<stdio. h>
#include<stdlib. h>
main()
```

```
{   FILE  * fp;
    char ch[10];
    if((fp=fopen("file5. txt", "w"))==NULL)
      {   printf("Cannot open this file!\n");
          exit(0);
      }
    fputs("This is a txt file",fp);
    fclose(fp);
    if((fp=fopen("file5. txt", "r"))==NULL)
    {     printf("Cannot open this file!\n");
          exit(0);
    }
    fseek(fp,-4L,2);
    fgets(ch,5,fp);
    puts(ch);
    rewind(fp);
    fgets(ch,5,fp);
    puts(ch);
    fclose(fp);
}
```

程序运行结果如下：

```
file
This
```

12.5 文件的出错检测

C 语言提供了一些检测函数，用来检测文件读写时可能出现的错误。

1. 文件结束检测函数 feof

函数原型：

int feof(FILE * fp);

功能：检测文件位置指针是否到达文件末尾。

返回值：若指针到达了文件末尾，则文件结束，返回一个非 0 值；否则，返回 0 值。

调用示例：

if(feof(fp)) {…}

2. 文件读写错误检测函数 ferror

函数原型：

int ferror(FILE * fp);

功能：检测使用各种文件读写函数时是否出现错误。

返回值：若返回值为 0（假），则表示未出错；否则，表示出错。

调用示例：

```
if (ferror(fp)) {…}
```

注意：

每次调用文件读写函数，均产生一个新的 ferror 函数值，所以应及时测试。另外，使用 fopen 打开文件时，ferror 函数的初始值自动置 0。

3. 清除文件错误标志函数 clearerr

函数原型：

```
void clearerr(FILE * fp);
```

功能：将文件错误标志和文件结束标志置 0。

返回值：无。

调用示例：

```
clearerr(fp);
```

【例 12-6】用 ferror 函数检查文件 file6. txt 中有无读写错误，若有错误，则将错误信息输出，并复位错误指针。

```
#include<stdio. h>
#include<stdlib. h>
main()
{    FILE  * fp;
     char ch;
     if((fp=fopen("file6. txt", "w"))==NULL)
     {    printf("Cannot open this file!\n");
          exit(0);
     }
     ch=fgetc(fp);
     if(ferror(fp))
     {    printf("Error reading from file6. txt\n");
          clearerr(fp);
     }
     fclose(fp);
}
```

程序运行结果如下：

```
Error reading from file6. txt
```

在本例中，文件 file6. txt 以只写的方式打开，此时是不可读的，所以读取动作将发生错误。

12.6　典型案例

12.6.1　案例 1：文件打开和关闭的应用

1. 案例描述

编写程序，程序的功能：打开文件 filecase1. txt，读出所有字符，显示在屏幕上，然后关闭文件。

案例 1　文件打开关闭的应用

2. 案例代码

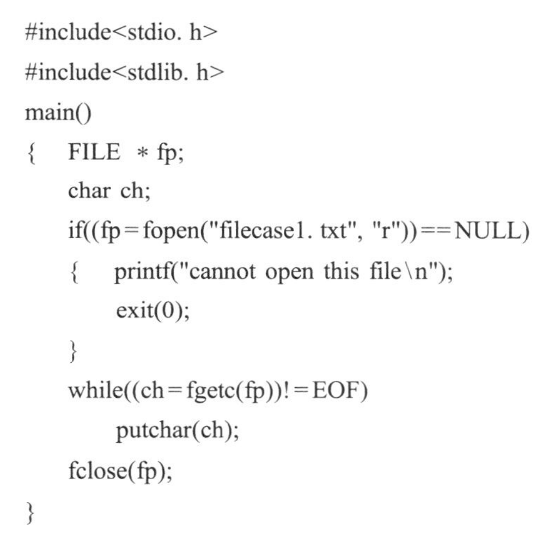

```
#include<stdio. h>
#include<stdlib. h>
main()
{   FILE  * fp;
    char ch;
    if((fp=fopen("filecase1. txt", "r"))==NULL)
    {   printf("cannot open this file\n");
        exit(0);
    }
    while((ch=fgetc(fp))!=EOF)
        putchar(ch);
    fclose(fp);
}
```

3. 案例分析

（1）本案例只要求读取文件内容，未涉及更改，可以使用“r”只读方式打开。

（2）要将所有字符完全读出，有多种读取函数可以选择，结合本案例的简单情况，可以使用字符读取函数 fgetc。

12.6.2　案例 2：文件定位的应用

1. 案例描述

编写程序，程序的功能是：利用文件定位函数，确定文本文件的长度。

案例 2　文件定位的应用

2. 案例代码

```
#include<stdio. h>
#include<stdlib. h>
main()
```

```
{   FILE  * fp;
    long flen;
    if((fp=fopen("filecase2. txt ", "r"))==NULL)
    {   printf("cannot open this file\n");
        exit(0);
    }
    fseek(fp,0, SEEK_END);
    flen =ftell(fp);
    printf("% d",flen);
    fclose(fp);
}
```

3. 案例分析

本案例使用文件定位函数中的 fseek 函数和 ftell 函数来获取文件的长度。基本思路：首先，用“fseek(fp,0,SEEK_END);”语句将文件位置指针移动到文件末尾；然后，用 ftell(fp)函数返回当前文件指针的位置。由于该位置是用相对于文件头的位移量来表示的，因此就等同于获取了文件的长度。

12.7 本章小结

在本章的学习中，首先要理解文件的基本概念、掌握文件类型指针的定义和引用；其次，要掌握文件的打开、关闭和读写，特别是文件的读写，要熟练掌握几组读写函数的应用，以及在读写过程中涉及的一些定位操作；最后，要掌握如何对文件操作进行出错检测。

1. 文件概述

文件是存储在外部介质上数据的有序集合，用户程序通过文件名访问文件。C 语言中的文件可以看作数据流，即由一个个字符（字节）的数据顺序组成的流式文件。根据数据的组织方式，可将文件分为 ASCII 文件和二进制文件。

2. 文件指针

标准 C 采用缓冲文件系统，用文件指针指向一个存放文件相关信息的结构体类型变量 FILE。

3. 文件的基本操作

文件的基本操作一定要遵循“先打开，后读写，最后关闭”的原则，所涉及的函数如表 12-3 所示。注意，使用这些函数时，还要考虑表 12-1 所示的文件打开方式。

表 12-3　文件基本操作函数

分类	函数名	功能
打开文件	fopen()	打开文件
关闭文件	fclose()	关闭文件

续表

分类	函数名	功能
文件读写	fgetc( )	从指定文件读取一个字符
	fputc( )	向指定文件输出一个字符
	fgets( )	从指定文件读取字符串
	fputs( )	向指定文件输出字符串
	fread( )	从指定文件读出多项数据（数据块）
	fwrite( )	向指定文件输出多项数据（数据块）
	fscanf( )	按指定格式从指定文件读出数据
	fprintf( )	按指定格式向指定文件输出数据

4. 文件的定位

对文件进行读写操作，既可以顺序读写，也可以随机读写。随机读写需要将文件位置指针移动到相应的位置。常见的文件定位函数有：

（1）fseek( )函数：移动文件位置指针到相应位置。

（2）rewind( )函数：将文件位置指针重置于文件开头。

（3）ftell( )函数：返回文件位置指针的当前位置。

5. 文件的出错检测

C 语言提供了一些检测函数，用来检测文件操作时可能出现的错误。

（1）feof( )函数：检测文件位置指针是否到达文件尾。

（2）ferror( )函数：检测使用各文件读写函数时是否出错。

（3）clearerr( )函数：将 feof 和 ferror 的函数值置 0。

12.8 习　　题

1. 阅读下列程序，并写出程序运行结果。

（1）以下程序的运行结果是________。

```
#include<stdio. h>
main()
{   FILE  * fp;
    int f1=123,f2=45;
    fp=fopen("cfile. dat", "w");
    fprintf(fp,"% d% d",f1,f2);
    fclose(fp);
    fp=fopen("cfile. dat", "r");
    fscanf(fp,"% 2d% d",&f1,&f2);
```

```
    printf("% d,% d\n",f1,f2);
    fclose(fp);
}
```

（2）以下程序的运行结果是________。

```
#include<stdio. h>
main( )
{   FILE  * fp;
    int i,s[4]={98,67,58,100},t;
    fp=fopen("sdate. dat", "wb");
    for(i=0;i<4;i++)
        fwrite(&s[i],sizeof(int),1,fp);
    fclose(fp);
    fp=fopen("sdate. dat", "rb");
    fseek(fp, 2L * sizeof(int),0);
    fread(&t,sizeof(int),1,fp);
    fclose(fp);
    printf("% d\n",t);
}
```

（3）以下程序执行后，str. bat 文件的内容是________。

```
#include<stdio. h>
#include<string. h>
main( )
{   FILE  * fp;
    char  * s1="hello", * s2="file";
    fp=fopen("str. dat", "wb+");
    fwrite(s2,strlen(s2),1,fp);
    rewind(fp);
    fwrite(s1,strlen(s1),1,fp);
    fclose(fp);
}
```

2. 补充下列程序。

（1）以下程序段将“ctmp. txt”文件里的所有“ * ”号替换成“ $ ”号，请填空实现程序功能。

```
#include<stdio. h>
#include<stdlib. h>
main()
{   FILE  * fp;
    fp=fopen("ctmp. txt","r+");
```

```
    while(! feof(fp))
    if(____________________)
    {   fseek(fp,-1L,SEEK_CUR);
        fputc(' $ ',fp);
        fseek(fp,ftell(fp),__________);
    }
    fclose(fp);
}
```

（2）以下程序段将一个名为 oldfile. txt 的文本文件复制到一个名为 newfile. txt 的新文本文件中，请填空实现程序功能。

```
#include<stdio. h>
#include<stdlib. h>
main()
{   FILE  * fp1, * fp2;
    if((fp1=fopen("oldfile. txt", "r"))==NULL)
    {   printf("cannot open this file\n");
        exit(0);
    }
    if((fp2=fopen("newfile. txt", "w"))==NULL)
    {   printf("cannot open this file\n");
        exit(0);
    }
    while(__________)
        fputc(fgetc(______),______);
    fclose(fp1);
    fclose(fp2);
}
```

12.9 综合实验

1. 创建并保存文件。

创建一个文本文件，文件名由用户输入，保存在已有路径 d:\cfile\下，文件内容显示“this is a txt file”。程序的运行结果示例如图 12-3 所示。

```
Enter file name:ex1.txt
File created.请按任意键继续. . .
```

图 12-3 “创建并保存文件”运行结果示例

2. 统计字母个数。

统计已有 ex2. txt 文件中字母字符的个数，并将结果保存在文件末尾。程序运行前后，文件中的内容如图 12-4 所示。

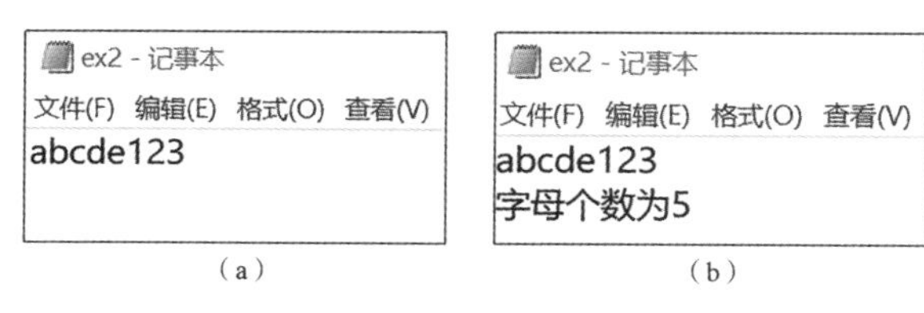

图 12-4 “统计字母个数”文件结果示例

(a) 程序运行前的文件内容；(b) 程序运行后的文件内容

3. 记录的保存和读取。

编写程序，程序的功能是：从键盘输入三组学生信息记录（结构体），保存到文件 ex3. txt 中，然后读取指定编号的学生记录。程序的运行结果示例如图 12-5 所示。

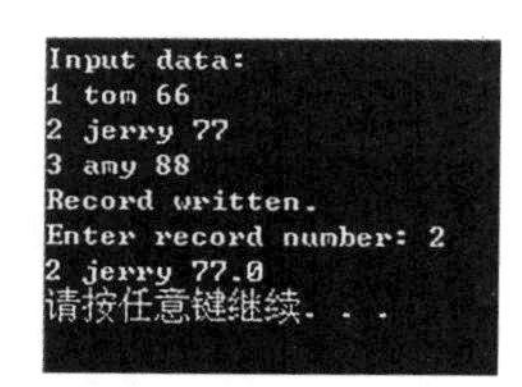

图 12-5 “记录的保存和读取”运行结果示例

第 13 章　位　运　算

C 语言是为研制系统软件而设计的，因此它既具有高级语言的特点，又具有低级语言的功能，具有广泛的用途和很强的生命力。C 语言提供了实现将标志状态从标志字节中分离出来的位运算功能。具有位运算处理能力的 C 语言，也成了嵌入式开发及硬件设备驱动程序的首选语言。本章主要介绍位运算符、位运算功能以及位段的相关概念。

13.1　位　运　算

程序中的所有数在计算机内存中都以二进制的形式储存。位运算是指对二进制数进行的运算，即操作数是二进制数。每个二进制位用“0”或“1”表示。合理使用位运算，有助于节省内存空间和提高程序的性能。

位运算包括逻辑运算和移位运算。C 语言提供了 6 种位运算符，如表 13-1 所示。

表 13-1　位运算符

位运算符	含　义	对象数	运算类别
&	按位与	双目	逻辑运算
|	按位或	双目	逻辑运算
^	按位异或	双目	逻辑运算
~	按位取反	单目	逻辑运算
<<	左移	双目	移位运算
>>	右移	双目	移位运算

在运用位运算符时，应该注意以下的常见问题：

（1）运算对象。位的运算对象只能是整型数据或字符型数据，不能为其他类型数据。

（2）运算符的优先级。位运算的优先级比较分散。其中，按位与运算符（&）、按位或运算符（|）和按位异或运算符（^）的优先级别低于关系运算符，但高于逻辑运算符 && 和 ||。按位取反运算符（~）的优先级别高于算术运算符和关系运算符，是所有位运算符

中优先级别最高的，与 C 语言其他单目运算符同级。左移运算符（<<）和右移运算符（>>）的优先级别高于关系运算符，但低于算术运算符的优先级别。

（3）运算范围。由于位运算实现的是直接对二进制位运算，所以在运算负数、大的临界数以及进行大的移位运算时，要注意运算范围的合理性，避免出现“溢出”。

13.1.1 按位与（&）

参加运算的两个数据，进行“按位与”运算，如果两个对应的二进制位都为 1，则结果为 1；否则只要有 0 出现的位，其按位与的结果都为 0，运算式如下：

0&0=0，0&1=0，1&0=0，1&1=1

例如，a=5，b=7，则 a&b 的计算结果为：

a	0 0 0 0 0 1 0 1
b	0 0 0 0 0 1 1 1
a&b	0 0 0 0 0 1 0 1

注意：

区别位运算符（&）与关系运算符（&&）。对于位运算符 &，则需要按位进行与运算。对于关系运算符 &&，当两边运算对象为非 0 值时，表达式的运算结果为 1。

按位与运算在位运算中的使用频率较高，可运用与运算的性质，实现下面的几种功能。

1. 判断整数的奇偶性

判断整数 a 的奇偶性，通过将 a 与 1 进行按位与运算，即 a&1，如果结果为 0，则 a 为偶数，如果结果为 1，则 a 为奇数。

例如，若 a=5，则 a&1 的计算结果为 1，计算如下：

a	0 0 0 0 0 1 0 1
1	0 0 0 0 0 0 0 1
a&1	0 0 0 0 0 0 0 1

又如，若 a=8，则 a&1 的计算结果为 0，计算如下：

a	0 0 0 0 1 0 0 0
b	0 0 0 0 0 0 0 1
a&1	0 0 0 0 0 0 0 0

2. 将一个数清零

如果想让某个数为 0，只要用 0 与其进行按位与即可。如 5&0=0。当然，也可以将数据中某些位清零。例如，a=5，要将 a 的第 3 位清零，则只需将第 3 位与 0 进行按位与，计算如下：

```
  0 0 0 0 0 1 0 1
& 1 1 1 1 1 0 1 1
-----------------
  0 0 0 0 0 0 0 1
```

3. 提取数据中的某些位

假如有 a=01000101，若想取得 a 的低 3 位的数，就可以将 a 与 b 进行按位与运算，将 b 的低 3 位置 1，其余各位均为 0，这样就可取得 a 的低 3 位的数，计算如下：

```
  0 1 0 0 0 1 0 1
& 0 0 0 0 0 1 1 1
-----------------
  0 0 0 0 0 1 0 1
```

13.1.2 按位或（|）

参加运算的两个数据，进行按位或运算，只要参与运算的两个数中对应的二进制位有一个为 1，则结果为 1；只有当两个相应位都为 0 时，其结果为 0。运算式如下：

0|0=0，0|1=1，1|0=1，1|1=1

例如，a=5，b=7，则 a|b 的计算过程如下：

```
a     0 0 0 0 0 1 0 1
b     0 0 0 0 0 1 1 1
---------------------
a|b   0 0 0 0 0 1 1 1
```

注意：

按位或算符（|）与关系运算符（||）的区别：对于按位或运算符（|），需要对每一位进行运算；对于关系运算符（||），当两边运算对象为 0 时，表达式的运算结果为 0。

按位或运算，可将数据中的某位（或某些位）置 1，而其余各位不变。例如，a 与 b 进行按位或运算，想使 a 的低四位置 1，其余位保留原样，只需将 b 的低四位设为 1，其余位设为 0，计算如下：

```
a     0 1 1 0 0 0 0 0
b     0 0 0 0 1 1 1 1
---------------------
a|b   0 1 1 0 1 1 1 1
```

13.1.3 按位异或（^）

异或的含义是：两值相异，结果为真；两值相同，结果为假。按位异或运算的运算规则：如果参加运算的两个二进制位不相同，则结果为 1；若相同，则为 0。其运算式如下：

0^0=0，0^1=1，1^0=1，1^1=0

例如，a=9，b=10，则 a^b 的计算过程如下：

```
a     0 0 0 0 1 0 0 1
b     0 0 0 0 1 0 1 0
---------------------
a^b   0 0 0 0 0 0 1 1
```

根据按位异或运算的性质，可以实现以下几种功能。

1. 与全 0 异或，保留原值

若一个数值 a 与全 0 异或，必然保留原值 a。这是因为，0 与 0 相同，异或仍然为 0，1 与 0 不同，异或仍然为 1。例如，若 a=20，则 a 与全 0 异或，结果仍为原值，计算如下：

```
      0 0 0 1 0 1 0 0
  ^   0 0 0 0 0 0 0 0
  -------------------
      0 0 0 1 0 1 0 0
```

2. 与全 1 异或，原值翻转

若一个数值 a 与全 1 异或，则可以实现原值的翻转，即 0 变为 1、1 变为 0。例如，若 a=20，则 a 与全 1 异或的结果为原值的翻转，计算如下：

```
      0 0 0 1 0 1 0 0
  ^   1 1 1 1 1 1 1 1
  -------------------
      1 1 1 0 1 0 1 1
```

3. 使特定位翻转

若 a 的值为 10001010，想使其低四位翻转，即 1 变为 0、0 变为 1，则可以将它与 00001111 进行异或运算，计算如下：

```
      1 0 0 0 1 0 1 0
  ^   0 0 0 0 1 1 1 1
  -------------------
      1 0 0 0 0 1 0 1
```

可以看出，结果中的低四位正好与原来数的低四位相反。

4. 交换两个数的值，可不用临时变量

例如，a=5，b=7，想将 a 和 b 的值互换，可以用以下三个赋值语句实现：

```
a=a^b;    //第 1 步
b=a^b;    //第 2 步
a=b^a;    //第 3 步
```

第 1 步的计算过程如下：

```
      0 0 0 0 0 1 0 1
  ^   0 0 0 0 0 1 1 1
  -------------------
      0 0 0 0 0 0 1 0    (a=a^b=2)
```

第 2 步的计算过程如下：

```
      0 0 0 0 0 0 1 0
  ^   0 0 0 0 0 1 1 1
  -------------------
      0 0 0 0 0 1 0 1    (b=a^b=5)
```

第 3 步的计算过程如下：

```
      0 0 0 0 0 1 0 1
  ^   0 0 0 0 0 0 1 0
  -------------------
      0 0 0 0 0 1 1 1    (a=b^a=7)
```

由以上计算过程可以看出：第 1 步的计算结果是 a=a^b=2；第 2 步的计算结果是 b=a^b=5，此时已实现将 a 的原值赋给 b；进行第 3 步的计算，得到 a=b^a=7，此时 a 也获得了 b 的原

值，实现了两个数的交换，中间未借助临时变量。

13.1.4　按位取反（~）

按位取反运算符是一个单目运算符，将一个数中的各位二进制数取反，即将0变为1、1变为0。运算式如下：

~1=0，~0=1

例如，有a=25，则取反运算如下：

a	0 0 0 1 1 0 0 1
~a	1 1 1 0 0 1 1 0

按位取反运算可以帮助编程者完成类似于汇编语言的对内存空间的直接操控。例如，通过语句“printf("%x",b=~0)”输出十六进制的形式，可直观而方便地观察到变量b所在的内存空间全部置1的情况，而不必考虑b的内存空间长度。类似这样的运算，在单片机、PLC等工业控制编程中经常运用。

13.1.5　左移（<<）

左移运算的运算规则：将运算对象中的每个二进制位向左移 n 位，n 必须为正整数。从左边移出去的高位被舍弃，右边空出的高位用0填补。

例如，a<<3表示将a的二进制位左移3位，右边补0。设a=15，左移情况如下：

a	0 0 0 0 1 1 1 1
a<<3	0 1 1 1 1 0 0 0

即左移后的结果为a=120，相当于原数15乘以 2^3。可以看出，如果左移时舍弃的高位不包含1，则数每左移一位，相当于该数乘以2，左移 n 位，相当于乘以 2^n。

例如，设b=32，b<<3，b的二进制值为00100000，若将b的二进制位左移3位，此时的被舍弃的高位中包含1，则左移一位相当于该数乘以2的结论就不再适用。

13.1.6　右移（>>）

右移运算的运算规则：将运算对象中的每个二进制位向右移 n 位，n 必须为正整数。从右边移出的低位被舍弃，而左边空出的高位是补0还是补1，处理方式有两种，具体如下：

（1）对无符号数和有符号数中的正数右移情况，高位补0。

例如，a>>2表示将a的二进制位右移2位。设a=12，右移情况如下：

a	0 0 0 0 1 1 0 0
a>>2	0 0 0 0 0 0 1 1

即右移后的结果为a=3，相当于原数12除以 2^2。

（2）有符号数中的负数右移情况，其高位补0还是1取决于所使用的编译系统，高位补0的称为逻辑右移，高位补1的称为算术右移。Turbo C和VC++编译环境采用算术右移。

例如，一个有符号的 8 位二进制数 11001001，如果采用逻辑右移，右移 1 位后则变成 01100100；如果采用算术右移，右移 1 位后则变成 11100100。

与左移运算同理，在数的有效范围内，右移一位相当于该数除以 2，右移 n 位就相当于该数除以 2^n。如果右移时舍弃的低位中包含 1，此时右移 1 位相当于该数除以 2 的结论不再适用。

13.1.7 复合位运算符

与算术运算符一样，位运算符和赋值运算符可以组成复合位运算符。除了按位取反运算符（~）以外，其他位运算符都可以与赋值运算符结合组成复合赋值运算符，如表 13-2 所示。

表 13-2 复合位运算符

运算符	表达式	等价的表达式
&=	a&=b;	a=a&b;
|=	a|=b;	a=a|b;
^=	a^=b;	a=a^b;
<<=	a<<=3;	a=a<<3
>>=	a>>=3;	a=a>>3

【例 13-1】对 3 个十六进制整数进行按位运算，并以不同进制的形式输出。

代码如下：

```
#include<stdio.h>
main()
{   unsigned char a,b,t;
    a=0x10,b=0x20,t=0x30;
    printf("%d,%d\n",a&b,a|b);
    printf("%x,%x\n",a^b,b/a&~b);
    t&=a|b;
    printf("%x,%d\n",t,t);
}
```

程序运行结果如下：

```
0,48
30,2
30,48
```

【例 13-2】从键盘输入一个十进制正整数 n（$n \leqslant 32767$），统计该数对应的二进制数中 1 的个数。

代码如下：

```
#include<stdio. h>
main()
{   int i,count,n;
    count=0;
    printf("请输入一个十进制整数:");
    scanf("% d",&n);
     for(i=0;i<16;i++)
    {   if((n&0x01)==1)      //测试该数的最右边的数码是否为1,若为1,则统计个数加1
            count++;
          n=n>>1;            //右移一位
    }
        printf("该数对应的二进制数中1的个数是:% d\n",count);
}
```

程序运行结果如下：

```
请输入一个十进制整数:65↙
该数对应的二进制数中1的个数是:2
```

【例13-3】运用位运算的特点，编写程序计算2的正整数（1~5）的幂次。

代码如下：

```
#include<stdio. h>
main()
{   int i,m;
    m=1;
    for(i=1;i<=5;i++)
       {   m=m<<1;    //每左移一次,数值就增加一个幂次
            printf("2的% d次幂是:% d\n",i,m);
       }
      printf("\n");
}
```

程序运行结果如下：

```
2的1次幂是:2
2的2次幂是:4
2的3次幂是:8
2的4次幂是:16
2的5次幂是:32
```

13.2 位　　段

在计算机的内存中，信息的存取一般以字节为单位。实际上，有时存储一个信息不必用一个或多个完整的字节，只需二进制的 1 个（或多个）位就够用。这样，一个字节就可以存放多个数据。为了节省存储空间，并使处理简便，C 语言提供了一种数据结构，称为位段或位域。

1. 位段的概念

所谓“位段”，就是将一个字节中的二进制位划分成几个不同的区域，并说明每个区域的位数。每个域有一个域名，允许在程序中按域名操作。这样就可以把几个不同对象用一字节的二进制位域来表示。位段类型也称为数据结构体类型，因此其类型定义的方法和结构体相同，不过对于非整数字节的成员，应当使用 unsigned 或 unsigned int 来定义成员，并指明所占的位数。位段结构的定义格式如下：

```
struct 结构类型名
{ 类型 成员 1:长度;
  类型 成员 2:长度;
  ……
  类型 成员 n:长度;
};
```

其中，冒号左边的成员称为位段，它是一种特殊的结构成员；冒号右边的长度表示存储位段需要占用的二进制位数。

例如：

```
struct packed_data
{ unsigned a:6;
  unsigned b:2;
  unsigned c:4;
  unsigned d:4;
}
struct packed_data data;
```

上面定义了位段类型 packed_data，它包含 4 个成员（又称位段），分别是 a、b、c、d，每个成员的数据类型都是整型。每个成员所占用的二进制位数由冒号后面的数字指定，分别是 6 位、2 位、4 位、4 位。对位段中的数据进行引用和访问的方法也类似于结构体，如 data. a = 25，data. b = 2，data. c = 12。引用时，要注意位段允许的最大范围，如 data. b 的宽度为 2，则它的数据范围为 0～3（二进制数为 00～11），而 data. c 的宽度为 4，则它的数据范围为 0～15（二进制数为 0000～1111）。data 的内存存储分布如图 13-1 所示。

15	14	13	12	11	10	9	8	7	6	5	4	3	2	1	0
d				c				b		a					
data															

图 13-1　变量 data 的内存表示

在带位段的结构体类型中，非位段成员，即普通类型的成员仍然占用新的完整字节。又如：

```
struct packed_data
{   unsigned x:5;
    float y;
    unsigned a:11;
    unsigned b:2;
}
```

其中，浮点变量 y 从新的字节开始，并占用完整的字节。

2. 关于位段的几点说明

对于位段类型，有几点说明如下：

（1）位段成员的类型必须指定为 unsigned 或 int 类型。

（2）位段赋值时要注意取值范围，通常长度为 n 的位段，其取值范围为 $0\sim(2^n-1)$。

（3）一个位段必须存储在同一个存储单元，不能跨两个存储单元。如果第一个存储单元空间不够容纳下一个位段，则该空间不用，而是从下一个单元起存放该位段。

（4）所占位数为 0 的字段没有存储数据的意义，其作用是使下一个位段从一个新的字节开始。形式定义如下：

```
unsigned a:1;
unsigned b:2;       //a 和 b 在同一个存储单元
unsigned :0;
unsigned c:4;       //c 在另一个存储单元
```

原本 a、b、c 应连续存放在一个存储单元中，由于用了长度为 0 的位段，其作用是使得下一个位段从下一个存储单元开始存放。因此，只将 a、b 存储在一个存储单元中，c 存储在下一个存储单元。存储单元通常是 1 字节，也有可能是 2 字节，视不同的编译系统而异。

（5）可以定义无名位段，但无法引用，它们只起占位的作用。例如：

```
struct packed_data
{   unsigned a:2;
    unsigned :3;    //此三位空间不用
    unsigned b:4;
    unsigned c:7;
}data;
```

此位段中第二个成员是无名位段，它占用 3 个二进制位。无名位段所占空间不起任何作用，存储分布如图 13-2 所示。

15	14	13	12	11	10	9	8	7	6	5	4	3	2	1	0
c							b				不用			a	
data															

图 13-2　变量 data 的内存表示（含无名位段）

（6）作为结构体成员，位段不是数组，指针也无法指向位段。

（7）含有位段的结构体类型所占的字节数应当用 sizeof( ) 运算符求取，不能简单地将成员相加。

（8）位段可以用%d、%x、%u 和%o 等格式字符，以整数形式输出。例如：

printf("% d,% d,% d" ,data. a,data. b,data. c);

（9）位段可以在数值表达式中引用，它会被系统自动转换成整型数据。例如，data. a+3%data. b 是合法的。

13.3 典型案例

13.3.1 案例 1：十进制的二进制表示法

1. 案例描述

位运算的运用：从键盘输入一个十进制的正整数，以二进制的形式输出该数。运行结果示例如图 13-3 所示。

案例 1 十进制的二进制表示法

图 13-3 案例 1 运行结果示例

2. 案例代码

```
#include<stdio. h>
main( )
{   short int x,y,z,i;
    printf("Input an integer number:");
    scanf("% d",&x);
    y=1<<15;
    for(i=1;i<=16;i++)
    {   z=x&y?' 1' :' 0' ;
        putchar(z);
        x<<=1;
        if(i% 4==0)   putchar(' ,' );
    }
    printf("\b B\n");
}
```

13.4 本章小结

在本章位运算的学习中，需要掌握的知识有：

1. 位运算符

（1）按位与（&）。运算规则：对于参加运算的两个数据，如果两个对应的二进制位都为1，则结果为1；否则，只要有0出现的位，其按位与的结果都为0。

（2）按位或（|）。运算规则：只要参与运算的两个数中对应的二进制位有一个为1，则结果的对应位为1，否则为0。

（3）按位异或（^）。运算规则：两值相异，结果为真；两值相同，结果为假。如果参加运算的两个二进制位不相同，则结果为1；如果相同，则为0。

（4）按位取反（~）。运算规则：将一个数中的各位二进制数取反，即1变为0、0变为1。

（5）左移（<<）。运算规则：将运算对象中的每个二进制位向左移 n 位，n 必须为正整数。从左边移出去的高位被舍弃，右边空出的高位用0填补。

（6）右移（>>）。运算规则：将运算对象中的每个二进制位向右移 n 位，n 必须为正整数。从右边移出的低位被舍弃，而左边空出的高位是补0还是补1，处理方式有两种：对无符号数和有符号数中的正数，高位补0；对于有符号数中的负数，高位是补0还是补1取决于所使用的编译系统，高位补0的称为逻辑右移，高位补1的称为算术右移。Turbo C和VC++编译环境采用的是算术右移。

2. 位运算符的运算说明

（1）位的运算对象只能是整型数据或字符型数据，不能为其他类型数据。按位取反为单自运算符，其余运算符均为双目运算符；

（2）参加运算时，运算对象都必须先转换成二进制形式，再执行相应的按位运算。

（3）进行左移运算时，如果左移时舍弃的高位不包含1，则数每左移一位就相当于该数乘以2，左移 n 位则相当于乘以 2^n。

（4）进行右移运算时，与左移运算同理，在数的有效范围内，每右移一位就相当于该数除以2，右移 n 位则相当于该数除以 2^n。如果右移时舍弃的低位中包含1，此时右移1位相当于该数除以2的结论不再适用。

3. 复合赋值运算符

除了按位取反运算符（~）以外，其他位运算符均可以与赋值运算符结合，组成复合赋值运算符：&=、|=、^=、<<=、>>=。

4. 位段

位段就是将一个机器字分成几段，以占用二进制位的数目来管理数据。利用位段能够用较少的位数来存储数据，常常用来表示和处理不需要整字节存储的信息。

位段的运用说明：

（1）位段类型是一种结构类型，因此其类型定义的方法和结构体相同，不过对于非整数字节的成员，应当使用unsigned或unsigned int来定义成员，并指明所占的位数。

（2）对位段的赋值，要注意取值范围。通常长度为 n 的位段，其取值范围为 $0\sim(2^n-1)$。

（3）使用长度为0的无名位段，可使其后续位段从下一个字节开始存储。

13.5 习　　题

1. 基本概念填空。

（1）在C语言中，“&”作为单目运算符时表示________运算，作为双目运算符时表示________运算。

（2）位运算符________（能或不能）用于浮点数。

（3）与“a｜=b”等价的另一种书写形式是________。

（4）与表达式“x&=y+2”等价的另一种书写形式是______________。

（5）设二进制数a的值为11001101，若通过a&b运算使a中的低四位不变，高四位清零，则b的二进制数是______________。

（6）设二进制数a的值为00101101，若通过a^b运算使a中的高四位取反，低四位不变，则b的二进制数是______________。

（7）已知int x=0707，则表达式~x&&x、!x&&x、x>>3&~0的值分别是________、________、________。

（8）C语言允许在一个结构体中以位为单位来指定其成员所占内存长度，这种以位为单位的成员称为________。

2. 阅读下列程序，并写出程序运行结果。

（1）以下程序的运行结果是________。

```
#include <stdio. h>
 main()
{   unsigned char a,b,c;
    a=5;
    b=a|10;
    c=b<<1;
    printf("% d,% d,% d\n", a,b,c);
}
```

（2）以下程序的运行结果是________。

```
#include<stdio. h>
main()
{   unsigned short a,b,c,x;
    a=b=c=32;
    x=5;
    printf("% d% d% d\n", b^x, c>>x, a&x);
}
```

（3）以下程序的运行结果是________。

```
#include<stdio. h>
```

```
main()
{   struct tag
    {   unsigned int a:2;
        unsigned int b:4;
    }test;
    test. a=3;
    test. b=10;
    printf("% d,% d\n",test. a,test. b);
}
```

（4）以下程序的运行结果是________。

```
#include<stdio. h>
void bitfun(int y)
{   int i;
    for(i=0;i<=2;i++)
      printf("% d",y<<i);
 }
main( )
{   int x=5;
    bitfun(x);
    printf("\n");
}
```

（5）以下程序的运行结果是________。

```
#include<stdio. h>
fun(int x,int y)
{   x=x^y;   y=y^x;   x=x^y;
    printf("% d% d",x,y);
}
main( )
{   int a=3,b=4;
    fun(a,b);
    printf("% d% d",a,b);
}
```

13.6　综合实验

1. 取整数的部分位。

取一个整数从右端开始的3~6位，并以不同进制（十进制、八进制、十六进制）的形式输出原值和新值。运行结果示例如图13-4所示。

图 13-4 “取整数的部分位”运行结果示例

2. 左右循环移位。

输入一个八进制无符号整数 a，再输入移位的十进制整数 n （$-16 \leqslant n \leqslant 16$）。$n>0$ 时，表示将 a 进行循环右移；$n<0$ 时表示将 a 进行循环左移。运行结果如图 13-5 所示。

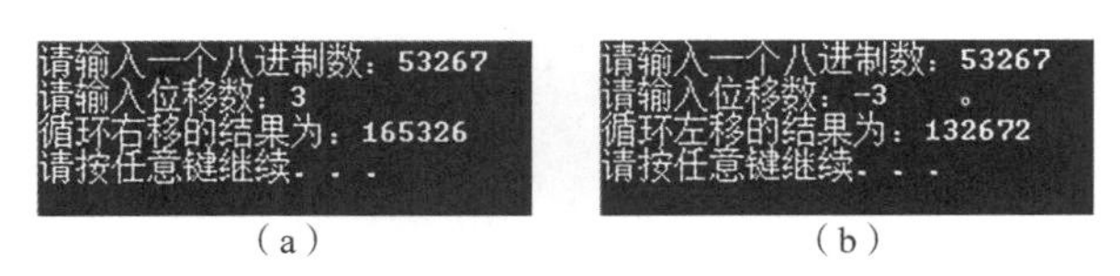

（a）　　（b）

图 13-5 “左右循环移位”运行结果示例

（a）左位移的运行结果示例；（b）右位移的运行结果示例

3. 求反。

编程实现对无符号八进制整数 x 的从右到左第 p 位（最右边为第 1 位）开始的共 n 位求反，其他位保持不变。运行结果示例如图 13-6 所示。

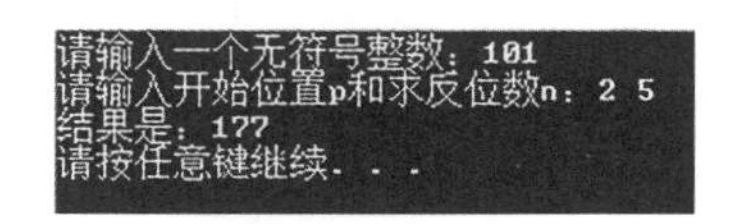

图 13-6 “求反”运行结果示例

附　　录

附录 1　C 语言的关键字

auto	break	case	char	const
continue	default	do	double	else
enum	extern	float	for	goto
if	int	long	register	return
short	signed	sizeof	static	struct
switch	typedef	unsigned	union	void
volatile	while			

附录 2　运算符的优先级和结合性

优先级	运算符	运算符的功能	运算类别	结合方向
15（最高）	（　）	圆括号、函数参数表		从左到右
	[　]	数组元素下标		
	->	指向结构体成员		
	.	结构体成员		
14	!	逻辑非	单目运算	从右到左
	~	按位取反		
	++、--	自增 1、自减 1		
	+	求正		
	-	求负		
	*	间接运算符		
	&	求地址运算符		
	（类型名）	强制类型转换		
	sizeof	求所占字节数		
13	*、/、%	乘、除、整数求余	双目算术运算	从左到右
12	+、-	加、减	双目算术运算	从左到右
11	<<、>>	左移、右移	移位运算	从左到右
10	<	小于	关系运算	从左到右
	<=	小于或等于		
	>	大于		
	>=	大于或等于		
9	==	等于	关系运算	从左到右
	!=	不等于		
8	&	按位与	位运算	从左到右
7	^	按位异或	位运算	从左到右
6	|	按位或	位运算	从左到右
5	&&	逻辑与	逻辑运算	从左到右
4	||	逻辑或	逻辑运算	从左到右
3	?　:	条件运算	三目运算	从右到左
2	=	赋值	双目运算	从右到左
	+=、-=、*=、/=、%=、&=、^=、|=、<<=、>>=	运算且赋值		
1（最低）	,	顺序求值	顺序运算	从左到右

说明：同一优先级的运算次序由结合方向决定。例如，* 号和/号有相同的优先级，其结合方向为从左到右，因此 3 * 5/4 的运算次序是先乘后除。单目运算符--和++具有同一优先级，结合方向为从右到左，因此表达式--i++相当于--（i++）。

附录 3　常用字符与 ASCII 码对照表

ASCII 码	字符	ASCII 码	字符	ASCII 码	字符	ASCII 码	字符	ASCII 码	字符	ASCII 码	字符
000	NUL	022	SYN(^V)	044	,	066	B	088	X	110	n
001	SOH(^A)	023	ETB(^W)	045	–	067	C	089	Y	111	o
002	STX(^B)	024	CAN(^X)	046	.	068	D	090	Z	112	p
003	ETX(^C)	025	EM(^Y)	047	/	069	E	091	[	113	q
004	EOT(^D)	026	SUB(^Z)	048	0	070	F	092	\	114	r
005	EDQ(^E)	027	ESC	049	1	071	G	093	]	115	s
006	ACK(^F)	028	FS	050	2	072	H	094	^	116	t
007	BEL(bell)	029	GS	051	3	073	I	095	–	117	u
008	BS(^H)	030	RS	052	4	074	J	096	‘	118	v
009	HT(^I)	031	US	053	5	075	K	097	a	119	w
010	LF(^J)	032	Space	054	6	076	L	098	b	120	x
011	VT(^K)	033	!	055	7	077	M	099	c	121	y
012	FF(^L)	034	“	056	8	078	N	100	d	122	z
013	CR(^M)	035	#	057	9	079	O	101	e	123	{
014	SO(^N)	036	$	058	:	080	P	102	f	124	|
015	SI(^O)	037	%	059	;	081	Q	103	g	125	}
016	DLE(^P)	038	&	060	<	082	R	104	h	126	~
017	DC1(^Q)	039	’	061	=	083	S	105	i	127	del
018	DC2(^R)	040	(	062	>	084	T	106	j		
019	DC3(^S)	041	)	063	?	085	U	107	k		
020	DC4(^T)	042	*	064	@	086	V	108	l		
021	NAK(^U)	043	+	065	A	087	W	109	m		

说明：表中用十进制数表示 ASCII 码值。符号^代表【Ctrl】键。

附录 4 库 函 数

标准 C 提供了数百个库函数，本附录仅从教学角度列出最基本的一些函数。读者如有需要，请查阅有关手册。

1. 数学函数

调用数学函数时，在源文件中必须包含头文件 math. h。

函数名	函数原型说明	功能	返回值	说明
abs	int abs(int x);	求整数 x 的绝对值	计算结果	
acos	double acos(double x);	计算 $\arccos x$ 的值	计算结果	x 在 -1 到 1 范围内
asin	double asin(double x);	计算 $\arcsin x$ 的值	计算结果	x 在 -1 到 1 范围内
atan	double atan(double x);	计算 $\arctan x$ 的值	计算结果	
atan2	double atan2(double x,double y);	计算 $\arctan \frac{x}{y}$ 的值	计算结果	
cos	double cos(double x);	计算 $\cos x$ 的值	计算结果	x 的单位为弧度
cosh	double cosh(double x);	计算双曲余弦 $\cosh x$ 的值	计算结果	
exp	double exp(double x);	求 e^x 的值	计算结果	
fabs	double fabs(double x);	计算 x 的绝对值 $\|x\|$	计算结果	
floor	double floor(double x);	求不大于 x 的双精度最大整数		
fmod	double fmod(double x,double y);	求 x/y 整除后的双精度余数		
frexp	double frexp(double val,int * exp);	把双精度数 val 分解为数 x 和以 2 为底的指数 n，即 $val=x\times 2^n$，n 存放在 exp 所指的变量中	返回尾数 x，$0.5\leqslant x<1$	
log	double log(double x);	求 $\ln x$	计算结果	$x>0$

续表

函数名	函数原型说明	功能	返回值	说明
log10	double log10(double x);	求 $\log_{10}x$	计算结果	$x>0$
modf	double modf(double val,double * ip);	把双精度数 val 分解成整数部分和小数部分,整数部分存放在 ip 所指的变量中	返回小数部分	
pow	double pow(double x,double y);	计算 x^y	计算结果	
sin	double sin(double x);	计算 $\sin x$ 的值	计算结果	x 的单位为弧度
sinh	double sinh(double x);	计算 x 的双曲正弦函数 $\sinh x$ 的值	计算结果	
sqrt	double sqrt(double x)	计算 $\sqrt{x}$	计算结果	$x\geqslant0$
tan	double tan(double x);	计算 $\tan x$	计算结果	
tanh	double tanh(double x);	计算 x 的双曲正切函数 $\tanh x$ 的值	计算结果	

2. 字符函数和字符串函数

调用字符函数时，在源文件中必须包含头文件 ctype. h；调用字符串函数时，在源文件中必须包含头文件 string. h。

函数名	函数原型说明	功能	返回值
isalnum	int isalnum(int ch);	检查 ch 是否为字母或数字	是，返回 1；否则，返回 0
isalpha	int isalpha(int ch);	检查 ch 是否为字母	是，返回 1；否则，返回 0
iscntrl	int iscntrl(int ch);	检查 ch 是否为控制字符	是，返回 1；否则，返回 0
isdigit	int isdigit(int ch);	检查 ch 是否为数字	是，返回 1；否则，返回 0
isgraph	int isgraph(int ch);	检查 ch 是否为 ASCII 码值在 ox21 到 ox7e 的可打印字符(即不包含空格字符)	是，返回 1；否则，返回 0
islower	int islower(int ch);	检查 ch 是否为小写字母	是，返回 1；否则，返回 0
isprint	int isprint(int ch);	检查 ch 是否为包括空格在内的可打印字符	是，返回 1；否则，返回 0
ispunct	int ispunct(int ch);	检查 ch 是否为除了空格、字母、数字之外的可打印字符	是，返回 1；否则，返回 0
isspace	int isspace(int ch);	检查 ch 是否为空格、制表符或换行符	是，返回 1；否则，返回 0

续表

函数名	函数原型说明	功能	返回值
isupper	int isupper(int ch);	检查 ch 是否为大写字母	是，返回 1；否则，返回 0
isxdigit	int isxdigit(int ch);	检查 ch 是否为 16 进制数字	是，返回 1；否则，返回 0
strcat	char * strcat (char * s1, char *s2);	把字符串 s2 接到 s1 后面	s1 所指地址
strchr	char * strchr(char * s,int ch);	在 s 所指的字符串中，找出第一次出现字符 ch 的位置	返回找到的字符的地址，若找不到，就返回 NULL
strcmp	int strcmp(char * s1,char *s2);	对 s1 和 s2 所指的字符串进行比较	s1<s2，返回负数； s1=s2，返回 0； s1>s2，返回正数
strcpy	char *strcpy (char * s1, char *s2);	把 s2 指向的字符串复制到 s1 指向的空间	s1 所指地址
strlen	unsigned strlen(char * s);	求字符串 s 的长度	返回字符串中的字符（不计最后的 '\0'）个数
strstr	char * strstr (char * s1, char *s2);	在 s1 所指的字符串中，找出字符串 s2 第一次出现的位置	返回找到的字符串的地址，若找不到，就返回 NULL
tolower	int tolower(int ch);	把 ch 字母转换成小写字母	返回对应的小写字母
toupper	int toupper(int ch);	把 ch 字母转换成大写字母	返回对应的大写字母

3. 输入输出函数

调用输入输出函数时，要求在源文件中必须包含头文件 stdio. h。

函数名	函数原型说明	功能	返回值
clearerr	void clearerr(FILE * fp);	清除与文件指针 fp 有关的所有出错信息	无
fclose	int felose(FILE * fp);	关闭 fp 所指的文件，释放文件缓冲区	出错，返回非 0；否则，返回 0
feof	int felose(FILE * fp);	检查文件是否结束	遇文件结束，返回非 0；否则，返回 0
fgetc	int fgetc(FILE * fp);	从 fp 所指的文件中取得下一个字符	出错，返回 EOF；否则，返回所读字符
fgets	char * fgets (char * buf, int n, FILE *fp);	从 fp 所指的文件中读取一个长度为 n-1 的字符串，将其存入 buf 所指的存储区	返回 buf 所指地址，若遇文件结束或出错返回 NULL

续表

函数名	函数原型说明	功能	返回值
fopen	FILE *fopen (char *filename, char *mode);	以 mode 指定的方式打开名为 filename 的文件	成功，返回文件指针（文件信息区的起始地址）；否则，返回 NULL
fprintf	int fprintf(FILE *fp,char *format,args,…);	把 args 等的值以 format 指定的格式输出到 fp 所指定的文件中	实际输出的字符数
fputc	int fputc(char ch,FILE *p);	把 ch 中字符输出到 fp 所指的文件	成功，返回该字符；否则，返回 EOF
fputs	int fputs(char *str,FILE *fp);	把 str 所指的字符串输出到 fp 所指的文件	成功，返回非负整数；否则，返回-1（EOF）
fread	int freud(char *pt,unsigned size, unsigned n,FILE *fp);	从 fp 所指的文件中读取长度为 size 的 n 个数据项，存到 pt 所指的文件中	读取的数据项个数
fscanf	int fscanf(FILE *fp,char *format,args,…);	从 fp 所指定的文件中按 format 指定的格式把输入数据存入 args 等所指的内存中	已输入的数据个数，遇文件结束（或出错），就返回 0
fseek	int fseek(FILE *fp,long offer, int base);	移动 fp 所指文件的位置指针	成功，返回当前位置；否则，返回非 0
ftell	long ftell(FILE *fp);	求出 fp 所指文件当前的读写位置	读写位置，若出错则返回-1L
fwrite	int fwrite(char *pt,unsigned size, unsigned n,FILE *fp);	把 pt 所指向的 n×size 个字节输出到 fp 所指文件中	输出的数据项个数
getc	int getc(FILE *fp);	从 fp 所指文件中读取一个字符	返回所读字符，若出错或文件结束，就返回 EOF
getchar	int getchar(void);	从标准输入设备读取下一个字符	返回所读字符，若出错或文件结束，则返回-1
gets	char *gets(char *s);	从标准设备读取一行字符串放入 s 所指存储区，用 '\0' 替换读入的换行符	返回 s，若出错，则返回 NULL
printf	int printf(char *format,args,…);	把 args 等的值以 format 指定的格式输出到标准输出设备	输出字符的个数
putc	int putc(int ch,FILE *fp);	同 fputc	同 fputc

续表

函数名	函数原型说明	功能	返回值
putchar	int putchar(char ch) ;	把 ch 输出到标准输出设备	返回输出的字符，若出错，则返回 EOF
puts	int puts(char * str) ;	把 str 所指字符串输出到标准设备，将 '\0' 转换成回车换行符	返回换行符，若出错，则返回 EOF
rename	int rename(char * oldname, char * newname) ;	把 oldname 所指文件名改为 newname 所指文件名	成功，返回 0；出错，返回-1
rewind	void rewind(FILE * fp) ;	将文件位置指针置于文件开头	无
scanf	int scanf(char * format, args, …) ;	从标准输入设备按 format 指定的格式把输入数据存入 args 等所指的内存中	已输入的数据个数，若出错，则返回 0

4. 动态分配函数和随机函数

调用动态分配函数和随机函数时，在源文件中必须包含头文件 stdlib. h。

函数名	函数原型说明	功能	返回值
calloc	void * calloc(unsigned n, unsigned size) ;	分配 n 个数据项的内存空间，每个数据项的大小为 size 个字节	分配内存单元的起始地址；若不成功，则返回 0
free	void free(void * p) ;	释放 p 所指的内存区	无
malloc	void * malloc(unsigned size) ;	分配 size 个字节的存储空间	分配内存空间的地址；若不成功，则返回 0
realloc	void * realloc(void * p, unsigned size) ;	把 p 所指内存区的大小改为 size 个字节	新分配内存空间的地址；若不成功，则返回 0
rand	int rand(void) ;	产生 0~32767 的随机整数	返回一个随机整数
exit	void exit(0) ;	文件打开失败，返回运行环境	无

附录 5 全国计算机等级考试二级 C 语言程序设计考试大纲（2022 年版）

1. 基本要求

（1）熟悉 Visual C++集成开发环境。

（2）掌握结构化程序设计的方法，具有良好的程序设计风格。

（3）掌握程序设计中简单的数据结构和算法并能阅读简单的程序。

（4）Visual C++集成环境下，能够编写简单的 C 程序，并具有基本的纠错和调试程序的能力。

2. 考试内容

1）C 语言程序的结构

（1）程序的构成，main 函数和其他函数。

（2）头文件、数据说明、函数的开始和结束标志，以及程序中的注释。

（3）源程序的书写格式。

（4）C 语言的风格。

2）数据类型及其运算

（1）C 的数据类型（基本类型、构造类型、指针类型、无值类型）及其定义方法。

（2）C 运算符的种类、运算优先级和结合性。

（3）不同类型数据间的转换与运算。

（4）C 表达式类型（赋值表达式，算术表达式，关系表达式，逻辑表达式，条件表达式，逗号表达式）和求值规则。

3）基本语句

（1）表达式语句，空语句，复合语句。

（2）输入输出函数的调用，正确输入数据并正确设计输出格式。

4）选择结构程序设计

（1）用 if 语句实现选择结构。

（2）用 switch 语句实现多分支选择结构。

（3）选择结构的嵌套。

5）循环结构程序设计

（1）for 循环结构。

（2）while 和 do…while 循环结构。

（3）continue 语句和 break 语句。

（4）循环的嵌套。

6）数组的定义和引用

（1）一维数组和二维数组的定义、初始化和数组元素的引用。

（2）字符串与字符数组。

7）函数

（1）库函数的正确调用。

（2）函数的定义方法。

（3）函数的类型和返回值。

（4）形式参数与实际参数，参数值的传递。

（5）函数的正确调用，嵌套调用，递归调用。

（6）局部变量和全局变量。

（7）变量的存储类别（自动、静态、寄存器、外部），变量的作用域和生存期。

8）编译预处理

（1）宏定义和调用（不带参数的宏、带参数的宏）。

（2）“文件包含”处理。

9）指针

（1）地址与指针变量的概念，地址运算符与间址运算符。

（2）一维、二维数组和字符串的地址以及指向变量、数组、字符串、函数、结构体的指针变量的定义。通过指针引用以上各类型数据。

（3）用指针作函数参数。

（4）返回地址值的函数。

（5）指针数组，指向指针的指针。

10）结构体（即“结构”）与共同体（即“联合”）

（1）用 typedef 说明一个新类型。

（2）结构体和共用体类型数据的定义和成员的引用。

（3）通过结构体构成链表，单向链表的建立，结点数据的输出、删除与插入。

11）位运算

（1）位运算符的含义和使用。

（2）简单的位运算。

12）文件操作

只要求缓冲文件系统（即高级磁盘 I/O 系统），对非标准缓冲文件系统（即低级磁盘 I/O 系统）不要求。

（1）文件类型指针（FILE 类型指针）。

（2）文件的打开与关闭（fopen、fclose 函数）。

（3）文件的读写（fputc、fgetc、fputs、fgets、fread、fwrite、fprintf、fscanf 函数的应用），文件的定位（rewind、fseek 函数的应用）。

3. 考试方式

上机考试，考试时长 120 分钟，满分 100 分。

1）题型及分值

单项选择题 40 分（含公共基础知识部分 10 分）。

操作题 60 分（包括程序填空题、程序修改题及程序设计题）。

2）考试环境

操作系统：中文版 Windows 7。

开发环境：Microsoft Visual C++ 2010 学习版。

附录 6　全国计算机等级考试二级 C 语言程序设计考试环境

注意：

（1）考生考试过程分为登录、答题、交卷等阶段。

（2）考试内容分为四个部分："选择题"，所占分值 40 分；"程序填空"，所占分值 18 分；"程序修改"，所占分值 18 分；"程序设计"，所占分值 24 分。

1. 登录

考生在考试机启动无纸化考试系统，开始考试的登录过程。

（1）启动考试系统。双击桌面上快捷方式"NCRE 考试系统"，如图附录 6-1 所示，进入考试。

图附录 6-1　考试系统快捷方式

（2）考生考号验证。在"考生登录"窗口，如图附录 6-2 所示，输入准考证号。

图附录 6-2　考生登录界面

（3）登录成功。系统抽题后，弹出如图附录 6-3 所示的对话框，可以查看考试内容简介和考试须知内容，确认了解后，考生须勾选"已阅读"复选框，单击"开始考试"按钮，开始考试并计时。

2. 答题

（1）试题内容查阅窗口。当考生登录成功后，考试系统自动在屏幕中间生成试题内容查阅窗口，如图附录 6-4 所示。单击其中的"选择题""程序填空""程序修改"或"程序设计"标签，可以分别查看各题型的题目要求。

（2）启动"选择题"进行答题。在试题内容查阅窗口中，选择"选择题"标签，单击"开始作答"按钮，系统将自动进入作答选择题的界面，可根据要求进行答题。注意：选择题作答界面只能进入一次，退出后不能再次进入。当结束选择题作答时，弹出作答进度对话框，单击"确认"按钮，确认结束选择题部分的作答。

（3）考生文件夹。考试文件夹非常重要。当考生登录成功后，无纸化考试系统将自动产

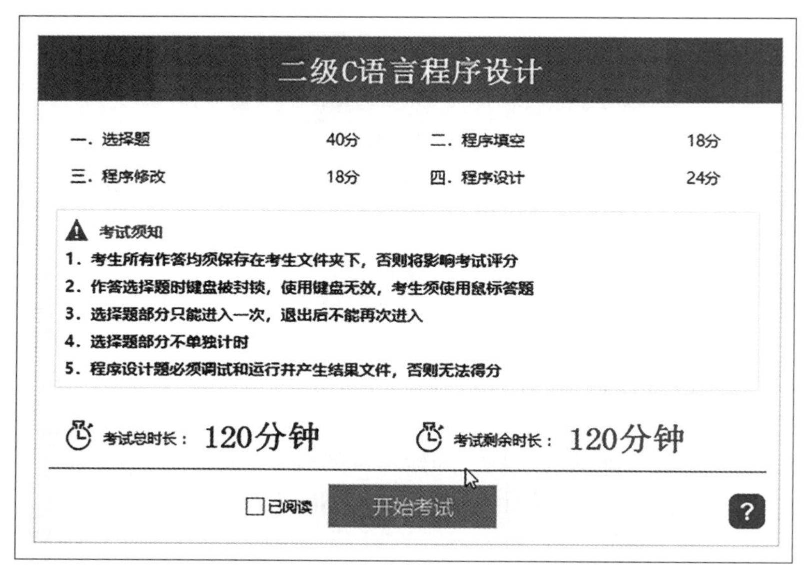

图附录 6-3　考试须知对话框

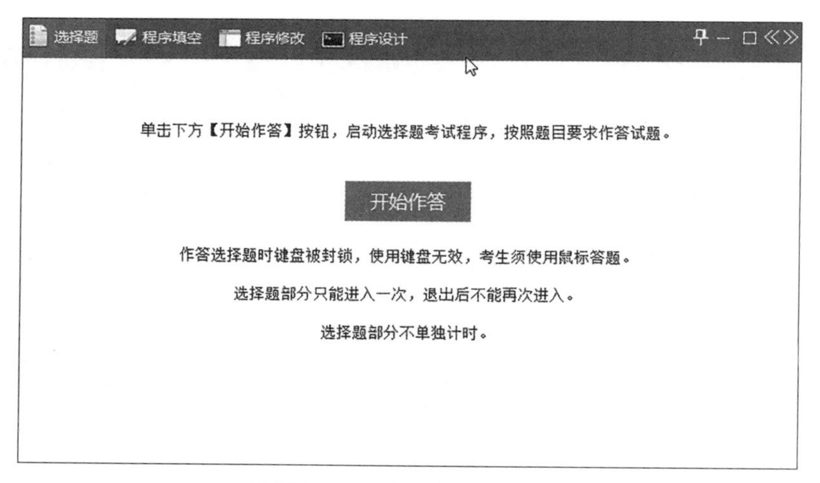

图附录 6-4　试题内容查阅窗口

生一个考生文件夹（以考生准考证号命名），该文件夹是存放考生答题结果的唯一位置。考生在考试过程中所操作的文件和文件夹都不能脱离考生文件夹，同时绝对不能随意删除该文件夹以及该文件夹下与考试题目要求有关的文件及文件夹，以免在考试和评分时产生错误，影响考生的考试成绩。例如，考生文件夹为“C:\NCRE_KSWJJ\考生的准考证号”。单击考试系统试题内容窗口的“考生文件夹”按钮（如图附录 6-5 所示①）处，可以进入考生文件夹。

（4）素材文件夹。如果考生在考试过程中，原始的素材文件不能复原或被误删除，则可以单击试题内容查阅窗口中的“查看原始素材”按钮（如图附录 6-5 所示②处），系统将下载原始素材文件到一个临时目录中。考生可以查看或复制原始素材文件，但是请勿在该临时目录中答题。

（5）启动“程序填空”进行答题。在试题内容查阅窗口中，选择“程序填空”标签查看题目（如图附录 6-5 所示），打开考生文件夹，打开程序填空题所在解决方案文件（如图附录 6-6 中考生文件夹 C:\NCRE_KSWJJ\考生的准考证号\blank1. sln)。打开其中的考试源文件（Blank1. c），显示如图附录 6-7 所示代码，对程序进行填空操作，保存后按【Ctrl+F5】组合键运行调试程序、查看程序运行结果，完成程序填空题的答题。

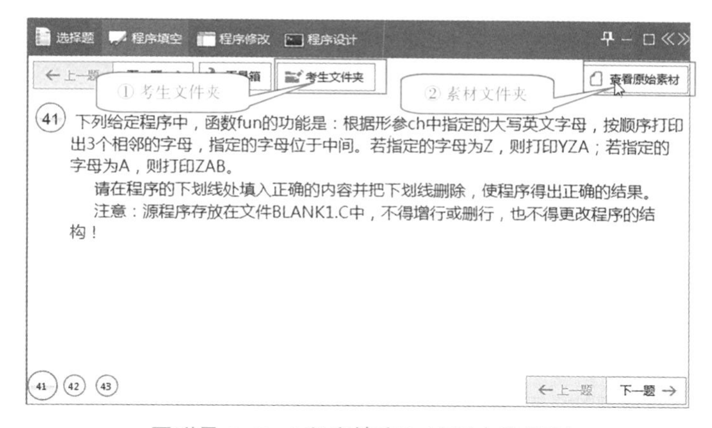

图附录 6-5 “程序填空”试题内容界面

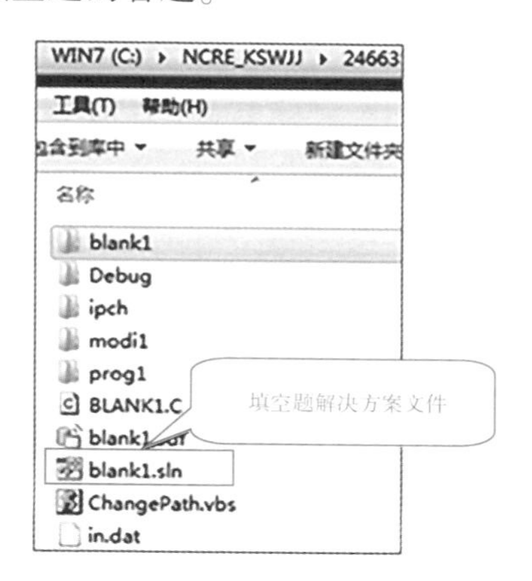

图附录 6-6 “程序填空”解决方案文件

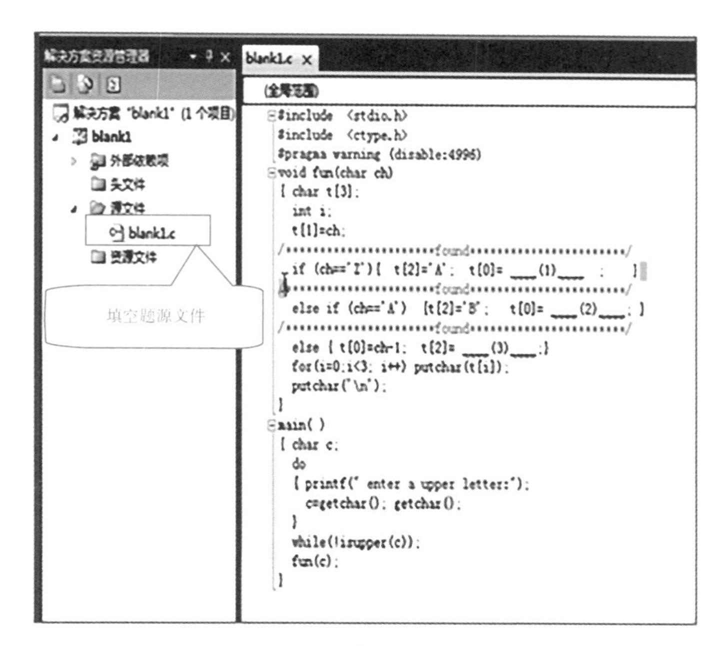

图附录 6-7 “程序填空”源文件代码窗口

（6）“程序改错”“程序设计”的操作步骤与“程序填空”类似。程序改错题与程序设计题的题目如图附录 6-8 所示。

3. 交卷

（1）如果考生提前结束考试并交卷，则在屏幕顶部状态栏中单击“交卷”按钮，无纸化考试系统将弹出是否要交卷处理的提示信息框。此时考生如果单击“确定”按钮，则退出无纸化考试系统进行交卷处理；如果单击“取消”按钮，则返回考试界面，将继续进行考试。

图附录 6-8　“程序改错”与“程序设计”试题内容界面

（a）“程序改错”题目；（b）“程序设计”题目

（2）交卷时，系统首先锁住屏幕，当系统完成了交卷处理，在屏幕上显示“交卷正常，考试结束”等字样（如图附录 6-9 所示），这时考生方能离开考场。

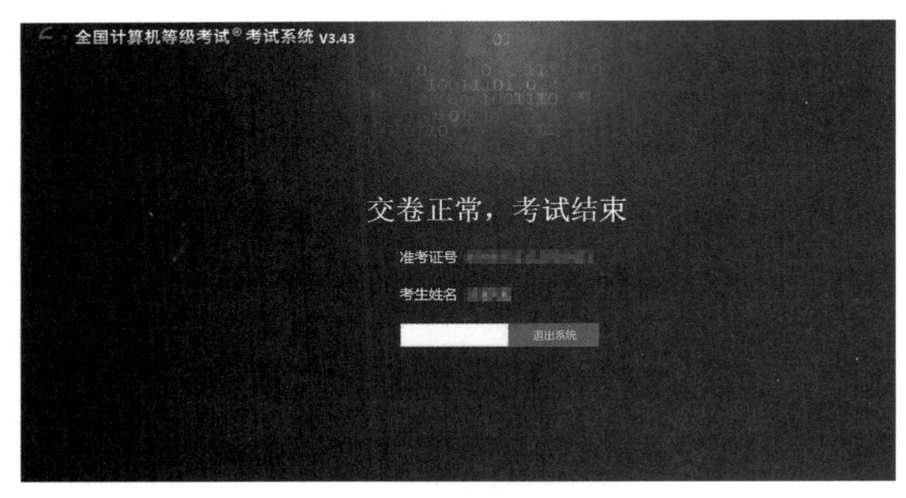

图附录 6-9　交卷正常界面

附录 7　习题参考答案

第 2 章　C 语言概述

1. C 语言基本概念填空。

(1) C 语言、C++、Java　　(2) 主函数　　(3) 主函数

(4) .c　　(5) .obj　　(6) .exe

(7) 顺序结构、选择结构、循环结构

第 3 章　程序设计的初步知识

1. 用 C 语言表达式描述以下数学计算式。

(1) a * a+b * b+2 * a * b

(2) x=v * t+1/2.0 * a * t * t

(3) (4 * a * c-b * b)/(4 * a)

2. 写出下列表达式的值，已知 a=3，b=4，c=5。

(1) 7　(2) 1　(3) 12　(4) 8　(5) -12

(6) 2　(7) 5　(8) 12　(9) -94　(10) 1.25

3. 阅读下列程序，并写出程序运行结果。

(1) c1=2,c3=24　　(2) 35

(3) y=6.500000　　(4) a=3,b=3,c=5

第 4 章　顺序结构程序设计

1. 阅读下列程序，并写出程序运行结果。

(1) a=444,b=88,c=3　　(2) b=14,d=0.93

(3) 3　　(4) 32

2. 补充下列程序。

(1) n/60、n%60、%d:%d

(2) %lf%lf%lf、2 * (a * b+a * c+b * c)、s,v

(3) &a,&b,&c、t2=b、b=t1

第 5 章　选择结构程序设计

1. 用 C 语言描述下列命题。

（1） a>b&&a>c　　（2） a>=100&&a<=200

（3） s1%2==0 或！s1%2　　（4） ch=='\0' 或 ch==0

2. 阅读下列程序，并写出程序运行结果。

（1） 16　　（2） 1　　（3） #&

3. 补充下列程序。

（1） c>='0'&&c<='9'、c>='a'&&c<='z'||c>='A'&&c<='Z'、else

（2） year>=2008、12-(2008-year)%12

第 6 章　循环结构程序设计

1. 阅读下列程序，并写出程序运行结果。

（1） 54321　　（2） *7　　（3） 4,24　　（4） j=2

2. 补充下列程序。

（1） 0、i%2!=0、i+=2

（2） i<=n、min=number、min>number

（3） >1e-6、exp+t、t=1/n

（4） a<=35、b<=35、a+b==35&&a*2+b*4==94

（5） n!=i、i、break

第 7 章　函数

1. 阅读下列程序，并写出程序运行结果。

（1） 1,2,1,4　　（2） 8　　（3） 8　　（4） 10　　（5） 21

2. 补充下列程序。

（1） double、x*x-5*x+4、sin(x)

（2） cal(a,b,c,d,op);、char、op

（3） !='@'、count++、return

（4） 3.0 或(double)3、>、(t+1)或(2*i+1)

第 8 章　数组

1. 阅读下列程序，并写出程序运行结果。

（1） ABCD，4　　（2） 6　　（3） Ne1Nc2N　　（4） 34

2. 补充下列程序。
(1) i++、a[i]%2==0、a[i]
(2) loc=3、a[i]=a[i+1]、a[i]
(3) 0、++k、a[i][j]

第9章　编译预处理

1. 阅读下列程序，并写出程序运行结果。
(1) 6　　(2) 1　　(3) 7，27　　(4) txt file
2. 补充下列程序。
(1) (m)%3==0、DIVIDEDBY3(m)
(2) #if、#endif

第10章　指针

1. 阅读下列程序，并写出程序运行结果。
(1) 20,30,50,1　　(2) 2,4,6,8,　　(3) abc123
(4) 3　　(5) 5,3　　(6) b,B,A,b
2. 补充下列程序。
(1) p=a、i、*p
(2) c、n、*(a+i)
(3) gets(a)、*q!='\0'、q--
(4) str[i]!='\0' 或 str[i]、32、i++

第11章　构造数据类型

1. 阅读下列程序，并写出程序运行结果。
(1) 1,minicomputer　　(2) 703　537　　(3) 270.00
(4) 2002,Shangxian　　(5) 4
2. 补充下列程序。
(1) std[0]、std[i].age、max
(2) STU、std[i].num、std[i]
(3) pb、p->data、p->next

第12章　文件

1. 阅读下列程序，并写出程序运行结果。
(1) 12,345　　(2) 100　　(3) hello

2. 补充下列程序。

（1） fgetc(fp)=='*'、SEEK_SET 或 0

（2） !feof(fp1)、fp1、fp2

第 13 章　位运算

1. 基本概念填空。

（1） 取地址，按位与　（2） 不能　（3） a=a | b　（4） x= x &(y+2)

（5） 00001111　（6） 11110000　（7） 1、0、56　（8） 位段

2. 阅读下列程序，并写出程序运行结果。

（1） 5,15,30

（2） 3710

（3） 3,10

（4） 51020

（5） 4334

参考文献

[1] 谭浩强. C 程序设计 [M]. 4 版. 北京：清华大学出版社，2015.

[2] 孙霄霄，卓琳，陈慧，等. C 语言程序设计与应用开发 [M]. 3 版. 北京：清华大学出版社，2018.

[3] 教育部考试中心. 全国计算机等级考试二级教程：C 语言程序设计 (2018 年版)[M]. 北京：高等教育出版社，2017.

[4] 吴小菁，陈慧，杨玮，等. C 语言程序设计案例教程 [M]. 北京：北京理工大学出版社，2019.

[5] 鲍春波，林芳. 问题求解与程序设计 [M]. 2 版. 北京：清华大学出版社，2021.

[6] 陈立潮. C 语言程序设计教程：面向计算思维和问题求解 [M]. 北京：高等教育出版社，2016.

[7] 沈鑫剡，沈梦梅. C 语言程序设计与计算思维 [M]. 北京：清华大学出版社，2015.

[8] 彭文艺. 案例式 C 语言上机指导与习题解答 [M]. 成都：电子科技大学出版社，2015.

[9] 杨连贺，赵玉玲，丁刚. C 语言程序设计 [M]. 北京：清华大学出版社，2017.

[10] 耿红琴，姚汝贤. C 语言程序设计案例教程 [M]. 北京：电子工业出版社，2015.

[11] 蔡庆华. 案例式 C 语言程序设计 [M]. 北京：高等教育出版社，2012.

[12] 揭安全. 高级语言程序设计 (C 语言版) [M]. 北京：人民邮电出版社，2015.

[13] 方娇莉. C 语言程序设计 [M]. 北京：高等教育出版社，2013.

[14] 丁亚涛. C 语言程序设计 [M]. 北京：高等教育出版社，2006.

[15] 刘韶涛，潘秀霞，应晖. C 语言程序设计学习指导与上机实践 [M]. 北京：清华大学出版社，2015.

[16] 段善荣，厉阳春，钱涛，等. C 语言程序设计项目教程 [M]. 北京：人民邮电出版社，2013.